普通高等教育"十一五"国家级规划教材

 高等院校自动化新编系列教材

计算机控制技术

（第 3 版）

顾德英　罗云林　马淑华　编著

U0282363

北京邮电大学出版社
www.buptpress.com

内 容 简 介

本书第 2 版是"十一五"国家级规划教材。全面系统地阐述了计算机控制系统的设计、工程实现方法及应用。全书共分 10 章，主要内容包括计算机控制系统概述、工业控制计算机、输入输出接口与过程通道技术、计算机控制系统抗干扰技术、数字控制技术、常规与复杂控制技术、计算机控制系统软件设计、先进控制技术、工业控制网络技术，以及计算机控制系统设计与实现。

本书的编写体系新颖，兼顾理论基础与实际应用，突出了系统性和实践性，并充实了计算机控制领域最新的技术理论和方法及作者的部分科研成果。

本书可作为高等院校自动化、测控技术、电子与电气工程、机电一体化等专业的教材，也可供这些领域的工程技术人员用作参考书或培训教材。

图书在版编目(CIP)数据

计算机控制技术/顾德英,罗云林,马淑华编著.--3 版.--北京:北京邮电大学出版社,2012.6(2016.7 重印)
ISBN 978-7-5635-3005-2

Ⅰ.计…　Ⅱ.①顾…②罗…③马…　Ⅲ.①计算机控制—高等学校—教材　Ⅳ.①TP273

中国版本图书馆 CIP 数据核字(2012)第 080712 号

书　　　　名	计算机控制技术(第 3 版)
著作责任者	顾德英　罗云林　马淑华　编著
责 任 编 辑	付兆华
出 版 发 行	北京邮电大学出版社
社　　　　址	北京市海淀区西土城路 10 号(邮编:100876)
发 行 部	电话:010-62282185　传真:010-62283578
E-mail	publish@bupt.edu.cn
经　　　　销	各地新华书店
印　　　　刷	北京通州皇家印刷厂
开　　　　本	787 mm×1 092 mm　1/16
印　　　　张	18.5
字　　　　数	438 千字
印　　　　数	8 001—10 000 册
版　　　　次	2006 年 2 月第 1 版　2007 年 4 月第 2 版　2012 年 6 月第 3 版　2016 年 7 月第 5 次印刷

ISBN 978-7-5635-3005-2　　　　　　　　　　　　　　　　　　　　　定　价:38.00 元

前　言

计算机控制技术广泛应用于工业、国防和民用等领域。随着计算机技术、高级控制策略、检测与传感技术、现场总线智能仪表、通信与网络技术的高速发展,计算机控制技术已逐步成熟,正在向集成化、智能化、网络化、绿色化发展。目前计算机控制技术已成为高等工科院校各类自动化、测控技术与仪器、机电一体化等专业的主干课程。

本书第2版是普通高等教育"十一五"国家级规划教材。全书共分10章,其中第1章主要介绍计算机控制系统的工作原理、结构组成、系统分类和计算机控制的发展趋势;第2章重点介绍IPC的结构组成、总线技术、输入输出接口模板的功能,并介绍了PLC、嵌入式系统的结构及应用;第3章详细阐述了输入输出接口及信息通道的工作原理,包括数字量输入/输出通道、模拟量输入通道、模拟量输出通道及人机交互通道技术等;第4章介绍了计算机系统抗干扰技术;第5章介绍了数字控制技术及步进电机等的控制技术;第6章介绍了常规和复杂控制技术;第7章主要介绍了计算机控制系统软件设计,包括程序设计方法、线性化处理、标度变换、数字滤波技术、监控组态软件等;第8章介绍了先进控制技术;第9章介绍了网络控制技术,包括工业DCS、现场总线技术、综合自动化和物联网等技术;第10章详细阐述了计算机控制系统工程设计方法,并给出了多种设计实例。

本书采用硬件与软件相结合的方式进行讲述。以PC总线工控机(IPC)为主线,兼顾PLC、嵌入式系统等控制器,遵循由硬件到软件、由单机到系统、由个性到共性的顺序,由浅入深的编写思路。以熟练掌握基本理论和工程设计方法为目标,培养学生运用所学知识分析、解决实际问题的能力,提高其综合素质。

本书是在编委会组织编写人员进行广泛的调研及科学合理的策划、对教材内容及体系结构进行细致认真的审定和推敲、确定编写大纲的基础上,由顾德英、罗云林、马淑华具体组织编写工作并担任主编,刘丽、孙文义、单立群、刘彦昌参加了编写工作。其中第1章、第2章、第4章、第10章由顾德英、罗云林、单立群、孙文义编写;第3章、第5章、第6章、第7章由马淑华、刘丽、刘彦昌编写;第8章、第9章由顾德英、罗云林、刘彦昌编写。在本书编写过程中,得到了东北大学秦皇岛分校、中国民航大学、东北石油大学等院校的大力支持,在此表示衷心的感谢!

本书也吸取了许多兄弟院校的计算机控制方面教材的长处,在此表示由衷的感谢!

由于作者水平有限,加之计算机控制技术的发展如此之快,书中难免会有缺点或不足之处,敬请各位同行与读者批评、指正。

作　者

目　　录

第1章　计算机控制系统概述

计算机控制是自动控制发展中的高级阶段,是自动控制的重要分支,广泛应用于工业、国防和民用等各个领域。随着计算机技术、高级控制策略、检测与传感技术、现场总线、通信与网络技术的高速发展,计算机控制系统已从简单的单机控制系统发展到了今天的集散控制系统、综合自动化系统等。

本章主要介绍计算机控制系统的基本特征、组成、分类和主要发展趋势。

1.1　计算机控制系统特征与组成

从模拟控制系统发展到计算机控制系统,控制器的结构、控制器中的信号形式、系统的过程通道内容、控制量的产生方法、控制系统的组成观念均发生了重大变化。计算机控制系统在系统结构方面有自己独特的内容;在功能配置方面呈现出模拟控制系统无可比拟的优势;在工作过程与方式等方面存在其必须遵循的规则。

1.1.1　计算机控制系统的特征与工作原理

将模拟自动控制系统中控制器的功能用计算机来实现,就组成了一个典型的计算机控制系统,如图 1.1 所示。

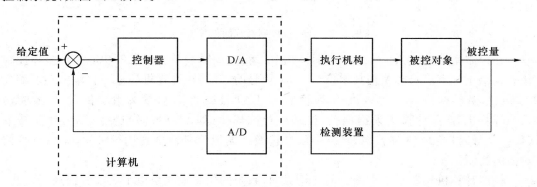

图 1.1　计算机控制系统

计算机控制系统由硬件和软件两个基本部分组成。硬件指计算机本身及其外部设备;软件是指管理计算机的程序及生产过程应用程序。只有软件和硬件有机地结合,计算机控制系统才能正常地运行。

1. 结构特征

模拟控制系统中均采用模拟器件,而在计算机控制系统中除测量装置、执行机构等常用的模拟部件外,其执行控制功能的核心部件是计算机,所以计算机控制系统是模拟和数字部件的混合系统。

　　　模拟控制系统的控制器由运算放大器等模拟器件构成,控制规律越复杂,所需要的硬件也往往越多、越复杂,其硬件成本几乎和控制规律的复杂程度成正比,并且,若要修改控制规律,必须改变硬件结构。而在计算机控制系统中,控制规律是用软件实现的,修改一个控制规律,无论复杂还是简单,只需修改软件,一般不需改变硬件结构,因此便于实现复杂的控制规律和对控制方案进行在线修改,系统具有很大的灵活性和适应性。

　　　在模拟控制系统中,一般是一个控制器控制一个回路,而计算机控制系统中,由于计算机具有高速的运算处理能力,可以采用分时控制的方式,同时控制多个回路。

　　　计算机控制系统的抽象结构和作用在本质上与其他控制系统没有什么区别,因此,同样存在计算机开环控制系统、计算机闭环控制系统等不同类型的控制系统。

2. 信号特征

　　　模拟控制系统中各处的信号均为连续模拟信号,而计算机控制系统中除有模拟信号外,还有离散模拟、离散数字等多种信号形式,计算机控制系统的信号流程如图1.2所示。

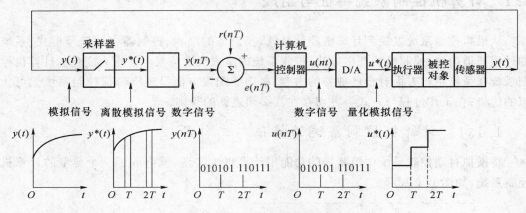

图 1.2　计算机控制系统的信号流程

　　　在控制系统中引入计算机,利用计算机的运算、逻辑判断和记忆等功能完成多种控制任务。由于计算机只能处理数字信号,为了信号的匹配,在计算机的输入和输出必须配置A/D(模/数转换器)和D/A(数/模转换器)。反馈量经A/D转换为数字量以后,才能输入给计算机,然后计算机根据偏差,按某种控制规律(如PID控制)进行运算,计算结果(数字信号)再经D/A转换器,将数字信号转换为模拟信号输出到执行机构,完成对被控对象的控制。

　　　按照计算机控制系统中信号的传输方向,系统的信息通道由以下3部分组成。

　　　① 过程输出通道,包含由D/A转换器组成的模拟量输出通道和开关量输出通道。

　　　② 过程输入通道,包含由A/D转换器组成的模拟量输入通道和开关量输入通道。

　　　③ 人-机交互通道,系统操作者通过人-机交互通道向计算机控制系统发布相关命令、提供操作参数、修改设置内容等,计算机则可通过人-机交互通道向系统操作者显示相关参数、系统工作状态、控制效果等。

　　　计算机通过输出过程通道向被控对象或工业现场提供控制量;通过输入过程通道获取被控对象或工业现场信息。当计算机控制系统没有输入过程通道时,称之为计算机开环控制系统。在计算机开环控制系统中,计算机的输出只随给定值变化,不受被控参数影响,通过调整给定值达到调整被控参数的目的。但当被控对象出现扰动时,计算机无法自动获得扰动信息,因此无法消除扰动,导致控制性能较差。当计算机控制系统仅有输入过程通道时,称之为计算机数据采集系统。在计算机数据采集系统中,计算机作用是对采集来的数据进行处理、归类、分析、储存、显示与打印等,而计算机的输出与系统的输入通道参数输出有关,但不影响或改变生产过程的参数,所以这样的系统可认为是开环系统,但不是开环控制系统。

3. 控制方法特征

由于计算机控制系统除了包含连续信号外,还包含有数字信号,从而使计算机控制系统与连续控制系统在本质上有许多不同,需采用专门的理论来分析和设计。常用的设计方法有两种,即模拟化设计法和离散化直接设计法。

4. 功能特征

与模拟控制系统比较,计算机控制系统的重要功能特征表现在以下几个方面。

(1) 以软件代替硬件

以软件代替硬件的功能主要体现在两方面,一方面是当被控对象改变时,计算机及其相应的过程通道硬件只需作少量的变化,甚至不需作任何变化,面向新对象重新设计一套新控制软件便可;另一方面是可以用软件来替代逻辑部件的功能实现,从而降低系统成本,减小设备体积。

(2) 数据存储

计算机具备多种数据保持方式,如脱机保持方式有 U 盘、移动硬盘、光盘、纸质打印、纸制绘图等;联机保持方式有固定硬盘、EEPROM 等,工作特点是系统断电不会丢失数据。正是由于有了这些数据保护措施,使得人们在研究计算机控制系统中,可以从容应对突发问题;在分析解决问题时可以大量减少盲目性,从而提高了系统的研发效率,缩短研发周期。

(3) 状态、数据显示

计算机具有强大的显示功能。显示设备类型有 CRT 显示器、LED 数码管、LED 矩阵块、LCD 显示器、LCD 模块、各种类型打印机、各种类型绘图仪等;显示模式包括数字、字母、符号、图形、图像、虚拟设备面版等;显示方式有静态、动态、二维、三维等;显示内容涵盖给定值、当前值、历史值、修改值、系统工作波形、系统工作轨迹仿真图等。人们通过显示内容可以及时了解系统的工作状态、被控对象的变化情况、控制算法的控制效果等。

(4) 管理功能

计算机都具有串行通信或联网功能,利用这些功能可实现多个计算机控制系统的联网管理,资源共享,优势互补;可构成分级分布集散控制系统,以满足生产规模不断扩大、生产工艺日趋复杂、可靠性要求更高、灵活性希望更好、操作需更简易的大系统综合控制的要求;实现生产过程(状态)的最优化和生产规划、组织、决策、管理(静态)的最优化的有机结合。

1.1.2　计算机控制系统的工作原理

1. 计算机控制系统的工作原理

根据如图 1.1 所示的计算机控制系统基本框图,计算机控制过程可归结为如下 4 个步骤。

① 实时数据采集：对来自测量变送装置的被控量的瞬时值进行检测并输入。

② 实时控制决策：对采集到的被控量进行分析和处理，并按已定的控制规律，决定将要采取的控制行为。

③ 实时控制输出：根据控制决策、适时地对执行机构发出控制信号，完成控制任务。

④ 信息管理：随着网络技术和控制策略的发展，信息共享和管理也是计算机控制系统必须完成的功能。

上述过程不断重复，使整个系统按照一定的品质指标进行工作，并对控制量和设备本身的异常现象及时作出处理。

2. 计算机控制系统的工作方式

（1）在线方式和离线方式

在计算机控制系统中，生产过程和计算机直接连接，并受计算机控制的方式称为在线方式或联机方式；生产过程不和计算机相连，且不受计算机控制，而是靠人进行联系并作相应操作的方式称为离线方式或脱机方式。

（2）实时的含义

所谓实时，是指信号的输入、计算和输出都要在一定的时间范围内完成，亦即计算机对输入信息，以足够快的速度进行控制，超出了这个时间，就失去了控制的时机，控制也就失去了意义。实时的概念不能脱离具体过程，一个在线的系统不一定是一个实时系统，但一个实时控制系统必定是在线系统。

1.1.3　计算机控制系统的硬件组成

计算机控制系统的硬件组成框图如图1.3所示，它由计算机（工控机）和生产过程两大部分组成。

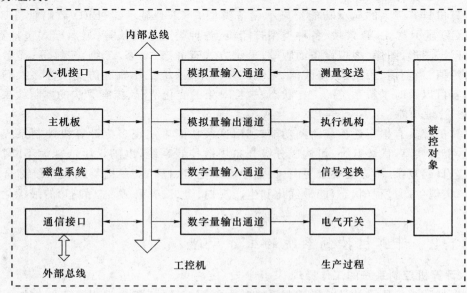

图1.3　计算机控制系统硬件组成

1．工控机

（1）主机板

主机板是工业控制机的核心，由中央处理器（CPU）、存储器（RAM、ROM）、监控定时器、电源掉电监测、保存重要数据的后备存储器、实时日历时钟等部件组成。主机板的作用是将采集到的实时信息按照预定程序进行必要的数值计算、逻辑判断、数据处理，及时选择控制策略并将结果输出到工业过程。

（2）系统总线

系统总线可分为内部总线和外部总线。内部总线是工控机内部各组成部分之间进行信息传送的公共通道，是一组信号线的集合。常用的内部总线有 IBM PC、PCI、ISA 和 STD 总线。

外部总线是工控机与其他计算机或智能设备进行信息传送的公共通道，常用外部总线有 RS-232C、RS485 和 IEEE-488 通信总线等。

（3）输入/输出模板

输入/输出模板是工控机和生产过程之间进行信号传递和变换的连接通道，包括模拟量输入通道（AI）、模拟量输出通道（AO）、数字量（开关量）输入通道（DI）、数字量（开关量）输出通道（DO）。输入通道的作用是将生产过程的信号变换成主机能够接受和识别的代码，输出通道的作用是将主机输出的控制命令和数据进行变换，作为执行机构或电气开关的控制信号。

（4）人-机接口

人-机接口包括显示器、键盘、打印机以及专用操作显示台等。通过人-机接口设备，操作员与计算机之间可以进行信息交换。人-机接口既可以用于显示工业生产过程的状况，也可以用于修改运行参数。

（5）通信接口

通信接口是工业控制机与其他计算机和智能设备进行信息传送的通道。常用的通信接口有 IEEE-488 并行接口、RS-232C、RS485 和 USB 串行接口。为方便主机系统集成，USB 总线接口技术正日益受到重视。

（6）磁盘系统

可以用半导体虚拟磁盘，也可以配通用的硬磁盘或采用 USB 磁盘。

2．生产过程

生产过程包括被控对象、执行机构等装置，这些装置都有各种类型的标准产品，在设计计算机控制系统时，根据实际需求合理选型即可。

1.1.4　计算机控制系统软件

对于计算机控制系统而言，除了硬件组成部分以外，软件也是必不可少的部分。软件是指完成各种功能的计算机程序的总和，如完成操作、监控、管理、计算和自诊断程序等。软件是计算机控制系统的神经中枢，整个系统的动作都是在软件的指挥下进行协调工作的。若按功能分类，软件分为系统软件和应用软件两大部分。

系统软件一般是由计算机厂家提供的，用来管理计算机本身的资源、方便用户使用计算机的软件。它主要包括操作系统、各种编译软件、监控管理软件等，这些软件一般不需要用户自己设计,它们只是作为开发应用软件的工具。

应用软件是面向生产过程的程序,如 A/D、D/A 转换程序,数据采样,数字滤波程序、标度变换程序、控制量计算程序,等等。应用软件大都由用户自己根据实际需要进行开发。应用软件的优劣,将给控制系统的功能、精度和效率带来很大的影响,它的设计是非常重要的。

1.2　计算机控制系统的分类

计算机控制系统与其所控制的生产对象密切相关,控制对象不同,其控制系统也不同。计算机控制系统的分类方法很多,可以按照系统的功能、工作特点分类,也可按照控制规律、控制方式分类。

按照控制方式分类,计算机控制系统可分为开环控制和闭环控制。

按照控制规律分类,计算机控制系统可分为程序和顺序控制、比例积分微分控制(PID 控制)、有限拍控制、复杂规律控制、智能控制等。

按照系统的功能、工作特点分类,计算机控制系统分为操作指导控制系统、直接数字控制系统、监督计算机控制系统、分布式计算机控制系统、计算机集成制造系统等。

1.2.1　操作指导控制系统

操作指导控制系统(Operational Information System,OIS)指计算机的输出不直接用来控制生产对象,而只是对系统过程参数进行收集、加工处理、然后输出数据。

操作人员根据这些数据进行必要的操作,其原理方框图如图 1.4 所示。

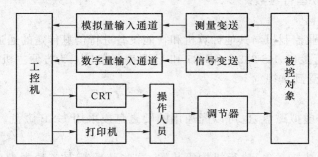

图 1.4　操作指导控制系统原理

操作指导控制系统的优点是结构简单、控制灵活安全,特别适用于未摸清控制规律的系统,常常被用于计算机控制系统研制的初级阶段,或用于试验新的数学模型和调试新的控制程序等。由于需要人工操作,故不适用于快速过程控制。

1.2.2　直接数字控制系统

直接数字控制系统(Direct Digital Control System,DDC)是计算机用于工业过程控制最普遍的一种方式,其结构如图 1.5 所示。计算机通过输入通道对一个或多个物理量进行巡回检测,并根据规定的控制规律进行运算,然后发出控制信号,通过输出通道直接控制调节阀等执行机构。

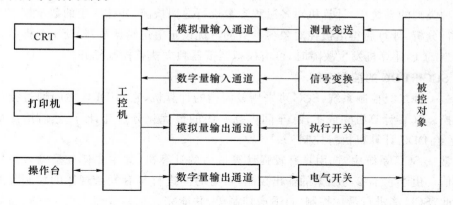

图 1.5　直接数字控制系统

在 DDC 系统中的计算机参加闭环控制过程,它不仅能完全取代模拟调节器,实现多回路的 PID 调节,而且不需要改变硬件,只需通过改变程序就能实现多种较复杂的控制规律,如串级控制、前馈控制、最优控制等。

1.2.3　监督计算机控制系统

在监督计算机控制系统(Supervisory Computer Control System,SCC)中,计算机根据工艺参数和过程参量检测值,按照所设计的控制算法进行计算,计算出最佳设定值直接传给常规模拟调节器或者 DDC 计算机,最后由模拟调节器或 DDC 计算机控制生产过程。SCC 系统有两种类型,一种是 SCC+模拟调节器,另一种是 SCC+DDC 控制系统。监督计算机控制系统构成示意图如图 1.6 所示。

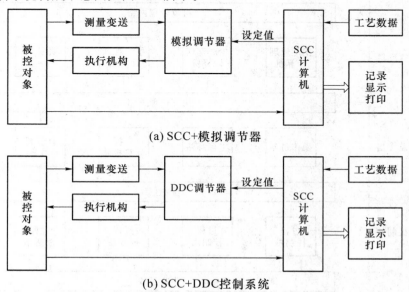

(a) SCC+模拟调节器

(b) SCC+DDC控制系统

图 1.6　监督计算机控制系统

1. SCC+模拟调节器的控制系统

这种类型的系统中,计算机对各过程参数进行巡回检测,并按一定的数学模型对生产工况进行分析、计算后得出被控对象各参数的最优设定值送给调节器,使工况保持在最优状态。当 SCC 计算机发生故障时,可由模拟调节器独立执行控制任务。

2. SCC+DDC 的控制系统

这是一种二级控制系统,SCC 可采用较高档的计算机,它与 DDC 之间通过接口进行信息交换。SCC 计算机完成工段、车间等高一级的最优化分析和计算,然后给出最优设定值,送给 DDC 计算机执行控制。

通常在 SCC 系统中,选用具有较强计算能力的计算机,其主要任务是输入采样和计算设定值。由于它不参与频繁的输出控制,可有时间进行具有复杂规律的控制算式的计算。因此,SCC 能进行最优控制、自适应控制等,并能完成某些管理工作。SCC 系统的优点是不仅可进行复杂控制规律的控制,而且其工作可靠性较高,当 SCC 出现故障时,下级仍可继续执行控制任务。

1.2.4　集散控制系统

集散控制系统(Distributed Control System,DCS)就是企业经营管理和生产过程控制分别由几级计算机进行控制,实现分散控制、集中管理的系统。这种系统每一级都有自己的功能,基本上是独立的,但级与级之间或同级的计算机之间又有一定的联系,相互之间实现通信,分布式计算机控制系统的结构如图 1.7 所示。

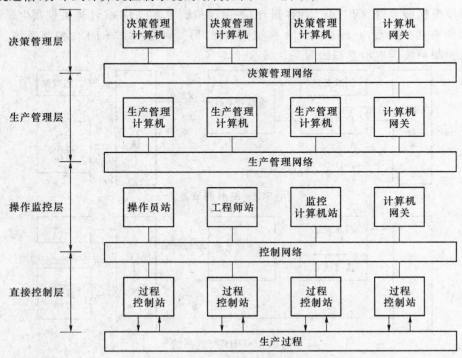

图 1.7　分布式计算机控制系统结构

1.2.5　现场总线控制系统

现场总线控制系统(Fieldbus Control System,FCS)是新一代分布式控制系统,它变革了 DCS 直接控制层的控制站和生产现场层的模拟仪表,保留了 DCS 的操作监控层、生产管理层和决策管理层。FCS 从下至上依次分为现场控制层、操作监控层、生产管理层和决策管理层,如图 1.8 所示。其中现场控制层是 FCS 所特有的,另外三层和 DCS 相同。现场总线控制系统的核心是现场总线。

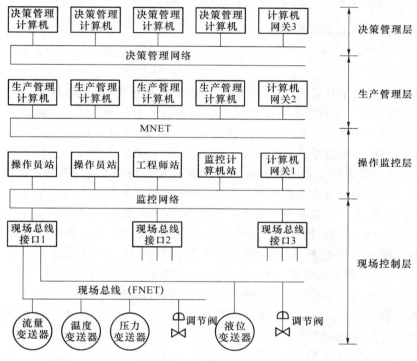

图 1.8　FCS 体系结构

1.2.6　综合自动化系统

综合自动化系统又称现代集成制造系统(Contemporary Integrated Manufacturing Systems,CIMS)。其中,"现代"的意思是信息化、智能化和计算机化,"集成"包含信息集成、功能集成等。

目前,综合自动化系统采用 ERP/MES/PCS 三层结构,如图 1.9 所示。它将综合自动化系统综合自动化系统分为设备综合控制为核心的过程控制系统(PCS)、以财物分析/决策为核心的经营计划系统(ERP)和以优化管理、优化运行为核心的制造执行系统(MES)。

采用 ERP/MES/PCS 三层结构的综合自动化系

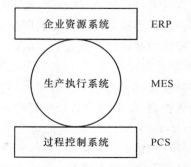

图 1.9　流程工业企业综合自动化系统

统,符合现代企业生产管理"扁平化"思想,促使管理以职能功能为中心向以过程为中心转化,更易于集成和实现,进而解决了当前软件生产经营层与生产层之间脱节的现状,且生产成本低。

1.3　计算机控制的发展概况及发展趋势

1.3.1　计算机控制系统的发展过程

在生产过程控制中采用数字计算机控制的思想出现在 20 世纪 50 年代中期,控制理论与计算机技术结合,产生了计算机控制系统,为自动控制系统的应用与发展开辟了新的途径。

世界上第一台电子计算机于 1946 年在美国问世,经过 10 多年的研究,到 20 世纪 50 年代末,将计算机用于过程控制。美国德克萨斯州的一个炼油厂,从 1956 年开始与美国的航天工业公司合作进行计算机控制的研究,到 1959 年,将 Rw300 计算机用于控制聚合装置,该系统控制 26 个流量、72 个温度、3 个压力、3 个成份。其功能是使反应器压力最小,确定 5 个反应器进料旦的最优分配,根据催化作用控制热水流量和确定最优循环。

由于计算机控制方面的上述开创性工作,使计算机逐步渗入到各行各业中。在渗入过程中,既有高潮,也有由于某些失败项目的阴影,而进入低潮。但是,最终还是逐步进入成熟期,从理论分析、系统设计,到工程实践都有一整套方法。从工作性质上来看,计算机逐步由早期的操作指导控制系统转变为直接数字控制(Direct Digital Control System,DDC)。操作指导控制系统仅仅向操作人员提供反映生产过程的数据,并给出指导信息,而直接数字控制可以完全替代原有的模拟控制仪表,由计算机根据生产过程数据,对生产过程直接发出控制作用。1962 年,英国帝国化学工业公司实现了一个 DDC 系统,它的数据采集点为 244 点,控制阀 129 个。

20 世纪 60 年代,由于集成电路技术的发展,计算机技术得到了很大发展,计算机的体积缩小、运算速度加快、工作可靠、价格便宜。60 年代后期,出现了适合工业生产过程控制的小型计算机(Mini-computer),使规模较小的过程控制项目也可以考虑采用计算机控制。20 世纪 70 年代,由于大规模集成电路技术的发展,1972 年出现了微型计算机。微型机具有价格便宜、体积小、可靠性高等优点,使计算机控制由集中式的控制结构,也就是用一台计算机完成许多控制回路的控制任务,转变成分散控制结构。人们设计出以微型计算机为基础的控制装置。例如,用于控制 8 个回路的"现场控制器",用于控制一个回路的"单回路控制器"等。它们可以被"分散"安装到更接近于测量和控制点的地方。这一类控制装置都具有数字通信能力,它们通过高速数据通道和主控制室的计算机相连接,形成分散控制、集中操作和分级管理的布局。这就是"分布式控制系统"(Distributed Control System,DCS)。对 DCS 的每个关键部位都可以考虑冗余措施,保证在发生故障时不会造成停产检修的严重后果,使可靠性大大提高。许多国家的计算机和仪表制造厂都推出了自己的 DCS,如美国 Honeywell 公司的 TDC-2000 和新一代产品 TDC-3000,日本横河公司的 CENTUM 等。现在,世界上几十家公司生产的 DCS 产品已有 50 多个品种,而且有了几代产品。

除了在过程控制方面计算机控制日趋成熟外,在机电控制、航天技术和各种军事装备中,计算机控制也日趋成熟,得到了广泛的应用。例如,通信卫星的姿态控制,卫星跟踪天线的控制,电气传动装置的计算机控制,计算机数控机床,工业机器人的姿态,力、力矩伺服系统,射电望远镜天线控制,飞行器自动驾驶仪,等等。在某些领域,计算机控制已经成为该领域不可缺少的因素。例如,在工业机器人的控制中,不使用计算机控制是无法完成控制任务的。在射电望远镜的天线控制系统中由于使用了计算机控制,引入了自适应控制等先进控制方法而大大提高了控制精度。

从 20 世纪 80 年代后期到 90 年代,计算机技术又有了飞速的发展,微处理器已由 16 位发展到 32 位,并且进一步向 64 位过渡。高分辨率的显示器增强了图形显示功能。采用多窗口技术和触摸屏调出画面,使操作简单,显示响应速度更快。多媒体技术使计算机可以显示高速动态图像,并有音乐和语音,增强显示效果。另一方面,人工智能和知识工程方法在自动控制领域得到应用,模糊控制、专家控制、各种神经元网络算法在自动控制系统中同样得到应用。在故障诊断、生产计划和调度、过程优化、控制系统的计算机辅助设计、仿真培训和在线维护等方面也愈来愈广泛使用知识库系统(KBS)和专家系统(ES)。90 年代,随着分散控制系统的广泛使用和工厂综合自动化的要求,对各种控制设备提出了很强烈的通信需求,要求计算机控制的核心设备,如工业控制计算机、现场控制器、单回路调节器和各种可编程控制器(PLC)之间具有较强的通信能力,使它们能很方便地构成一个大系统,实现综合自动化的目标。这就是在自动化技术、信息技术和各种生产技术的基础上,通过计算机系统将工厂的全部生产活动所需要的信息和各种分散的自动化系统实现有机集成,形成能适应生产环境不确定性和市场需求多变性总体最优的高质量、高效益、高柔性的智能生产系统。这种系统在连续生产过程中被称为计算机集成生产/过程系统(Computer Integrated Production/Process System,CIPS)。与此相对应的,在机械制造行业,称为计算机集成制造系统(Computer Integrated Manufacturing System,CIMS)。

1.3.2　计算机控制理论的发展概况

采样系统理论在计算机控制方面已取得重要成果,近年来出现了许多新型控制策略。

1. 采样控制理论

计算机控制系统中包含有数字环节,如果同时考虑数字信号在时间上的离散和幅度上的量化效应,严格地说,数字环节是时变非线性环节,因此要对它进行严格的分析是十分困难的。若忽略数字信号的量化效应,则计算机控制系统可看成为采样控制系统。在采样控制系统中,如果将其中的连续环节离散化,从而整个系统便成为纯粹的离散系统。因此计算机控制系统理论主要包括离散系统理论、采样系统理论及数字系统理论。

(1) 离散系统理论

离散系统理论主要指对离散系统进行分析和设计的各种方法的研究。它主要包括以下内容。

① 差分方程及 z 变换理论。利用差分方程、z 变换及 z 传递因数等数学工具来分析

离散系统的性能及稳定性。

② 常规设计方法。以 z 传递函数作为数学模型对离散系统进行常规设计的各种方法的研究,如有限拍控制、根轨迹法设计、离散 PID 控制、参数寻优设计及直接解析设计法等。

③ 按极点配置的设计法,其中包括基于传递函数模型及基于状态空间模型的两种极点配置设计方法。在利用状态空间模型时,它包括按极点配置设计控制规律及设计观测器两方面的内容。

④ 最优设计方法。其中也包括基于传递函数模型及基于状态空间模型的两种设计方法。基于传递函数模型的最优设计,主要包括最小方差控制和广义最小方差控制等内容。基于状态空间模型的最优设计法,主要包括线性二次型最优控制及状态的最优估计两个方面,通常简称 LQG(Linear Quadratic Gaussian)问题。

⑤ 系统辨识及自适应控制。

(2) 采样系统理论

采样系统理论除了包括离散系统的理论外,还包括以下一些内容。

① 采样理论。它主要包括香农(Shannon)采样定理、采样频谱及混叠、采样信号的恢复以及采样系统的结构图分析等。

② 连续模型及性能指标的离散化。为了使采样系统能变成纯粹的离散系统来进行分析和设计,需将采样系统中的连续部分进行离散化,这里首先需要将连续环节的模型表示方式离散化。由于模型表示主要采用传递函数和状态方程两种形式,因此连续模型的离散化也主要包括这两个方面。由于实际的控制对象是连续的,因此性能指标函数也常常以连续的形式给出,这样将更能反映实际系统的性能要求,因此也需要将连续的性能指标进行离散化,由于主要采用最优和按极点配置的设计方法,因此性能指标的离散化也主要包括这两个方面。连续系统的极点转换为相应的离散系统的极点分布是一件十分简单的工作,连续的二次型性能指标函数的离散化则需要较为复杂的计算。

③ 性能指标函数的计算。采样控制系统中控制对象是连续的,控制器是离散的,性能指标函数也常常以连续的形式给出。为了分析系统的性能,需要计算采样系统中连续的性能指标函数,其中包括确定性系统和随机性系统两种情况。

④ 采样控制系统的仿真。

⑤ 采样周期的选择。

(3) 数字系统理论

数字系统理论除了包括离散系统和采样系统的理论外,还包括数字信号量化效应的研究,如量化误差、非线性特性的影响等。同时还包括数字控制器实现中的一些问题。如计算延时、控制算法编程等。

2. 先进控制技术

常规的控制方法(如 PID 控制等)在计算机控制系统中得到了广泛应用,但这些控制策略一是要求被控对象是精确的、时不变的,且是线性的,二是要求操作条件和运行环境是确定的、不变的。但是对于对象的结构是时变的,有许多不确定因素,且多是非线性、多变量、强耦合和高维数的,既有数字信息,又有多媒体信息,难以建立常规的数学模型;其次,运行环境改变和环境干扰的时变,再加上信息的模糊性、不完全性、偶然性和未知性,使系统的环境复杂化;最后,控制任务不再限于系统的调节活伺服问题,还包括了优化、监控、诊断、调度、规划、决策等复杂任务,因而建立和实践了一些新的控制策略并在实际中得到改进和发展。

（1）鲁棒控制

控制系统的鲁棒性是指系统的某种性能或某个指标在某种扰动小保持不变的程度（或对扰动不敏感的程度）。其基本思想是在设计中设法使系统对模型的变化不敏感,使控制系统在模型误差扰动下仍能保持稳定,品质也保持在工程所能接受的范围内。鲁棒控制主要有代数方法和频域方法,前者的研究对象是系统的状态矩阵或特征多项式,讨论多项式族或矩阵族的鲁棒控制;后者是从系统的传递函数矩阵出发,通过使系统由扰动至偏差的传递函数矩阵 H_∞ 的范数取极小,来设计出相应的控制规律。

鲁棒控制理论成果主要应用在飞行器、柔性结构、机器人等领域,在工业过程控制领域应用较少。

（2）预测控制

预测控制是一种基于模型又不过分依赖模型的控制策略,其基本思想类似于人的思维与决策,即根据头脑中对外部世界的了解,通过快速思维不断比较各种方案可能造成的后果,从中择优予以实施。它的各种算法是建立在模型预测——滚动优化——反馈校正等 3 条基本原理上的,其核心是在线优化。这种"边走边看"的滚动优化控制策略可以随时顾及模型失配、时变、非线性或其他干扰因素等不确定性,及时进行弥补,减少偏差,以获得较高的综合控制质量。

预测控制集建模、优化和反馈于一体,三者滚动进行,其深刻的控制思想和优良的控制效果,一直为学术界和工业界所瞩目。

（3）模糊控制

模糊控制是一种应用模糊集合理论的控制方法。模糊控制是一种能够提高工业自动化能力的控制技术。模糊控制是智能控制一个十分活跃的研究领域。凡是无法建立数学模型或难以建立数学模型的场合都可采用模糊控制技术。

模糊控制的特点是:一方面,模糊控制提供了一种实现基于自然语言描述规则的控制规律的新机制;另一方面,模糊控制器提供了一种改进非线性控制器的替代方法,这些非线性控制器一般用于控制含有不确定性和难以用传统非线性理论来处理的装置。

（4）神经网络控制

神经网络控制是一种基本上不依赖于模型的控制方法,它比较适用于那些具有不确定性或高度非线性的控制对象,并具有较强的适应和学习功能。

（5）专家控制

专家控制系统是一种已广泛应用于故障诊断、各种工业过程控制和工业设计的智能控制系统。工程控制论与专家系统的结合形成了专家控制系统。

专家控制系统有专家控制系统和专家式控制器两种主要形式。前者采用黑板等结构,较为复杂,造价较高,因而目前用得较少;后者多为工业专家控制器,结构较为简单,又能满足工业过程控制要求,因而应用日益广泛。

（6）遗传算法

遗传算法是一种新发展起来的优化算法,基于自然选择和基因遗传学原理的搜索算法。它将"适者生存"这一基本的达尔文进化理论引入串结构,并且在串之间进行有组织但又随机的信息交换。

遗传算法在自动控制中的应用主要是进行优化和学习,特别是与其他控制策略结合,能够获得较好的效果。

上述的新型控制策略各有特长,但在某些方面都有其不足。因而各种控制策略相互渗透和结合,构成复合控制策略是主要发展趋势。组合智能控制系统的目标是将智能控制与常规控制模式有机地组合起来,以便取长补短,获得取得互补性,提高整体优势,以期获得人类、人工智能和控制理论高度紧密结合的智能系统,如 PID 模糊控制器、自组织模糊控制器、基于神经网络的自适应控制系统等。

1.3.3　计算机控制系统的发展趋势

计算机控制技术的发展与信息化、数字化、智能化、网络化的技术潮流相关,与微电子技术、控制技术、计算机技术、网络与通信技术、显示技术的发展密切相关,互为因果,互相补充和促进;各种自动化手段互相借鉴,工控机系统、自动化系统、信息技术改造传统产业、机电一体化、数控系统、先进制造系统、CIMS,各有背景,都很活跃。相互借鉴,相互渗透和融合,使彼此之间的界限越来越模糊。各种控制系统互相融合,在相当长的一段时间内,FCS、IPC、NC/CNC、DCS、PLC,甚至嵌入式控制系统,将相互学习、相互补充、相互促进、彼此共存。各种控制系统虽然设计的初衷不一,各有特色,各有适宜的应用领域,自然也各有不适应的地方,但技术上都知道学人之长、补己之短,融合与集成是大势所趋,势不可挡。计算机控制系统发展的趋势主要集中在如下几个方面:综合化、虚拟化、智能化、绿色化。

(1) 综合化

随着现代管理技术、制造技术、信息技术、自动化技术、系统工程技术的发展,综合自动化技术(ERP+MES+PCS)将会在工业过程中得到广泛应用,将企业生产过程中有关资源、技术、经营管理三要素及其信息流、物流有机地集成并优化运行,可大大提高企业的经济效益。

(2) 虚拟化

在数字化基础上,虚拟化技术的研究正在迅速发展。它主要包括虚拟现实(VR)、虚拟产品开发(VPD)、虚拟制造(VM)和虚拟企业(VE)等。

(3) 智能化

经典的反馈控制、现代控制和大系统理论在应用中遇到不少难题。首先,这些控制系统的设计和分析都是建立在精确的系统模型的基础上,而实际系统一般难以获得精确的数学模型;其次,为了提高控制性能,整个控制系统变得极其复杂,增加了设备的投资,降低了系统的可靠性。人工智能的出现和发展,促进自动控制向更高的层次发展,即智能控制。智能控制是一种无需人的干预就能够自主地驱动智能机器实现其目标的过程,也是用机器模拟人类智能的又一重要领域,因此要大力推行研究和发展智能控制系统。

(4) 绿色化

绿色自动化技术的概念,主要是从信息、电气技术与设备的方面出发。减少、消除自动化设备对人类、环境的污染与损害。其主要内容包括保证信息安全与减少信息污染、电磁谐波抑制、洁净生产、人-机和谐、绿色制造等。这是全球可持续发展战略在自动化领域中的体现,是自动化学科的一个崭新课题。

习题 1

1. 计算机控制系统中的实时性、离线方式和在线方式的含义是什么?
2. 计算机控制系统硬件由哪几部分组成? 说明各部分的主要功能。
3. 计算机控制系统按功能分类有几种?
4. 计算机控制系统软件有什么作用?
5. 说明 DDC 与 SCC 的系统的工作原理、特点,它们之间有何区别和联系?
6. DCS 与 FCS 相比各有什么特点?
7. 离散控制理论包括哪些内容?
8. 先进控制技术的特点及应用是什么?
9. 计算机控制的主要发展趋势是什么?

第2章 工业控制计算机

计算机控制系统在工业生产过程中得到了广泛的应用,不同的生产工艺和生产规模对计算机控制系统的要求也不同,因而如何依据不同的需求选择工业控制计算机是一个关键问题。

工控机(IPC)、可编程控制器(PLC)是中小型控制系统中的主要控制装置,也是大型网络控制系统中的控制单元,在工业控制中得到了广泛应用。而嵌入式系统在智能仪表及小型控制系统中应用广泛。

本章主要介绍工业控制计算机、可编程控制器、嵌入式系统的结构、特点和应用。

2.1 工控机

工业控制计算机也称为工业计算机(Industrial Personal Computer,IPC),简称工控机。工控机是以计算机为核心的测量和控制系统,处理来自工业系统的输入信号,再根据控制要求将处理结果输出到控制器,去控制生产过程,同时对生产进行监督和管理。IPC在硬件上,由生产厂家按照某种标准总线设计制造符合工业标准的主机板及各种I/O模板,设计和使用者只要选用相应的功能模板,像搭积木似的灵活地构成各种用途的计算机控制装置;而在软件上,利用熟知的系统软件和工具软件,编制或组态相应的应用软件,就可以非常便捷地完成对生产过程的集中控制与调度管理。

2.1.1 IPC 的组成与特点

1. IPC 硬件组成

典型的 IPC 由加固型工业机箱、工业电源、主机板、显示板、硬盘驱动器、光盘驱动器、各类输入输出接口模板、显示器、键盘、鼠标、打印机等组成。如图 2.1(a)所示是 IPC 的主机箱外部结构,如图 2.1(b)所示是主机箱的内部结构。

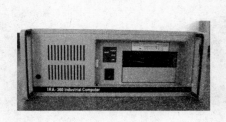 

(a) 外部结构　　　　　　　　　　(b) 内部结构

图 2.1　工控机的主机箱结构

IPC 的各部件均采用模板化结构,即在一块无源的并行底板总线上,插接多个功能模板组成一台 IPC。IPC 的系统结构如图 2.2 所示。

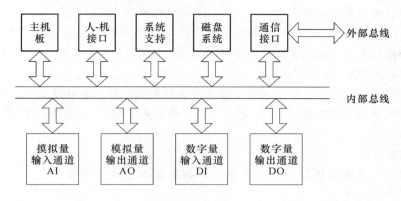

图 2.2　工业控制机的硬件组成结构

（1）主机板

主机板是工业控制机的核心,由中央处理器（CPU）、存储器（RAM、ROM）和 I/O 接口等部件组成。主机板的作用是将采集到的实时信息按照预定程序进行必要的数值计算、逻辑判断、数据处理,及时选择控制策略并将结果输出到工业过程。芯片采用工业级芯片,并且是一体化（ALL-IN-ONE）主板,以易于更换。

（2）系统总线

系统总线可分为内部总线和外部总线。内部总线是工控机内部各组成部分之间进行信息传送的公共通道,是一组信号线的集合。常用的内部总线有 ISA PC 总线和 PCI 总线等。外部总线是工控机与其他计算机和智能设备进行信息传送的公共通道,常用外部总线有 RS-232C、RS485 和 USB。

（3）输入/输出模板

它是工控机和生产过程之间进行信号传递和变换的连接通道,包括模拟量输入通道（AI）、模拟量输出通道（AO）、数字量（开关量）输入通道（DI）、数字量（开关量）输出通道（DO）等。输入通道的作用是将生产过程的信号变换成主机能够接受和识别的代码,输出通道的作用是将主机输出的控制命令和数据进行变换,作为执行机构或电气开关的控制信号。

（4）人-机接口

人-机接口包括显示器、键盘、打印机以及专用操作显示台等。通过人-机接口设备,操作员与计算机之间可以进行信息交换。人-机接口既可以用于显示工业生产过程的状况,也可以用于修改运行参数。

（5）通信接口

通信接口是工业控制机与其他计算机和智能设备进行信息传送的通道。常用的通信接口有 RS -232C、RS485 和 USB 总线接口。

（6）系统支持

系统支持功能主要包括以下几点。

① 监控定时器:俗称"看门狗"（Watchdog）。当系统因干扰或软故障等原因出现异

常时,能够使系统自动恢复运行,提高系统的可靠性。

② 电源掉电监测:当工业现场出现电源掉电故障时,及时发现并保护当时的重要数据和计算机各寄存器的状态。一旦上电,工控机能从断电处继续运行。

③ 后备存储器:Watchdog 和掉电监测功能均需要后备存储器用来保存重要数据。后备存储器能在系统掉电后保证所存数据不丢失,为保护数据不丢失,系统存储器工作期间,后备存储器应处于上锁状态。

④ 实时日历时钟:实时控制系统中通常有事件驱动和时间驱动能力。工控机可在某时刻自动设置某些控制功能,可自动记录某个动作的发生时间,而且实时时钟在掉电后仍能正常工作。

(7) 磁盘系统

可以用半导体虚拟磁盘,也可以配通用的硬磁盘或采用 USB 磁盘。

2. IPC 的软件组成

IPC 的硬件构成了工业控制机系统的设备基础,要真正实现生产过程的计算机控制必须为硬件提供相应的计算机软件,才能实现控制任务。软件是工业控制机的程序系统,可分为系统软件、支持软件、应用软件三部分。

(1) 系统软件

系统软件用来管理 IPC 的资源,并以简便的形式向用户提供服务,包括实时多任务操作系统、引导程序、调度执行程序,如美国 Intel 公司的 iRMX86 实时多任务操作系统。除了实时多任务操作系统以外,也常使用 MS-DOS,特别是 Windows 软件。

(2) 工具软件

工具软件是技术人员从事软件开发工作的辅助软件,包括汇编语言、高级语言、编译程序、编辑程序、调试程序、诊断程序等。

(3) 应用软件

应用软件是系统设计人员针对某个生产过程而编制的控制和管理程序。通常包括过程输入输出程序、过程控制程序、人-机接口程序、打印显示程序和公共子程序等。计算机控制系统随着硬件技术的高速发展,对软件也提出更高的要求。只有软件和硬件相互配合,才能发挥计算机的优势,才能研制出具有更高性能价格比的计算机控制系统。目前,工业控制软件正向组态化、结构化方向发展。

3. IPC 的特点

与通用的计算机相比,工业控制机主要特点如下。

① 可靠性高。工控机常用于控制连续的生产过程,在运行期间不允许停机检修,一旦发生故障将会导致质量事故,甚至生产事故。因此要求工控机具有很高的可靠性、低故障率和短维修时间。

② 实时性好。工控机必须实时地响应控制对象的各种参数的变化,才能对生产过程进行实时控制与监测。当过程参数出现偏差或故障时,能实时响应并实时地进行报警和处理。通常工控机配有实时多任务操作系统和中断系统。

③ 环境适应性强。由于工业现场环境恶劣,要求工控机具有很强的环境适应能力,如对温度/湿度变化范围要求高;具有防尘、防腐蚀、防震动冲击的能力;具有较好的电磁

兼容性和高抗干扰能力及高共模抑制能力。

④ 丰富的输入输出模板。工控机与过程仪表相配套，与各种信号打交道，要求具有丰富的多功能输入输出配套模板，如模拟量、数字量、脉冲量等输入输出模板。

⑤ 系统扩充性和开放性好。灵活的系统扩充性有利于工厂自动化水平的提高和控制规模的不断扩大。采用开放性体系结构，便于系统扩充、软件的升级和互换。

⑥ 控制软件包功能强。具有人-机交互方便、画面丰富、实时性好等性能；具有系统组态和系统生成功能；具有实时及历史的趋势记录与显示功能；具有实时报警及事故追忆等功能；具有丰富的控制算法。

⑦ 系统通信功能强。一般要求工业控制机能构成大型计算机控制系统，具有远程通信功能，为满足实时性要求，工控机的通信网络速度要高，并符合国际标准通信协议。

⑧ 冗余性。在对可靠性要求很高的场合，要求有双机工作及冗余系统，包括双控制站、双操作站、双网通信、双供电系统、双电源等，具有双机切换功能、双机监视软件等，以保证系统长期不间断工作。

2.1.2　IPC 的内部总线

计算机系统采用由大规模集成电路 LSI 芯片为核心构成的插件板，多个不同功能的插件板与主机板共同构成。构成系统的各类插件板之间的互联和通信通过系统总线来完成。这里的系统总线不是指中央处理器内部的三类总线，而是指系统插件板交换信息的板级总线。这种系统总线就是一种标准化的总线电路，它提供通用的电平信号来实现各种电路信号的传递。同时，总线标准实际上是一种接口信号的标准和协议。

内部总线是指计算机内部各功能模块间进行通信的总线，也称为系统总线。它是构成完整计算机系统的内部信息枢纽。工业控制计算机采用内部总线母板结构，母板上各插槽的引脚都连接在一起，组成系统的多功能模板插入接口插槽，由内部总线完成系统内各模板之间的信息传送，从而构成完整的计算机系统。各种型号的计算机都有自身的内部总线。

目前工控领域应用较多的内部总线有 STD 总线、ISA 总线和 PCI 总线。

1. ISA 总线

IBM PC 总线是针对 Intel8088 微处理器而设计的，其第一个标准是 PC/XT 总线，它定义了 8 位数据线和 20 位地址和若干条控制线，共 62 引脚。为了和 Intel80286 16 位机兼容，对 XT 总线在电气和机械特性上作了较大的扩充，在原来 62 引脚的基础上又增加了一个 36 引脚插座而形成 AT 总线。AT 总线将数据总线扩展为 16 位，地址总线扩展到 24 位，将中断扩充到 15 个并提供了中断共享功能，而 DMA 通道也扩充到 8 个。AT 总线也称 ISA（Industry Standard Architecture）总线标准，ISA 总线的引脚说明如表 2.1 所示。

ISA 总线的优势如下。

① ISA 总线结构的模板种类最多，性能稳定，技术成熟，价格便宜。

② ISA 总线性能基本上能够满足多数测控领域需求。

③ 具备了用 ISA 总线模板来构成系统的能力，也就基本上具备了用其他总线模板来构成系统的能力。

1989 年,COMPAQ 公司联合 HP、AST 等 9 家计算机公司,在 ISA 总线基础上,推出了适应 32 位微处理器的系统总线标准 EISA(Extended Industrial Standard Architecture)。EISA 与 ISA 兼容并在许多方面参考了 MCA(Micro Channel Architecture)的设计,仍受到众多 PC 厂家及用户的欢迎,成为一种与 MCA 相抗衡的总线标准。

表 2.1　8 位 ISA 总引线脚功能

元件面			焊接面		
引脚号	信号名	说明	引脚号	信号名	说明
A_1	$\overline{I/OCHC}$	输入 VO 校验	B_1	CND	地
A_2	D_7		B_2	RESETDRV	复位
A_3	D_6		B_3	+5 V	电源
A_4	D_5		B_4	IRQ$_2$<IRQ$_w$>	中断请求 2,输入
A_5	D_4	数据总线,双向	B_5	-5 V	电源-5 V
A_6	D_3		B_6	IRQ$_2$	DMA 通过 2 请求,输入
A_7	D_2		B_7	-12 V	电源-12 V
A_8	D_1		B_8	CARDSLCTD	
A_9	D_0		B_9	+12 V	电源+12 V
A_{10}	I/OCH	输入 I/O 准备好	$B_{\overline{10}}$	CND	地
A_{11}	AEN	输出,地址允许	B_{11}	$\overline{MEMW}$	存储器写,输出
A_{12}	A_{19}		B_{12}	$\overline{MEMR}$	存储器读,输出
A_{13}	A_{18}		B_{13}	$\overline{IOW}$	接口写,双向
A_{14}	A_{17}		B_{14}	$\overline{IOR}$	接口读,输出
A_{15}	A_{16}		B_{15}	$\overline{DACK_3}$	DMA 通道 3 响应,输出
A_{16}	A_{15}		B_{16}	DRQ$_3$	DMA 通道 3 响应,输入
A_{17}	A_{14}		B_{17}	$\overline{DACK_1}$	DMA 通道 1 响应,输出
A_{18}	A_{13}		B_{18}	DRQ$_1$	DMA 通道 1 响应,输入
A_{19}	A_{12}		B_{19}	DACK$_0$	DMA 通道 0 响应,输出
A_{20}	A_{11}		B_{20}	CIK	系统时钟,输出
A_{21}	A_{10}	地址信号,双向	B_{21}	IRQ$_7$	中断请求,输出
A_{22}	A_9		B_{22}	IRQ$_6$	中断请求,输出
A_{23}	A_8		B_{23}	IRQ$_5$	中断请求,输出
A_{24}	A_7		B_{24}	IRQ$_4$	中断请求,输出
A_{25}	A_6		B_{25}	IRQ$_3$	中断请求,输出
A_{26}	A_5		B_{26}	DACK$_2$	DMA 通道 2 响应,输出
A_{27}	A_4		B_{27}	T/C	计数中点信号,输出
A_{28}	A_3		B_{28}	ALE	地址锁存信号,输出
A_{29}	A_2		B_{29}	+5 V	电源+5 V
A_{30}	A_1		B_{30}	OSC	振荡信号,输出
A_{31}	A_0		B_{31}	CND	地

2. PCI 总线

PCI 总线（Peripheral Component Interconnect，外围部件互连总线）是介于 CPU 芯片级总线与系统总线之间的一级总线。外设通过局部总线与 CPU 的数据传输率得以大大提高。PCI 总线支持 64 位数据传送、多总线主控模块和线性猝发读写和并发工作方式。PCI 引脚信号如表 2.2 所示。

表 2.2　PCI 总线信号引脚（32 位数据总线宽度）

引脚	A 侧		B 侧	
1	电源	-12 V	JTAG 信号	$\overline{\text{TRST}}$
2	JTAG 信号	TCK	电源	$+12$ V
3	地	Ground	JTAG 信号	TMS
4	JTAG 信号	TDO	JTAG 信号	TDI
5	电源	$+5$ V	电源	$+5$ V
6	电源	$+5$ V	中断信号	$\overline{\text{INTA}}$
7	中断信号	$\overline{\text{INTB}}$	中断信号	$\overline{\text{INTC}}$
8	中断信号	$\overline{\text{INTD}}$	电源	$+5$ V
9	电源管理	$\overline{\text{PRSNT}_1}$	保留	
10	保留		电源	$+3.3$ V
11	电源管理	PRSNT_2	保留	
12	接口识别	Connector Key	接口识别	Connector Key
13	接口识别	Connector Key	接口识别	Connector Key
14	保留		保留	
15	地	Ground	复位	$\overline{\text{RST}}$
16	时钟	CLK	电源	$+3.3$ V
17	地	Ground	总线允许	$\overline{\text{GNT}}$
18	总线请求	$\overline{\text{REQ}}$	地	Ground
19	电源	$+3.3$ V	保留	
20	数据/地址信号	AD_{31}	数据/地址信号	AD_{30}
21	数据/地址信号	AD_{29}	电源	$+3.3$ V
22	地	Ground	数据/地址信号	AD_{28}
23	数据/地址信号	AD_{27}	数据/地址信号	AD_{26}
24	数据/地址信号	AD_{25}	地	Ground
25	电源	$+3.3$ V	数据/地址信号	AD_{24}
26	总线指令和字节允许	$\overline{\text{C/BE}_3}$	初始化时设备选择	IDSEL
27	数据/地址信号	AD_{23}	电源	$+3.3$ V
28	地	Ground	数据/地址信号	AD_{22}
29	数据/地址信号	AD_{21}	数据/地址信号	AD_{20}
30	数据/地址信号	AD_{19}	地	Ground

续　表

引脚	A 侧		B 侧	
31	电源	+3.3 V	数据/地址信号	AD_{18}
32	数据/地址信号	AD_{17}	数据/地址信号	AD_{16}
33	总线指令和字节允许	$\overline{C/BE_2}$	电源	+3.3 V
34	地	Ground	总线"帧"信号	$\overline{FRAME}$
35	主设备就绪	$\overline{IRDY}$	地	Ground
36	电源	+3.3 V	目标设备就绪	$\overline{TRDY}$
37	设备选择	$\overline{DEVSEL}$	地	Ground
38	地	Ground	停止操作	$\overline{STOP}$
39	总线锁	$\overline{LOCK}$	电源	+3.3 V
40	奇偶校验错误	$\overline{PERR}$	监视完成	$\overline{SDONE}$
41	电源	+3.3 V	监视补偿	$\overline{SBO}$
42	系统错误	$\overline{SERR}$	地	Ground
43	电源	+3.3 V	数据校验位	PAR
44	总线指令和字节允许	$\overline{C/BE_1}$	数据/地址信号	AD_{15}
45	数据/地址信号	AD_{14}	电源	+3.3 V
46	地	Ground	数据/地址信号	AD_{13}
47	数据/地址信号	AD_{12}	数据/地址信号	AD_{11}
48	数据/地址信号	AD_{10}	地	Ground
49	总线宽度识别	M66EN	数据/地址信号	AD_9
50	地	Ground	地	Ground
51	地	Ground	地	Ground
52	数据/地址信号	AD_8	总线指令和字节允许	$\overline{C/BE_0}$
53	数据/地址信号	AD_7	电源	+3.3 V
54	电源	+3.3 V	数据/地址信号	AD_6
55	数据/地址信号	AD_5	数据/地址信号	AD_4
56	数据/地址信号	AD_3	地	Ground
57	地	Ground	数据/地址信号	AD_2
58	数据/地址信号	AD_1	数据/地址信号	AD_0
59	电源	+3.3 V	电源	+3.3 V
60	64 位总线扩展	$\overline{ACK64}$	64 位总线扩展	$\overline{REQ64}$
61	电源	+5 V	电源	+5 V
62	电源	+5 V	电源	+5 V

其主要特点如下。

① PCI 总线时钟为 33 MHz,与 CPU 时钟无关,总线带宽为 32 位,可扩充到 64 位。

② PCI 传输率高：最大传输率为 133 Mbit/s(266 Mbit/s)，能提高硬盘、网络界面卡的性能；充分发挥影像、图形及各种高速外围设备的性能。

③ PCI 采用数据线和地址线复用结构，减少了总线引脚数，从而节省线路空间，降低设计成本。

3. Compact PCI 总线

Compact PCI 总线标准由 PICMG 于 1995 年正式发布。Compact PCI 的意思是"坚实的 PCI"，它采用与标准 PCI 相同的电气规范，所以可使用与传统 PCI 系统相同的芯片、防火墙和相关软件。将一个标准 PCI 插卡转化成 Compact PCI 插卡几乎不需要重新设计，只需对物理连接进行重新分布。

与标准 PCI 总线相比，Compact PCI 主要进行了以下一些改进。

① Compact PCI 采用了欧式卡(Eu-rocard)的工业组装标准，具有更好的机械特性，使整个系统具有了更好的稳固性、可靠性及散热性能，增强了 PCI 系统在电信或条件恶劣的工业环境中的可维护性和可靠性。

② Compact PCI 可支持更多的插槽，正是由于上述良好的机械性能，每个 Compact PCI 总线段最多支持 8 个插槽，而不是标准 PCI 的 4 个。同时，通过 PCI- PCI 桥的使用，能对系统规模进行进一步的扩展。

③ 热交换(Hot Swap)规范支持。为了满足电信等领域对热插拔的需求，Compact PCI 所使用的连接器是高低不同的针和槽式连接器，并定义了热交换对驱动程序的要求，实现了连接器电源和信号引线对热交换规范的支持。

目前 Compact PCI 在通信领域的高速交换机及路由器、实时机器控制器、工业自动化、军用通信系统得到了广泛应用。

4. PC/104 总线

PC/104 是一种专门为嵌入式控制而定义的工业控制总线。IEEE-P996 是 PC 和 PC/AT 工业总线规范，IEEE 协会将它定义为 IEEE-P996.1，PC/104，实质上就是一种紧凑型的 IEEE-P996，其信号定义和 PC/AT 基本一致，但电气和机械规范却完全不同，是一种优化的、小型的、堆栈式结构的嵌入式控制系统。PC/104 以其小尺寸(90 mm × 96 mm)、开放的/高可靠性的工业规范、模块可自由扩展、低功耗、堆栈式连接、丰富的软件资源等优点，在嵌入式系统领域得到了广泛应用。

5. STD 总线

STD 总线在 1978 年最早由 Pro-Log 公司作为工业标准发明的，由 STDGM 制定为 STD-80 规范。

1987 年，STD 总线批准为国际标准 IEEE-961 标准。STD-80/MPX 作为 STD-80 追加标准，支持多主(Multi-Master)系统。STD 总线工控机是工业型计算机，STD 总线的 16 位总线性能满足嵌入式和实时性应用要求，特别是它的小板尺寸、垂直放置无源背板的直插式结构、丰富的工业 I/O、低成本、低功耗、扩展的温度范围、可靠性和良好的可维护性设计，使其在空间和功耗受到严格限制的、可靠性要求较高的工业自动化领域得到了广泛应用。STD 总线产品其实就是一种板卡(包括 CPU 卡)和无源母板结构。现在的工业 PC 其实也和 STD 有十分近似的结构,只不过两者的金手指定义完全不同,而且 STD 在 20 世纪 80 年代前后风行一时,是因为它对 8 位机(如 Z80 和它的变种系列)支持较好。

随着 32 位微处理器的出现,通过附加系统总线与局部总线的转换技术,1989 年美国的 EAITECH 公司又开发出对 32 微处理器兼容的 STD32 总线。

2.1.3　IPC 的外部总线

外部总线是指用于计算机与计算机之间或计算机与其他智能外设之间的通信线路。常用的外部总线有 IEEE-488 并行总线、RS-232C 和 RS-422/RS-485 串行通信总线。

1. IEEE-488 并行通信总线

IEEE-488 并行通信总线又称为通用接口总线(General Purpose Interface Bus),是一种 24 线总线,打印机、绘图仪、电压表、信号发生器等各类外设都可以使用这种总线。

IEEE-488 总线电缆是一条无源的电缆线,包括 16 条信号线和 8 条地线,其中 16 根信号线可分成 3 组,即 8 根双向数据总线、3 根数据字节传送控制总线和 5 根接口管理总线,均为低电平有效。

2. RS-232C 串行通信总线

RS-232C 是在异步串行通信中应用最早和最广泛的标准串行总线,是由美国电子工业协会(EIA)制定的一种串行接口标准。

RS-232 的连接插头用 25 针或 9 针的 EIA 连接插头座,其主要端子分配如表 2.3 所示。

表 2.3　RS-232C 主要端子

引脚		方向	符号	功能
25 针	9 针			
2	3	输出	TXD	发送数据
3	2	输入	RXD	接收数据
4	7	输出	$\overline{RTS}$	请求发送
5	8	输入	$\overline{CTS}$	允许发送
6	6	输入	DSR	数据设备准备好
7	5		GND	信号地
8	1	输入	$\overline{DCD}$	载波检测
20	4	输出	$\overline{DTR}$	数据终端准备好
22	9	输入	RI	振铃指示

(1) 信号含义

① 由计算机到 MODEM 的信号如下。

DTR:数据终端准备好,通知 MODEM 计算机已接通电源,并准备好。

RTS:请求发送,通知 MODEM 现在要发送数据。

② 由 MODEM 到计算机的信号如下。

DSR:数据设备准备好,通知计算机 MODEM 已接通电源,并准备好。

CTS:发送清零,通知计算机 MODEM 已经做好了接收数据的准备。

DCD:数据信号检测,通知计算机 MODEM 已与对端的 MODEM 建立连接。

RI:振铃指示器,告知计算机对端的电话已经在振铃了。

③ 数据信号如下。

TXD:发送数据。

RXD:接收数据。

（2）电气特性

RS-232C 的电气特性要求总线信号采用负逻辑,如表 2.4 所示。低电平为逻辑"1",高电平为逻辑"0"。逻辑"1"状态电平为$-15\text{ V}\sim-5\text{ V}$,逻辑"0"状态电平为$+5\text{ V}\sim+15\text{ V}$,其中$-5\text{ V}\sim+5\text{ V}$用作信号状态的变迁区。在串行通信中还把逻辑"1"称为传号（MARK）或 OFF 状态,把逻辑"0"称为空号（SPACE）或 ON 状态。

表 2.4　RS-232C 信号状态

状态	$-15\text{ V}<V_1<-5\text{ V}$	$+5\text{ V}<V_1<+15\text{ V}$
逻辑状态	1	0
信号条件（数据线上）	传号（MARK）	空号（SPACE）
功能（控制线上）	OFF	ON

RS-232C 的电气连接方式如图 2.3 所示。接口为非平衡式,每个信号用一根导线,所有信号共用一根地线。

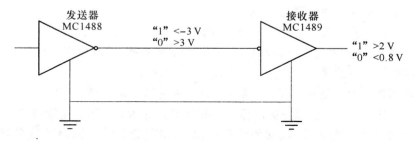

图 2.3　RS-232C 的电气连接

RS-232C 串行接口采用 TTL 输入输出电平,而 RS-232C 的逻辑电平与 TTL 电平不兼容,为了与 TTL 器件相连,必须进行电平转换。通常采用的是 MOTOROLA 公司的 MC1488 驱动器和 MC1489 接收器,或者 TI 公司的 SN75188 驱动器、SN75189 接收器以及 MAXIM 公司的 MAX232A 等。RS-232C 的电平转换连接方式如图 2.4 所示。RS-232C 总线规定了其通信距离不大于 15 m,传送信号的速率不大于 20 kbit/s。由于采用单端输入和公共信号地线,所以容易引进干扰。

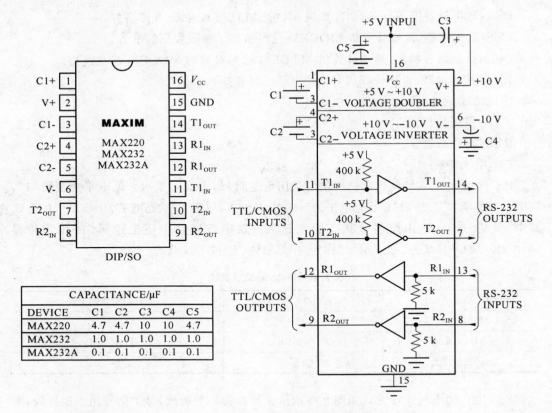

图 2.4　RS-232C 的电平转换连接方式

3. RS-422/RS-485 串行通信总线

RS-232C 虽然使用很广,但由于推出时间比较早,所以在现代通信网络中已暴露出明显的缺点,其缺点主要表现在数据传输速率低、传送距离短、未规定标准的连接器、接口处各信号间容易产生串扰等。

由于 RS-232C 有上述一些缺点,所以,EIA 对它做了部分改进,于 1977 年制订出新标准——RS-449;1980 年它成为美国标准。在制订新标准时,除了保留与 RS-232C 兼容的特点外,还在提高传输速率、增加传输距离、改进电气特性等方面做了很多努力。它增加了 RS-232C 所没有的环测功能,明确规定了连接器,解决了机械接口问题。

与 RS-449 一起推出的还有 RS-423A 和 RS-422A。实际上,它们都是 RS-449 标准的子集。

(1) RS-422A

RS-422A 规定了差分平衡的电气接口。它能够在较长距离传输时明显地提高数据传送速率,如在 1 200 m 距离内把速率提高到 100 kbit/s,或在较近距离(12 m)内提高到 10 Mbit/s。这种性能的改善源于平衡结构的优点,这种差分平衡结构能从地线的干扰中分离出有效信号。实际上,差分接收器可以区分 0.2 V 以上的电位差,因此,可不受地参考电平波动及共模电磁干扰的影响。

差分平衡电路如图 2.5 所示,其一根导线上的电压是另一根导线上的电压值取反,接收器的输入电压为这两个导线电压的差值。由于在它的两根信号线上传递着大小相同、方向相反的电流,可以极大地抑制噪声对信号的影响。差分电路的另一优点是不受节点间接地电平差异的影响。在单端电路中,多个信号共用一根接地线,长距离传输时,不同节点接地线的电平差异可能相差好几伏,甚至会引起信号的误读。差分电路则完全不会受到接地电平差异的影响。

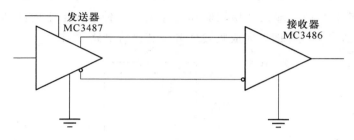

图 2.5　RS-485 的差分平衡电路

（2）RS-485

在许多工业过程控制中,要求用最少的信号线来完成通信任务。目前广泛应用的 RS-485 串行接口总线就是为适应这种需要而产生的。它实际上就是 RS-422 总线的变型。两者不同之处在于:①RS-422 为全双工,而 RS-485 为半双工;②RS-422 采用两对平衡差分信号线,RS-485 只需其中的一对。RS-485 更适合多站互连,一个发送驱动器最多可连接 32 个负载设备。负载设备可以是被动发送器、接收器和收发器。此电路结构在平衡连接电缆两端有终端电阻,在平衡电缆上挂发送器、接收器或组合收发器。两种总线的连接方法如图 2.6 所示。

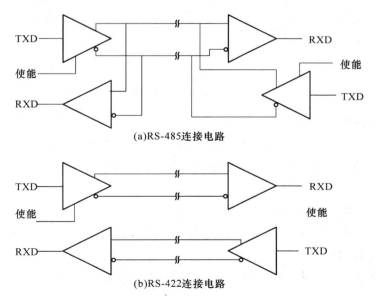

图 2.6　RS-485/RS-422 接口连接方法

和 RS-232C 标准总线一样,RS-422 和 RS-485 两种总线也需要专用的接口芯片完成电平转换。下面介绍一种典型的 RS-485/RS-422 接口芯片。

MAX481E 是低电源(只有＋5 V)RS-485/RS-422 收发器。芯片内都包含一个驱动器和一个接收器,采用 8 脚 DIP/SO 封装。和 MAX481E 相同的系列芯片还有 MAX483E/485E/487E/1487E 等。它们的管脚分配及原理如图 2.7 所示。由图 2.7 中可知,它们有一个接收输出端 RO 和一个驱动输入端 DI,A 为同相接收器输入和同相驱动器输出,B 为反相接收器输入和反相驱动器输出。这种芯片由于内部都有接收器和驱动器,所以每个站只用一片即可完成收发任务。其接口电路如图 2.8 所示。

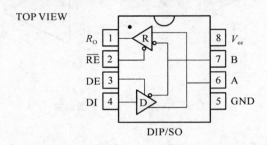

图 2.7 MAX481E 结构及管脚

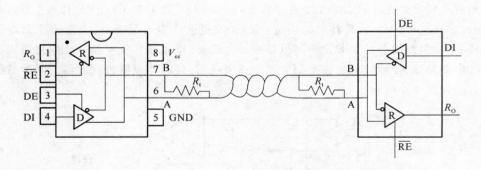

图 2.8 MAX481E 连接电路

4. 通用串行总线 USB

通用串行总线 USB 是为实现计算机和通信的集成而提出的,是一种快速的、双向的、同步传输的、廉价的并可以进行热插拔的串行接口,它已被公认为是一种用于扩充 PC 体系结构的工业标准。

USB 的主要性能特点如下。

① USB 端口和电缆都有确定的规格,统一的 4 支插头取代了机箱后种类繁多的串并插头,连线时不易出现混淆。

② 支持即插即用功能并可以"热插拔",允许一个 USB 主控机可以同时支持多达 127 个外设。

③ 在 USB 总线上,可以同时支持低速(1.5 Mbit/s)和高速(12 Mbit/s)的数据传输,最高传输速度比普通串行口快了 100 倍,可以支持异步传输(如键盘、鼠标)和同步传输

（如声音、图像设备）两种传输方式，USB 总线是与系统完全独立的，只要有软件的支持，同一个 USB 设备可以在任何一种计算机体系中使用。

5．ARINC429 总线

ARINC429 总线协议是美国航空电子工程委员会（Airlines Engineering Committee）于 1977 年 7 月提出的，并于同年同月发表并获得批准使用。它的全称是数字式信息传输系统 DITS。协议标准规定了航空电子设备及有关系统间的数字信息传输要求。ARINC429 广泛应用在先进的民航客机中，如 B-737、B757、B-767，俄制军用飞机也选用了类似的技术。我国与之对应的标准是 HB6096-SZ-01。

ARINC429 总线结构简单、性能稳定，抗干扰性强。最大的优势在于可靠性高，这是由于非集中控制、传输可靠、错误隔离性好。ARINC429 特点如下。

① 传输方式——单向方式。信息只能从通信设备的发送口输出，经传输总线传至与它相连的需要该信息的其他设备的接口。但信息决不能倒流至已规定为发送信息的接口中。在两个通信设备间需要双向传输时，则每个方向上各用一个独立的传输总线。由于没有 1553B 总线的 BC，信息分发的任务和风险不再集中。

② 驱动能力：每条总线上可以连接不超过 20 个的接收器。由于设备较少，信息传递有充裕的时间保证。

③ 调制方式：采用双极型归零的三态码方式。

④ 传输速率：分高低两档，高速工作状态的位速率为 100 kbit/s。系统低速工作状态的位速率应用在 12 kbit/s～14.5 kbit/s 范围内。选定内容后的位速率其误差范围应在 1% 之内。高速率和低速率不能在同一条传输总线上传输。

⑤ 同步方式：传输的基本单位是字，每个字由 32 位组成。位同步信息是在双极归零码信号波形中携带着，字同步是以传输同期间至少 4 位的零电平时间间隔为基准，紧跟该字间隔后要发送的第一位的起点即为新字的起点。

按照 ARING 429 总线规定，每个字格式（二进制或二—十进制）由 32 位组成。1～8 位是标号位（LABEL）。它标记出包括在这个传送字内的信息的类型，也就是传送的代码的意义是什么。如传送的是 VHF 信息，则标号为八进制数 030；若是 DME 数据，则标号为八进制数 201 等。9～10 位是源终端识别（SDI）。它指示信息的来源或信息的终端，例如一个控制盒的调谐字要送至 3 个甚高频收发机，就需要标示出信息的终端，即把调谐字输送至那个甚高频接收机。11～28 或 11～29 位是数据组（Data Field），根据字的类型可确定为是 11～28 还是 11～29。它所代表的是所确定的特定数据。如标号为 030，则 11～29 位为频率数据，使用的是 BCD 编码数据格式，即位 11～29。29～30 或 29～31 位为符号状态矩阵位（SSM），根据字的类型号为 29～31 或 30～31。它指出数据的特性，如南、北、正、负等或它的状态。在甚高频内使用 30～31 位（BCD 编码）。32 位为奇偶校验位（P），它用于检查发送的数据是否有效。检查方法是当由 1～31 位所出现的高电平的位数（即 1 的数）的总和为偶数时，则在第 32 位上为"1"。如果为奇数，则显示为"0"。在发送每组数据后有 4 位零周期，它是隔离符号，以便于发送下一组数据。

⑥ 通信控制。文件、数据传输采用命令、响应协议进行，其传输数据为二进制数据字和 ISO 5 号字母表字符两种。文件的结构形式是一个文件由 1～127 个记录组成，一个记录又由 1～126 个数据字组成。

- 文件、数据传输协议。当发送器有数据要送往接收器时,发送器就通过传输总线发送"请求发送"初始字,接收器收到此初始字后,通过另一条总线以"清除发送"初始字作为应答,表示接收器准备好可以接收数据。发送器收到此应答,先发送第一个记录。
- 传输控制字。传输字包括初始字、中间字和结束字,文件传输用每个字的第30位、第31位表示字类型,文件传输数据为ISO5号字母和二进制数据字。文件传输的标号根据文件的应用而定,包括管理计算机系统相互通信等,如需要有优先级操控能力,有必要给这些应用中的文件分配一个以上的标号。

2.1.4　IPC 输入/输出模板

工业控制需要处理和控制的信号主要有模拟量信号和数字量信号(开关量信号)两类。

开关量信号主要有两个特征:信号电平幅值和开关时变化的频度。开关量信号通常有 TTL 电平、ECL 电平和继电器触点信号等,为使计算机有效识别这些信号,必须对这些信号进行调理(变换),包括把非 TTL 电平转换为 TTL 电平和隔离等。对于输出来说,则需根据外设所需信号情况设计隔离电路、输出驱动电路等。

模拟信号通常是非电物理量通过传感器或变送器转换来的电信号,由于传感器特性及工业现场各种因素的影响,有时还需对传感器所变换的模拟信号进行放大、滤波、线性化补偿、隔离等后,才能送入模数(A/D)转换器,将模拟量转换为数字量,输入给工业计算机进行数据处理。当需要对工业对象进行控制时,根据控制策略,工业计算机计算后输出的数字信号需经数模(D/A)转化器转换成模拟信号(电流或电压)送到执行机构以驱动工业设备,如电动调节阀、电动机、机器手等。

输入/输出模板一般由 3 部分组成,即 PC 总线接口部分、模板功能实现部分和信号调理部分。对于不同的工业现场信号和工业控制要求,模板的特点主要体现在模板功能实现部分和信号调理部分。对于模拟信号来说,模板的功能主要包括采样、隔离、放大、A/D 和 D/A 电路的设计和接口控制逻辑的实现,对于芯片的选择则应根据控制的精度和可靠性来选取;对于开关量来说,模板的功能实现部分主要包括数据的输入缓冲和输出锁存器以及隔离电路等。它们的 PC 总线接口部分是相同的。

1. 模拟量输入模板

模拟量输入模板主要指标如下。

① 输入信号量程:即所能转换的电压(电流)范围。有 $0\sim200\ mV$、$0\sim5\ V$、$0\sim10\ V$、$\pm2.5\ V$、$\pm5\ V$、$\pm10\ V$、$0\sim10\ mA$、$4\sim20\ mA$ 等多种范围。

② 分辨率:定义为基准电压与 2^n-1 的比值,其中 n 为 D/A 转换的位数。有 8 位、10 位、12 位、16 位之分。分辨率越高,转换时对输入模拟信号变化的反映就越灵敏,如 8 位分辨率表示可对满量程的 1/255 的增量做出反应,若满量程是 5 V,则能分辨的最小电压为 $5\ V/255\approx20\ mV$。

③ 精度:指 A/D 转换器实际输出电压与理论值之间的误差。有绝对精度和相对精度两种表示法。通常采用数字量的最低有效位作为度量精度的单位,如 $\pm1/2LSB$。

④ 输入信号类型:单端输入或差分输入。

⑤ 输入通道数:单端/差分通道数,如 16 路单端/8 路差分输入。

⑥ 转换速率:转换时间是定义为 A/D 转换器完成一次完整转换所需的时间。采样速率为转换时间的倒数,单位为采样点数 s。

⑦ 可编程增益:每个通道的增益可编程选择。

⑧ 支持软件:性能良好的模板可支持多种应用软件并带有多种语言的接口及驱动程序。

一些板卡上具有 FIFO。FIFO 实际是一个数据缓冲区,I/O 卡在每次完成 A/D 转换后,依次将数据存入 FIFO,这样可保证高速采集。一些板卡具有自动通道扫描,可由软设置扫描起止通道,由硬件完成通道切换。

2. 模拟量输出模板

模拟量输出模板主要技术指标如下。

① 分辨率:与 A/D 转换器定义相同。

② 稳定时间:又称转换速率,是指 D/A 转换器中代码有满度值的变化时,输出达到稳定(一般稳定到与 ±1/2 最低位值相当的模拟量范围内)所需的时间,一般为几十个毫微秒到几个毫微秒。

③ 输出电平:不同型号的 D/A 转换器件的输出电平相差较大,一般为 5～10 V,也有一些高压输出型为 24～30 V。电流输出型为 4～20 mA,有的高达 3 A 级。

④ 输入编码:如二进制 BCD 码、双极性时的符号数值码、补码、偏移二进制码等。

⑤ 编程接口和支持软件:与 A/D 转换器相同。

D/A 板卡上也有 FIFO,可用来存储 D/A 转换值。

3. 数字量输入输出模板

数字量输入输出模板一般分为数字量输入板、数字量输出板以及一块板上既有数字量输入也有数字量输出的接口板。数字量板卡有非隔离型和隔离型,其中非隔离型为 TTL 电平,隔离型则为光电隔离型。在工业控制系统中应尽量选择隔离型板卡,以提高系统的抗干扰能力。

4. 其他功能模板

其他功能模板包括信号调理板、通信模板、计数器/定时器模板,以及步进电机控制模板等。

5. 远程 I/O 模块

远程 I/O 模块可放置在生产现场,将现场的信号转换成数据信号,经远程通信线路传送给计算机进行处理。因各模块均采用隔离技术,可方便地与通信网络相连,大大减少了现场接线的成本。目前的远程 I/O 模块采用 RS485 标准总线,并正在向现场总线方向发展。目前使用较多的是牛顿模块(Nudam Modules)。

牛顿模块具有组态简单、采集信号稳定、抗干扰能力强、编程容易等众多优点,它被广泛地应用于工厂、矿山、学校、车间等需要数据采集的场合。每一个单一的牛顿模块都是地址可编程的,它使用 01～FF 两位地址代码,因此,一条 RS485 总线上可以同时使用 255 个牛顿模块。牛顿模块种类很多,有模数转换模块、数字 I/O 模块、热电偶、热电阻测量模块、协议转换模块、协议中继模块、嵌入式控制模块、无线通讯模块,等等。

牛顿模块采用的是多址 RS485 总线,它需要上位机提供 RS485 通信链路。上位 PC 实现 RS485 的方式不一样,主要有 RS232/RS485(将 RS232 转换成 RS485)、RS485 接口卡和 USB/RS485(将 USB 转换成 RS485)。

2.1.5　IPC 的主要产品

目前有一定市场和发展前景的工控机产品有 IPC(ISA、PCI、STD 总线)、PC/104 或 PC/104 plus、AT96、VME/VXI、Compact PCI,以及其他专用单板计算机(包括基于 RISC、DSP 和单片机的嵌入式专用计算机)等。IPC(ISA、PCI、STD 总线)目前依然是主流产品。

PC/104 凭借小尺寸优势占有一定的市场,通过 PC/104 plus 兼容 PCI 总线,正在向高性能应用拓展。

VME/VXI 继续在军事设备和大型测试系统方面占有很大的市场份额,但已经受到 Compact PCI/PXI 产品强有力的冲击。目前还不会在大范围内被 Compact PCI/PXI 产品所取代。标准 AT96 总线工控机在军事装备和工业现场得到进一步应用。

随着 Compact PCI 总线冗余设计技术、热插拔技术、自诊断技术的成熟,构成高可用性系统的简化,Compact PCI 总线工控机技术将得到迅速普及和广泛应用。

IPC 主要品牌有台湾的研华、威达、艾讯、磐仪、大众;国内的研祥、凌华、中泰、康拓、华控、浪潮;美国的 ICS、德国西门子、日本康泰克等。其中研华是世界三大工控机厂商之一,在大陆及台湾市场均有较高的市场占有率,产品品种广泛,包括工业计算机机箱、工业一体化工作站、工业平板计算机、嵌入式工业计算机、工业级 CPU 卡、工业级底板、工业计算机外设、远端数据采集与控制模块、基于 ISA 总线数据采集与控制卡、基于 PCI 总线数据采集与控制卡、端子板和附件、工业通信、应用软件等。以下简单介绍一下该公司的几种产品。

1. 工业控制机机箱

IPC610 是一个 19in 加固的架装 PC/AT 电脑机箱,用于工业应用系统中。可容纳一个 14 槽 PC/AT 总线无源底板或一个标准 Baby-AT 主板和一个 110～220 V 可切换电源。一个可锁式前面板门可以保护设备免于任何未授权的使用;两个过滤冷却风扇可在整个机箱内维持正的空气循环。由于其板卡固定条和防震安装的驱动器托架,IPC610 能够承受恶劣环境中常见的冲击、震动和尘土。IPC610 系列机箱适用于绝大多数插人式板卡,包括 CPU 卡、视频卡、磁盘控制卡以及 I/O 适配卡等。所有板卡均可方便地从机箱安装或更换。IPC610 的设计旨在承受环境极限,如冲击、震动和高温。其产品规格如下。

① 支持 14 槽 ISA 或 ISA/PCI 底板。

② 特殊形式支持 Baby-AT 主板和 ATX 主板。

③ 高强度钢结构。

④ 支持两个可从前端接近的半高驱动器和一个 3.5in 软驱以及两个内部 3.5in 硬盘的磁盘驱动器托架。

⑤ 一个带空气过滤器的 86CFM 冷却风扇。

⑥ 电源开关和复位按钮。

⑦ 前面板和后面板上已预先接线的 5 针 DIN 接头键盘接口。

⑧ 指示电源开/关、硬盘活动和键盘锁的 LED。

⑨ 电源类型为 PS260,最大输出为 260 W,输入为 110～220 V(AC)。

2. 工业级底板 PCA-6114P

工业级底板 PCA-6114P 包括 14 槽 PICMG BP、2 个 ISA 槽、10 个 PCI 槽，以及 2 个 PICMG 槽，如图 2.9 所示。主要技术指标如下。

① 系统数：1。

② 尺寸：315 mm×260 mm（12.4″×10.24″）。

③ PCI 桥：Pericom PI7C8150MA。

④ 槽数：2 个 ISA 槽、10 个 PCI 槽，以及 2 个 PICMG 槽。

⑤ 主级 PCI：3 槽；二级 PCI：7 槽。

图 2.9　工业级底板 PCA-6114P

3. 工业级主板 PCA-6187

PCA-6187 是一款 Intels Socket 478 架构支持的 Pentium 4/Celeron 处理器板卡。如图 2.10 所示。其主要技术指标如下。

① 支持多达 2 个串行-ATA 设备。

② 支持双通道 DDR400 SDRAM。

③ 主板集成 Adaptec AIC-7899 双 Ultra 160 SCSI 通道，速度达 160 Mbit/Sec。

④ Intel 865G 芯片组 400/533/800 MHz 前端总线。

⑤ 主板集成 VGA 控制器，共享内存架构。

⑥ 支持 10/100Base-T 或 10/100/1000 Base-T 自适用网络。

⑦ 6 个 USB 2.0 端口。

⑧ CMOS 具有自动备份/恢复功能，防止 BIOS 设置的数据丢失。

⑨ 支持 HISA(ISA 高位驱动)。

图 2.10　工业级主板 PCA-6187

4. 模拟量输入模板 PCI-1713

PCI-1713 是研华公司生产的一款基于 PCI 总线的 32 通道模拟量采集控制卡,它采用 12 位高速 A/D 转换,采样率可达 100 kS/s,并在输入和 PCI 总线之间提供了 2 500 VDC的直流光隔离保护。PCI-1713 模板功能结构如图 2.11 所示,它由 PCI 总线控制器、地址译码器、中断发生器、FIFO、ADC 控制逻辑、12 位 A/D 转换器、增益码发生器、PGIA、通道码发生器、多路开关、隔离电路等部分组成。

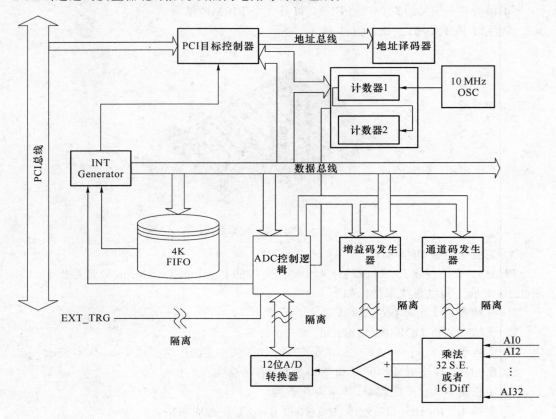

图 2.11　PCI-1713 板卡功能结构框图

由于它支持 PnP(Plug and Play),其基地址及中断都由系统自动配置。

PCI-1713 的主要特性如下。

① 32 路单端或 16 路差分模拟量输入,或采用单端和差分输入的不同组合方式来完成多通道采样。

② 各输入通道的增益可独立编程,用户可通过软件选择最适合被测信号的电压范围,并且每个通道不同的增益值及配置会存储到卡上的 SRAM 中。

③ 信号输入范围如下。

单极性:0~5 V;0~10 V;0~2.5 V;0~1.25 V;

双极性:±0.625 V;±1.25 V;±2.5 V;±5 V;±10 V。

④ 自动通道/增益扫描,板上的自动通道/增益扫描电路在采样时自动完成对多路选

通开关的控制。

⑤ 板载 4K FIFO 采样缓存器，该特性提供了连续高速的数据传输及 Windows 下更可靠的性能。

⑥ 对于 A/D 转换，PCI-1713 支持 3 种触发模式，即软件触发、内部定时器触发和外部定时器触发。

5. 模拟量输出模板 PCI-1720

PCI-1720 是研华公司生产的一款基于 PCI 总线的 4 通道模拟量输出卡。系统热复位时（电源未关闭），PCI-1720 卡将根据跳线配置不同而保持上一模拟量输出设置和数值或返回其默认配置。PCI-1720 卡使用 PCI 控制器连接卡和 PCI 总线。控制器完全符合 PCI 总线规格 Rev2.1 标准。所有与总线相关的配置，如基地址、中断分配等，均由软件自动控制。PCI-1720 的组成如图 2.12 所示。

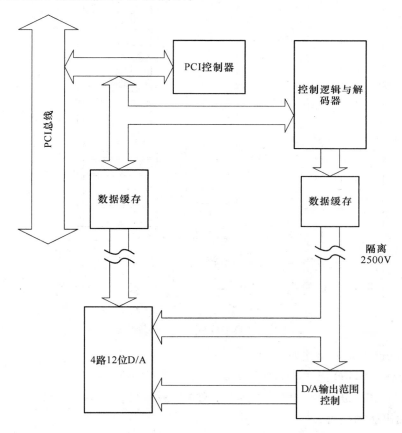

图 2.12　PCL-1720 板卡功能结构

PCI-1720U 的主要性能如下。

① 4 个 12-bitD/A 输出通道。

② 多输出范围。热复位后保持输出设置和状态用户可分别为 4 个输出设置不同的范围如下：

0～＋5 V，0～＋10 V，±5 V，±10 V，0～20 mA（汇点）或 4～20 mA（汇点）。

③ 输出与 PCI 总线之间的隔离保护为 2 500 VDC

④ 热复位后保持输出设置和状态。

⑤ 1 个 37 针 D 型接口,易于接线。

⑥ 板卡 ID 开关。

⑦ 通用 PCI 总线(仅限 PCI-1720U)。

⑧ 上电无干扰。

6. 数字量输入输出模板 PCI-1730U

PCI-1730U 是研华公司生产的一款基于 PCI 总线的 32 路隔离数字量输入输出卡。板卡功能结构如图 2.13 所示。

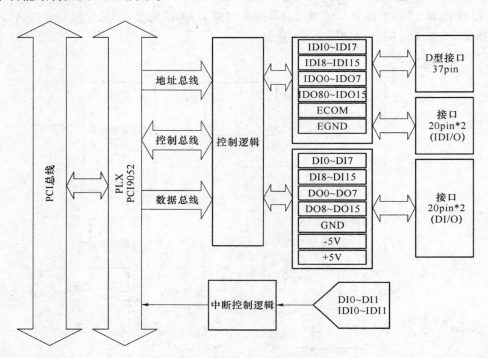

图 2.13　PCI-1730U 板卡功能结构

PCI-1730U 的主要性能如下。

① 32 路隔离 DIO 通道(16 路输入和 16 路输出)。

② 32 路 TTL 级 DIO 通道(16 路输入和 16 路输出)。

③ 高输出驱动能力。

④ 隔离 I/O 通道高压隔离(2 500 VDC)。

⑤ 中断处理能力。

⑥ 2 个 20 针接口用于隔离 DI/O 通道,另外两个用于 TTL DI/O 通道。

⑦ D 型接口用于隔离数字量输入/输出通道。

⑧ 高 ESD 保护(2 000 VDC)。

⑨ 高过压保护(70 VDC)。

⑩ 宽电压输入范围(5～30 VDC)。

⑪ 板卡 ID。

2.2　可编程控制器(PLC)

可编程控制器(Programmable Logic Controller),简称 PLC。它吸收了微电子技术和计算机技术的最新成果,发展十分迅速。从单机自动化到整条生产线的自动化,乃至整个工厂的生产自动化,PLC 均担当着重要角色,它在工厂自动化设备中占据第一位。

2.2.1　可编程控制器的基本结构

PLC 实质上是一种专门为在工业环境下自动控制应用而设计的计算机,它比一般的计算机具有更强的与工业过程相连接的接口,更直接的适用于控制要求的编程语言和更强的抗干扰能力。尽管在外形上,PLC 与普通计算机差别较大,但在基本结构上,PLC 与微型计算机系统基本相同,也由硬件和软件两大部分组成。

1. 可编程控制器的硬件结构

PLC 由中央处理器(CPU)、存储器、I/O 接口单元、I/O 扩展接口及扩展部件、外设接口及外设和电源等部分组成,各部分之间通过系统总线进行连接。对于整体式 PLC,通常将 CPU、存储器、I/O 接口、I/O 扩展接口、外设接口以及电源等部分集成在一个箱体内,构成 PLC 的主机,如图 2.14 所示。对于模块式 PLC,上述各组成部分均做成各自相互独立的模块,可根据系统需求,灵活配置。

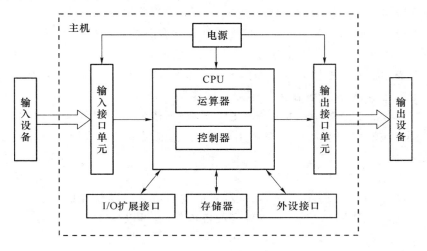

图 2.14　整体式 PLC 硬件结构

(1) 中央处理器(CPU)

与计算机一样,CPU 是 PLC 的核心,由运算器和控制器构成。CPU 按 PLC 中系统程序赋予的功能指挥 PLC 有条不紊地进行工作。

(2) 存储器

PLC 的存储器包括系统存储器和用户存储器两部分。

系统存储器用来存放由 PLC 生产厂家编写的系统软件，并固化在 ROM 或 PROM 中，用户不能直接更改。系统软件是指对整个 PLC 系统进行调度、管理、监视及服务的软件。系统软件质量的好坏，很大程度上决定了 PLC 的性能。

用户存储器包括用户程序存储器和数据存储器两部分。用户程序存储器用来存放用户编制的应用程序，可以是 EPROM 和 EEPROM 存储器，其内容可以由用户任意修改和增删。用户程序存储器容量的大小，决定了用户控制系统的控制规模和复杂程度，是反映 PLC 性能的重要指标之一。数据存储器用来存放 PLC 工作过程中经常变化、需要随机存取的数据，通常采用 RAM。

（3）I/O 接口单元

I/O 接口单元是 PLC 与现场 I/O 设备相连接的部件。它的作用是将输入信号转换为 CPU 能够接收和处理的信号，并将 CPU 送出的弱电信号转换为外部设备所需的强电信号。I/O 接口单元在完成 I/O 信号的传递和转换的同时，还应能够有效地抑制干扰，起到与外部电气连接的隔离作用。因此，I/O 接口单元一般均配有电平转换、光电隔离、阻容滤波和浪涌保护等电路。为适应工业现场不同 I/O 信号的匹配要求，PLC 常配置有开关量输入（DI）接口单元、开关量输出（DO）接口单元、模拟量输入（AI）接口单元及模拟量输出（AO）接口单元几种类型 I/O 接口单元。

（4）I/O 扩展接口及扩展模块

I/O 扩展接口是 PLC 主机为了扩展 I/O 点数和类型的部件，I/O 扩展模块、远程 I/O 扩展模块、智能模块等都通过它与 PLC 主机相连。I/O 扩展接口有并行接口和串行接口等多种形式。

当用户所需的 I/O 点数或类型超过 PLC 主机的 I/O 接口单元的点数或类型时，可以通过扩展 I/O 扩展模块来实现。I/O 扩展部件通常有简单型和智能型两种。简单型 I/O 扩展模块自身不带 CPU，对外部现场信号的 I/O 处理完全由主机的 CPU 管理，依赖与主机的程序扫描过程。简单型 I/O 扩展模块在小型 PLC 的 I/O 扩展时常被采用，它通过并行接口与主机通信，通常安装在主机旁边。智能型 I/O 扩展模块自身带有 CPU，它对生产过程现场信号的 I/O 处理由自带的 CPU 管理，不依赖与主机的程序扫描过程。智能型 I/O 扩展模块多用于中大型 PLC 的 I/O 扩展，它采用串行通信接口与主机通信，可以远离主机安装。

（5）外设及外设接口

外设接口是 PLC 实现人-机对话、机机对话的通道。通过它，PLC 主机可与编程器、图形终端、打印机、EPROM 写入器等外围设备相连，也可以与其他 PLC 或上位计算机连接。外设接口一般分为通用接口和专用接口两种。通用接口指标准通用的接口，如 RS232、RS422 和 RS485 等。专用接口指各 PLC 厂家专有的自成标准和系列的接口。如罗克韦尔自动化公司的增强型数据高速通道接口（DH＋）和远程 I/O（RI/O）接口等。

图形终端是 PLC 的操作员界面，也称为人-机界面（HMI），具有防尘防爆等优良特性，用于显示生产过程的工艺流程、实时数据、历史和报警参数等信息。同时，图形终端上的按键又允许操作员对选定的对象进行操作，十分方便、灵活。例如罗克韦尔自动化公司的 PanalView 系列、西门子公司的 OP 系列等。

（6）电源

PLC 的电源是将交流电源经整流、滤波、稳压后变换成供 CPU、存储器等工作所需的直流电压。PLC 的电源一般采用开关型稳压电源，其特点是输入电压范围宽、体积小、重量轻、效率高、抗干扰性能力强。有的 PLC 还向外提供 24 V 直流电源，给开关量输入接口连接的现场无源开关使用，或给外部传感器供电。

2．可编程控制器的软件结构

PLC 的软件分为系统软件和用户程序两大部分。

（1）系统软件

PLC 的系统软件一般包括系统管理程序、用户指令解释程序、标准程序库和编程软件等。系统软件是 PLC 生产厂家编制的，并固化在 PLC 内部 ROM 或 PROM 中，随产品一起提供给用户。系统软件的主要功能可以概括为如下几点。

① 系统自检：对 PLC 各部分进行状态检测、及时报错和警戒运行时钟等，确保各部分能正常有效地工作。

② 时序控制：控制 PLC 的输入采样、程序执行、输出刷新、内部处理和通信等工作的时序，实现循环扫描运行的时间管理。

③ 存储空间（地址）管理：生成用户程序运行环境，规定 I/O、内部参数的存储地址以及大小等。

④ 解释用户程序：把用户程序解释为 PLC 的 CPU 能直接执行的机器指令。

⑤ 提供标准程序库：包括输入、输出、通信等特殊运算和处理程序，如 PID 运算程序等，以满足用户程序开发的各种需要，提高用户的编程效率。

⑥ 编程软件：用于编写应用程序的软件环境。

（2）用户程序

用户程序指用户根据工艺生产过程的控制要求，按照所用 PLC 规定的编程语言而编写的应用程序。用户程序可采用梯形图语言、指令表语言、功能块语言、顺序功能图语言和高级语言等多种方法来编写，利用编程装置输入到 PLC 的程序存储器中去。

2.2.2　可编程控制器的分类与特点

1．可编程控制器的分类

PLC 生产厂家众多，产品种类繁杂，而且不同厂家的产品各成系列，难以用一种标准进行划分。在实际应用中，通常可按输入/输出（I/O）点数（即控制规模）、处理器功能和硬件结构形式三方面来进行分类。

（1）按 I/O 点数划分

根据 PLC 能够处理的 I/O 点数来分类，PLC 可分为微型、小型、中型、大型 4 种。

① 微型 PLC 的 I/O 点数通常在 64 点以下，处理开关量信号，功能以逻辑运算、定时和计数为主，用户程序容量一般都小于 4 K 字。

② 小型 PLC 的 I/O 点数在 64～256 点之间，主要以开关量输入/输出为主，具有定时、计数和顺序控制等功能，控制功能也比较简单，用户程序容量一般小于 16 K 字。这类 PLC 和微型 PLC 的特点都是体积小、价格低，适用于单机控制场合。

③ 中型 PLC 的 I/O 点数在 256～1 024 点之间，同时具有开关量和模拟量的处理功

能,控制功能比较丰富,用户程序容量小于 32 K 字。中型 PLC 可应用于有开关量、模拟量控制的、较为复杂的连续生产自动控制的场合。

④ 大型 PLC 的 I/O 点数在 1 024 点以上,除一般类型的输入/输出模块外,还有特殊类型的信号处理模块和智能控制模块,能进行数学计算、PID 调节、整数浮点运算和二进制/十进制转换运算等;控制功能完善,网络系统成熟,而且软件也比较丰富,并固化一定的功能程序可供使用;用户程序容量大于 32 K 字,并可扩展。

(2) 按处理器功能划分

根据 PLC 的处理器功能强弱的不同,可分为低档、中档和高档 3 个档次。通常微型、小型 PLC 多属于低档机,处理器功能以开关量为主,具有逻辑运算、定时、计数等基本功能,有一定的扩展功能。中型和大型 PLC 多属中、高档机。中型机在低档机的基础上,兼有开关量和模拟量控制,增强 I/O 处理能力和定时、计数以及数学运算能力,具有浮点运算、数制转换能力和通信网络功能。高档机在中档机的基础上,增强 I/O 处理能力和数学运算能力,增加数据管理功能,网络功能更强,可以方便地与其他 PLC 系统连接,构成各种生产控制系统。

(3) 按硬件结构分

根据 PLC 的外形和硬件安装结构的特点,PLC 可分为整体式和模块式两种。

① 整体式结构。整体式 PLC 又称箱体式,它将 CPU、存储器、I/O 接口、外设接口和电源等都装在一个机箱内。机箱的上、下两侧分别是 I/O 和电源的连接端子,并有相应的发光二极管显示 I/O、电源、运行、编程等状态。面板还有编程器/通信口插座、外存储器插座和扩展单元接口插座等。这种结构的 PLC 的 I/O 点数少、结构紧凑、体积小、价格低,适用于单机设备的开关量控制和机电一体化产品的应用场合。一般微型和小型 PLC 多采用箱体式结构,同时也配有多种功能扩展单元。例如罗克韦尔自动化公司的 MicroLogix系列、西门子公司的 S7-200 系列、三菱公司的 F_X 系列等。

② 模块式结构。模块式 PLC 通常把 CPU、存储器、各种 I/O 接口等均做成各自相互独立的模块,功能单一、品种繁多。模块既有统一安装在机架或母板插座上,插座由总线连接(即有底板或机架连接),也有直接用扁平电缆或侧连接插座连接(即无底板连接)。这种结构的 PLC 具有较多的输入/输出点数,易于扩展,系统规模可根据要求配置,方便灵活,适用于复杂生产控制的应用场合。大、中型 PLC 和部分小型 PLC 多数采用模块式结构。例如罗克韦尔自动化公司的 SLC 500 系列、PLC 5 系列和 ControlLogix 系列,西门子公司的 S7-300、S7-400 系列,三菱公司的 A 系列和 Q 系列,欧姆龙公司的 C200H、C2000H、CVM1 系列,以及莫迪康的 Quantum 系列等。

2. 可编程控制器的特点

(1) 可靠性高,适应性强

PLC 是专为工业控制应用而设计的,因此,在硬件设计制造时已充分考虑其应用环境和运行要求,例如,优化电路设计、采用大规模或超大规模集成电路芯片、模块式结构、表面安装技术、采用高可靠性低功耗元器件,以及采用自诊断、冗余容错等技术,使 PLC 具有很高的可靠性和抗干扰、抗机械震动能力,可以在极端恶劣的环境下工作。输入/输出信号范围广,对信号品质要求低。PLC 系统平均故障间隔时间(MTBF)一般可达几万小时,甚至达十万小时以上。PLC 控制系统由于取消了大量的独立元件,大大减少了连线等中间环节,使得系统的平均故障修复时间(MTTR)缩短到 20 min 左右。

(2) 功能完善,通用性好

PLC 既能实现对开关量输入/输出、逻辑运算、定时、计数和顺序控制,也能实现对模拟量输入/输出,算术运算、闭环比例积分微分(PID)调节控制;同时,还有各种智能模块、远程 I/O 模块和网络通信功能。PLC 既可以应用于开关量控制系统,也能用于连续的流程控制系统、数据采集和监控系统(SCADA)等。功能强大、完善,通用性好,可以满足绝大多数的工业生产控制的要求。

(3) 安装方便,扩展灵活

PLC 采用标准的整体式和模块式硬件结构,现场安装简便,接线简单,工作量相对较小;而且能根据应用的要求扩展输入/输出模块或插件,系统集成方便灵活。各种控制功能通过软件编程完成,因而能适应各种复杂情况下的控制要求,也便于控制系统的改进和修正,特别适应各种工艺流程变更较多的场合。

(4) 操作维护简单,施工周期短

PLC 大多采用工程技术人员习惯的梯形图形式编程,易学易懂,无需具备高深的计算机专业知识,编程和修改程序方便,系统设计、调试周期短。PLC 还具有完善的显示和诊断功能,故障和异常状态均有显示,便于操作人员、维护人员及时了解出现的故障。当出现故障时,可通过更换模块或插件迅速排除故障。

2.2.3　可编程控制器的主要产品

世界上生产 PLC 的专业厂家很多,目前国内工控市场使用的品牌主要有美国的 AB、莫迪康(MODICON)、德国的西门子(SIEMENS)、日本三菱(MITSUBISHI)等。其中西门子 SIMATIC S7 系列可编程控制器在国内工控市场所占份额较大。

SIMATIC S7 系列可编程控制器包括 S7-200 系列 PLC,S7-300 系列 PLC 和 S7-400 系列 PLC 等。

1. S7-200 系列 PLC

S7-200 系列是集电源、CPU 和 I/O 模块于一体的小型 PLC 系统,其 CPU 模块如图 2.15 所示。

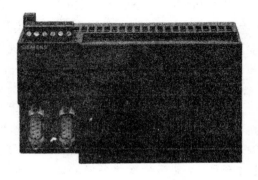

图 2.15　S7-200 系列 PLC CPU 模块

中央处理单元 CPU 模块有 5 种型号,CPU221 无扩展功能,适于用做小点数的微型控制器。CPU222 有扩展功能,CPU224 是具有较强控制功能的控制器,CPU226 适用于复杂的中小型控制系统。

数字量输入中有 4 个用做硬件中断,6 个用于高速功能。

RS-485 串行通信口的外部信号与逻辑电路之间不隔离,支持 PPI、MPI、自由通信口协议和 PROFIBUS 点对点协议。

直流输出型有高速脉冲输出,边沿中断为 4 个上升沿和/或 4 个下降沿。直流输出型电路用场效应管(MOSFET)作为功率放大元件,继电器输出型用继电器触点控制外部负载。直流输出的最高开关频率为 20 kHz,继电器输出的最高输出频率为 1 kHz。

扩展模块包括数字量输入模块(EM221)、数字量输出模块(EM222)、模拟量输入模块(EM231)、模拟量输出模块(EM232)等。

通信模块包括 CP243-2 AS-i 接口模块和 EM243-1 工业以太网模块等。

2. S7-300 系列 PLC

S7-300 系列是中型 PLC 系统,具有模块化扩展功能,设计紧凑,适合最大输入、输出1 000 点左右的控制应用。其 CPU 模块如图 2.16 所示。

图 2.16　S7-300 系列 PLC CPU 模块

S7-300 系列 PLC 的主要组成部分有导轨(RACK)、电源模块(PS)、中央处理单元CPU 模块、接口模块(IM)、信号模块(SM)、功能模块(FM)等。通过 MPI 网的接口直接与编程器 PG、操作员面板 OP 和其他 S7 PLC 相连。

导轨是安装 S7-300 各类模块的机架,它是特制不锈钢异型板,其长度有 160 nm、482 nm、530 nm、830 nm、2 000 mm 5 种,可根据实际需要选择。电源模块、CPU 及其他信号模块都可方便地安装在导轨上。S7-300 采用背板总线的方式将各模块从物理上和电气上连接起来。除 CPU 模块外,每块信号模块都带有总线连接器,安装时先将总线连接器装在 CPU 模块并固定在导轨上,然后依次将各模块装入。电源模块 PS 307 输出 24 VDC,它与 CPU 模块和其他信号模块之间通过外部电缆连接向各模块提供电源,而不是通过背板总线连接。

中央处理单元 CPU 模块有多种型号,如 CPU312、CPU313、CPU314、CPU315、CPU315-2DP 等。CPU 模块除完成执行用户程序的主要任务外,还为 S7-300 背板总线提供 5 V 直流电源,并通过 MPI 多点接口与其他中央处理器或编程装置通信。

S7-300 的编程装置可以是西门子专用的编程器,如 PG705、PG720、PG740、PG760 等,也可以用通用计算机,配以 STEP7 软件包,并加 MPI 卡或 MPI 编程电缆构成。

信号模块 SM 使不同的过程信号电平和 S7-300 的内部信号电平相匹配,主要有数字量输入模块 SM321、数字量输出模块 SM322、模拟量输入模块 SM331、模拟量输出模块 SM332。每个信号模块都配有自编码的螺紧型前连接器,外部过程信号可方便地连在信号模块的前连接器上。特别指出的是其模拟量输入模块独具特色,它可以接入热电偶、热电阻、4～20 mA 电流、0～10 V 电压等 18 种不同的信号,输入量程范围宽。

功能模块 FM 主要用于实时性强、存储计数量较大的过程信号处理任务。例如快给进和慢给进驱动定位模块 FM351、电子凸轮控制模块 FM352、步进电机定位模块 FM353、伺服电机位控模块 FM354 等。

通信处理器是一种智能模块,它用于 PLC 间或 PLC 与其他装置间联网实现数据共享。例如,具有 RS-232C 接口的 CP340,与现场总线联网的 CP342-5 DP 等。

3. S7-400 系列 PLC

S7-400 系列 PLC 是用于中、高档性能范围的可编程序控制器。S7-400 PLC 采用模块化无风扇的设计,可靠耐用,同时可以选用多种级别(功能逐步升级)的 CPU,并配有多种通用功能的模板,这使用户能根据需要组合成不同的专用系统。当控制系统规模扩大或升级时,只要适当地增加一些模板,便能使系统升级和充分满足需要。

4. 编程软件 STEP 7

STEP 7 编程软件用于西门子系列工控产品,包括 SIMATIC S7、M7、C7 和基于 PC 的 WinAC,是供它们编程、监控和参数设置的标准工具,是 SIMATIC 工业软件的重要组成部分。

STEP 7 具有硬件配置和参数设置、通讯组态、编程、测试、启动和维护、文件建档、运行和诊断等功能。STEP 7 的所有功能均有大量的在线帮助,用鼠标打开或选中某一对象,单击"F1"键可以得到该对象的在线帮助。

在 STEP 7 中,用项目来管理一个自动化系统的硬件和软件。STEP 7 用 SIMATIC 管理器对项目进行集中管理,它可以方便地浏览 SIMATIC S7、M7、C7 和 WinAC 的数据。实现 STEP 7 各种功能所需的 SIMATIC 软件工具都集成在 STEP 7 中。

PC/MPI 适配器用于连接安装了 STEP 7 的计算机的 RS-232C 接口和 PLC 的 MPI 接口。计算机一侧的通信速率为 19.2 kbit/s 或 38.4 kbit/s,PLC 一侧的通信速率为 19.2 kbit/s～1.5 Mbit/s。除了 PC 适配器,还需要一根标准的 RS-232C 通信电缆。

STEP 7-Micro/WIN 是在 Windows 平台上运行的 S7-200 系列 PLC 的编程、在线仿真软件。它的功能强大,使用方便,简单易学。CPU 通过 PC/PPI 电缆或插在计算机中的 CP5511、CP5611 通信卡与计算机通信。通过 PC/PPI 电缆,可以在 Windows 下实现多主站通信方式。STEP 7-Micro/WIN 可为用户提供两套指令集,即 SIMATIC 指令集

(S7-200 方式)和国际标准指令集(IEC1131-3 方式)。通过调制解调器可实现远程编程,可用单次扫描和强制输出等方式来调试程序和进行故障诊断。

2.3　嵌入式系统

嵌入式系统是以应用为中心、以计算机技术为基础、软件硬件可裁剪,适应应用系统对功能、可靠性、成本、体积、功耗严格要求的专用计算机系统。嵌入式系统由处理器、存储器、输入输出(I/O)和软件等组成。目前嵌入式系统在工业控制、交通管理、信息家电、家庭智能管理系统、POS 网络及电子商务、环境工程与自然、机器人等领域得到了广泛应用。

2.3.1　嵌入式系统的组成与特点

嵌入式系统通常由嵌入式处理器、外围设备、嵌入式操作系统和应用软件等几大部分组成。典型的嵌入式系统组成如图 2.17 所示。

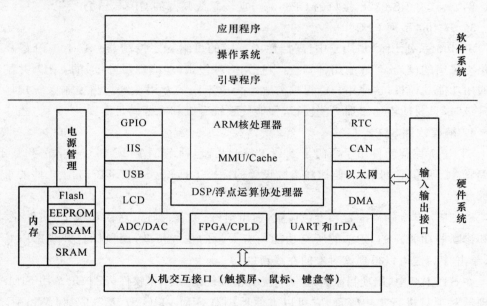

图 2.17　典型的嵌入式系统组成

1. 嵌入式处理器

嵌入式系统的核心是嵌入式处理器,嵌入式处理器与通用 CPU 最大的不同在于嵌入式处理器大多工作在为特定用户群所专用设计的系统中,它将通用 CPU 许多由板卡完成的任务集成在芯片内部,从而有利于嵌入式系统在设计时趋于小型化,同时还具有很高的效率和可靠性。

嵌入式微处理器有各种不同的体系,即使在同一体系中也可能具有不同的时钟频率和数据总线宽度,或集成了不同的外设和接口。目前全世界嵌入式微处理器已经超过 1 000 多种,体系结构有 30 多个系列,其中主流的体系有 ARM、MIPS、PowerPC、X86 和 SH 等。

（1）嵌入式微控制器

嵌入式微控制器（Microcontroller Unit,MCU）的典型代表是单片机,从 20 世纪 70 年代末单片机出现到今天,虽然已经经过了几十年的历史,但这种 8 位的电子器件目前在嵌入式设备中仍然有着极其广泛的应用。单片机芯片内部集成 ROM/EPROM、RAM、总线、总线逻辑、定时/计数器、看门狗、I/O、串行口、脉宽调制输出、A/D、D/A、Flash RAM、EEPROM 等各种必要功能和外设。和嵌入式微处理器相比,微控制器的最大特点是单片化,体积大大减小,从而使功耗和成本下降、可靠性提高。微控制器是目前嵌入式系统工业的主流。微控制器的片上外设资源一般比较丰富,适合于控制,因此称微控制器。

由于 MCU 低廉的价格,优良的功能,所以拥有的品种和数量最多,比较有代表性的包括 8051、MCS-251、MCS-96/196/296、P51XA、C166/167、68K 系列以及 MCU 8XC930/931、C540、C541,并且有支持 I2C、CAN-Bus、LCD 及众多专用 MCU 和兼容系列。目前 MCU 占嵌入式系统约 70% 的市场份额。近来 Atmel 出产的 Avr 单片机由于其集成了 FPGA 等器件,所以具有很高的性价比,势必将推动单片机获得更高的发展。

（2）嵌入式微处理器

嵌入式微处理器（Micro Processor Unit,MPU）是由通用计算机中的 CPU 演变而来的。它的特征是具有 32 位以上的处理器,具有较高的性能,当然其价格也相应较高。但与计算机处理器不同的是,在实际嵌入式应用中,只保留和嵌入式应用紧密相关的功能硬件,去除其他的冗余功能部分,这样就以最低的功耗和资源实现嵌入式应用的特殊要求。和工业控制计算机相比,嵌入式微处理器具有体积小、重量轻、成本低、可靠性高的优点。目前主要的嵌入式处理器类型有 Am186/88、386EX、SC-400、Power PC、68000、MIPS、ARM/ StrongARM 系列等。

（3）嵌入式 DSP 处理器

DSP 处理器（Embedded Digital Signal Processor, EDSP）是专门用于信号处理方面的处理器,其在系统结构和指令算法方面进行了特殊设计,具有很高的编译效率和指令的执行速度。在数字滤波、FFT、谱分析等各种仪器上 DSP 获得了大规模的应用。

1982 年世界上诞生了首枚 DSP 芯片,其运算速度比 MPU 快了几十倍,在语音合成和编码解码器中得到了广泛应用。至 80 年代中期,随着 CMOS 技术的进步与发展,第二代基于 CMOS 工艺的 DSP 芯片应运而生,其存储容量和运算速度都得到成倍提高,成为语音处理、图像硬件处理技术的基础。到 80 年代后期,DSP 的运算速度进一步提高,应用领域也从上述范围扩大到了通信和计算机方面。90 年代后,DSP 发展到了第五代产品,集成度更高,使用范围也更加广阔。

目前最为广泛应用的是 TI 的 TMS320C2000/C5000 系列,另外如 Intel 的 MCS-296 和 Siemens 的 TriCore 也有各自的应用范围。

（4）嵌入式片上系统

片上系统（System On Chip,SOC）追求产品系统最大包容的集成器件,是目前嵌入式应用领域的热门话题之一。SOC 最大的特点是成功实现了软硬件无缝结合,直接在处理器片内嵌入操作系统的代码模块。而且 SOC 具有极高的综合性,在一个硅片内部运用 VHDL 等硬件描述语言,实现一个复杂的系统。用户不需要再像传统的系统设计一样,绘制庞大复杂的电路板一点点的连接焊制,只需要使用精确的语言、综合时序设计直接在器件库中调用各种通用处理器的标准,然后通过仿真之后就可以直接交付芯片厂商进行生产。由于绝大部分系统构件都是在系统内部,整个系统就特别简洁,不仅减小了系统的体积和功耗,而且提高了系统的可靠性,提高了设计生产效率。

由于 SOC 往往是专用的,所以大部分都不为用户所知,比较典型的 SOC 产品是 Philips 的 Smart XA。少数通用系列如 Siemens 的 TriCore,Motorola 的 M-Core,某些 ARM 系列器件,Echelon 和 Motorola 联合研制的 Neuron 芯片等。

2. 外围设备

外围设备包括存储设备、通信接口设备、扩展设备接口和辅助的机电设备(电器、连接器、传感器等),根据外围设备的功能可分为以下三类。

(1) 存储器

常用的存储器有静态易失型存储器(RAM、SRAM)、动态存储器(DRAM),非易失型存储器(Flash、EPROM)等。其中 Flash 凭借其可擦写次数多、存储速度快、存储容量大、价格便宜等优点,在嵌入式领域内得到了广泛应用。

(2) 外部设备接口

它包括并行接口、RS-232 接口(串行通信接口)、Ethernet(以太网接口)、USB(通用串行总线接口)、音频接口、VGA 视频输出接口、I^2C(现场总线)、SPI(串行外围设备接口)、IrDA(红外接口)、A/D(模/数转换接口)、D/A(数/模转换接口)等。

(3) 人-机交互接口

它包括 LCD、键盘和触摸屏等人-机交互设备。

3. 嵌入式操作系统

嵌入式操作系统(Embedded Operation System,EOS)是一种用途广泛的系统软件,过去它主要应用于工业控制和国防系统领域。EOS 负责嵌入系统的全部软、硬件资源的分配、任务调度,以及控制、协调并发活动。它必须体现其所在系统的特征,能够通过装卸某些模块来达到系统所要求的功能。

(1) Vxworks

Vxworks 操作系统是美国 WindRiver 公司于 1983 年设计开发的一种实时操作系统。Vxworks 拥有良好的持续发展能力、高性能的内核以及友好的用户开发环境,在实时操作系统领域内占据一席之地。它以其良好的可靠性和卓越的实时性被广泛地应用在通信、军事、航空、航天等高、精、尖技术及实时性要求极高的领域中。

(2) Windows CE

Microsoft 的 Windows CE 是从整体上为有限资源的平台设计的多线程、完整优先权、多任务的操作系统。它的模块化设计允许它对从掌上电脑到专用的工业控制器的用户电子设备进行定制。该操作系统的基本内核大小至少需要 200 KB 的 ROM。

(3) 嵌入式 Linux

随着 Linux 的迅速发展,嵌入式 Linux 现在已经有许多版本,包括强实时的嵌入式 Linux(如新墨西哥学院的 RT-Linux 和堪萨斯大学的 KURT-Linux)和一般的嵌入式 Linux(如 μCLinux 和 Pocket Linux)。其中,RT-Linux 通过把通常的 Linux 任务优先级设为最低,而所有的实时任务的优先级不高于它。以达到既兼容通常的 Linux 任务又保证强实时性能的目的。

　　另一种常用的嵌入式 Linux 是 μCLinux，它是针对没有存储器管理单元 MMU 的处理器而设计的。它不能使用处理器的虚拟内存管理技术，对内存的访问是直接的，所有程序中访问的地址都是实际的物理地址。它专为嵌入式系统做了许多小型化的工作。

　　（4）μC/OS 和 μC/OS-Ⅱ

　　μC/OS-Ⅱ是由 Jjean J. Labrosse 于 1992 年编写的一个嵌入式多任务实时操作系统。最早这个系统叫做 μC/OS，后来经过近 10 年的应用和修改，在 1999 年 Jjean J. Labrosse 推出了 μC/OS-Ⅱ。

　　μC/OS-Ⅱ是一个可裁减、源代码开放、结构小巧、可抢占式的实时多任务内核，是专为微控制器系统和软件开发而设计的，是控制器启动后首先执行的背景程序，并作为整个系统的框架贯穿系统运行的始终。它具有执行效率高、占用空间小、可移植性强、实时性能良好和可扩展性强等特点。采用 μC/OS-Ⅱ实时操作系统可以有效地对任务进行调度；对各任务赋予不同的优先级以便保证任务及时响应，而且采用实时操作系统，降低了程序的复杂度，方便程序的开发和维护。

4．应用软件

　　嵌入式系统的应用软件是针对特定的实际专业领域的、基于相应的嵌入式硬件平台的、并能完成用户预期任务的计算机软件。用户的任务可能有时间和精度的要求，因此，有些应用软件需要嵌入式操作系统的支持，但在简单的应用场合下不需要专门的操作系统。应用软件是实现嵌入式系统功能的关键，对嵌入式系统软件和应用软件的要求也与通用计算机软件有所不同。其特点如下。

　　① 软件要求固化存储。

　　② 软件代码要求质量高、可靠性高。

　　③ 系统软件的高实时性是基本要求。

　　④ 多任务实时操作系统成为嵌入式应用软件的必须。

5．嵌入式系统的特点

　　嵌入式系统的特点如下。

　　① 系统内核小。由于嵌入式系统一般是应用于小型电子装置的，系统资源相对有限，所以内核较之传统的操作系统要小得多。

　　② 专用性强。嵌入式系统的个性化很强，其中的软件系统和硬件的结合非常紧密，一般要针对硬件进行系统的移植，即使在同一品牌、同一系列的产品中也需要根据系统硬件的变化和增减进行不断地修改。同时针对不同的任务，往往需要对系统进行较大更改，程序的编译下载要和系统相结合。

　　③ 系统精简。嵌入式系统一般没有系统软件和应用软件的明显区分，不要求其功能设计及实现上过于复杂，这样一方面利于控制系统成本，同时也利于实现系统安全。

　　④ 高实时性的系统软件（OS）是嵌入式软件的基本要求。而且软件要求固态存储，以提高速度；软件代码要求高质量和高可靠性。

　　⑤ 嵌入式软件开发要想走向标准化，就必须使用多任务的操作系统。嵌入式系统的应用程序可以没有操作系统直接在芯片上运行，但是为了合理地调度多任务、利用系统资

源、系统函数,以及和专家库函数接口,用户必须自行选配 RTOS(Real－Time Operating System)开发平台,这样才能保证程序执行的实时性、可靠性,并减少开发时间,保障软件质量。

⑥ 嵌入式系统开发需要开发工具和环境。由于其本身不具备自举开发能力,即使设计完成以后用户通常也是不能对其中的程序功能进行修改的,必须有一套开发工具和环境才能进行开发,这些工具和环境一般是基于通用计算机上的软硬件设备以及各种逻辑分析仪、混合信号示波器等。

2.3.2　典型的嵌入式微处理器

1. ARM

ARM(Advanced RISC Machines)是微处理器行业的一家知名企业,设计了大量高性能、廉价、耗能低的 RISC 处理器、相关技术及软件。技术具有性能高、成本低和能耗省的特点。适用于多种领域,比如嵌入式控制、消费/教育类多媒体、DSP 和移动式应用等。ARM 处理器的三大特点是耗电少、功能强,16 位/32 位双指令集,以及合作伙伴众多。

ARM 处理器分 ARM7、ARM9、ARM9E、ARM10、SecurCore 系列,其中,ARM7、ARM9、ARM9E 和 ARM10 为 4 个通用处理器系列,每一个系列提供一套相对独特的性能来满足不同应用领域的需求。SecurCore 系列专门为安全要求较高的应用而设计。

(1) ARM9 系列微处理器 S3C2410

S3C2410 处理器是 Samsung 公司基于 ARM 公司的 ARM920T 处理器核,采用 0.18 μm 制造工艺的 32 位微控制器。主要技术指标如下。

① 内部 1.8 V,存储器 3.3 V,外部 I/O3.3 V,16 KB 数据 Cache,16 KB 指令 Cache,MMU。

② 内置外部存储器控制器(SDRAM 控制和芯片选择逻辑)。

③ LCD 控制器,一个 LCD 专业 DMA。

④ 4 个带外部请求线的 DMA。

⑤ 3 个通用异步串行端口(IrDA1.0、16-Byte Tx FIFO 和 16-Byte Rx FIFO),2 通道 SPI。

⑥ 一个多主 I2C 总线,一个 I2S 总线控制器。

⑦ SD 主接口版本 1.0 和多媒体卡协议版本 2.11 兼容。

⑧ 两个 USB HOST,一个 USB DEVICE(VER1.1)。

⑨ 4 个 PWM 定时器和一个内部定时器。

⑩ 看门狗定时器。

⑪ 117 个通用 I/O。

⑫ 56 个中断源。

⑬ 24 个外部中断。

⑭ 电源控制模式:标准、慢速、休眠、掉电。

⑮ 8 通道 10 位 ADC 和触摸屏接口。

⑯ 带日历功能的实时时钟。

⑰ 芯片内置 PLL。

⑱ 设计用于手持设备和通用嵌入式系统。

⑲ 16/32 位 RISC 体系结构,使用 ARM920T CPU 核的强大指令集。

⑳ 带 MMU 的、先进的体系结构,支持 WinCE、EPOC32、Linux。

㉑ 指令缓存(Cache)、数据缓存、写缓存和物理地址 TAG RAM,减小了对主存储器带宽和性能的影响。

㉒ ARM920T CPU 核支持 ARM 调试的体系结构。

㉓ 内部先进的位控制器总线(AMBA)(AMBA2.0,AHB/APB)。

㉔ 小端/大端支持。

㉕ 地址空间:每个 BANK128 MB(全部为 1 GB)。

㉖ 每个 BANK 可编程为 8/16/32 位数据总线。

㉗ BANK0~BANK6 为固定起始地址。

㉘ BANK7 可编程 BANK 起始地址和大小。

㉙ 一共 8 个存储器 BANK。

㉚ 前 6 个存储器 BANK 用于 ROM、SRAM 和其他。

㉛ 两个存储器 BANK 用于 ROM、SRAM 和 SDRAM(同步随机存储器)。

㉜ 支持等待信号用以扩展总线周期。

㉝ 支持 SDRAM 掉电模式下的自刷新。

㉞ 支持不同类型的 ROM 用于启动(NOR/NAND Flash、EEPROM 和其他)。

㉟ 272-FBGA 封装。

(2) ARM Cortex－M3 LPC1700 系列

LPC1700 系列 ARM 是基于第二代 ARM Cortex-M3 内核的微控制器,是为嵌入式系统应用而设计的高性能、低功耗的 32 位微处理器,适用于仪器仪表、工业通信、电机控制、灯光控制、报警系统等领域。其操作频率高达 120 MHz,采用 3 级流水线和哈佛结构,带独立的本地指令和数据总线以及用于外设的低性能的第三条总线,使得代码执行速度高达 1.25 MIPS/MHz,并包含 1 个支持随机跳转的内部预取指单元。LPC1700 系列 ARM 增加了一个专用的 Flash 存储器加速模块,使得在 Flash 中运行代码能够达到较理想的性能。主要技术指标如下。

① 第二代 Cortex-M3 内核,运行速度高达 120 MHz。

② 采用纯 Thumb2 指令集,代码存储密度高。

③ 内置嵌套向量中断控制器(NVIC),极大程度地降低了中断延迟。

④ 不可屏蔽中断(NMI)输入。

⑤ 具有存储器保护单元,内嵌系统时钟。

⑥ 全新的中断唤醒控制器(WIC)。

⑦ 存储器保护单元(MPU)。

⑧ 96 KB 片内 SRAM 包括:

• 64 KB SRAM 可供高性能 CPU 通过本地代码/数据总线访问;

• 2 个 16 KB SRAM 模块,带独立访问路径,可进行更高吞吐量的操作。这些

SRAM 模块可用于以太网、USB、DMA 存储器,以及通用指令和数据存储。

⑨ 具有在系统编程(ISP)和在应用编程(IAP)功能的 512 KB 片上 Flash 程序存储器最大 4 KB 的片上 EEPROM。

⑩ 第二个专用的 PLL 可用于 USB 接口,增加了主 PLL 设置的灵活性。

⑪ 以太网、USB Host/OTG/Device、CAN、I^2S 快速(Fm+)I^2C、SPI/SSP、UART。

⑫ 1 个 8 通道 12 位的模数转换器(ADC)速度达到 400 KB,支持 DMA 传输。1 个 10 位数模转换器(DAC),支持 DMA 传输。

⑬ LCD 控制器:

* 同时支持 STN 和 TFT 显示屏;
* 可选的显示分辨率(最大支持 1 024×768 点阵);
* 最多支持 24 位真彩色模式。

⑭ SD 卡接口。

⑮ 外扩存储控制器(EMC)支持 SRAM、ROM、Flash 和 SDRAM 器件。

⑯ 集成硬件 CRC 计算及校验模块。

⑰ 电机控制 PWM 输出和正交编码器接口。

⑱ 低功耗实时时钟(RTC)。

⑲ AHB 多层矩阵上具有 8 通道的通用 DMA 控制器(GPDMA),结合 SSP、I^2S、UART、AD/DA 转换、定时器匹配信号和 GPIO 使用,并可用于存储器到存储器的传输。

⑳ 4 个低功率模式:睡眠、深度睡眠、掉电和深度掉电,可通过外部中断、RTC 中断、USB 活动中断、以太网唤醒中断、CAN 总线活动中断、NMI 等中断唤醒。

㉑ 多层 AHB 矩阵内部连接,为每个 AHB 主机提供独立的总线。AHB 主机包括 CPU、通用 DMA 控制器、以太网 MAC 和 USB 接口。这个内部连接特性提供无仲裁延迟的通信。

㉒ 采用 LQFP 80、LQFP100、LQFP144、LQFP208、TFBGA208 和 TFBGA180 封装。

2. MIPS 处理器

MIPS 技术公司是一家设计制造高性能、高档次及嵌入式 32 位和 64 位处理器的厂商,在 RISC 处理器方面占有重要地位。

1999 年,MIPS 公司发布 MIPS32 和 MIPS64 架构标准,为未来 MIPS 处理器的开发奠定了基础。新的架构集成了所有原来 NIPS 指令集,并且增加了许多更强大的功能。MIPS 公司陆续开发了高性能、低功耗的 32 位处理器内核(core)MIPS324Kc 与高性能 64 位处理器内核 MIPS64 5Kc。2000 年,MIPS 公司发布了针对 MIPS32 4Kc 的版本以及 64 位 MIPS 64 20Kc 处理器内核。

MIPS 的系统结构及设计理念比较先进,其指令系统经过通用处理器指令体系 MIPS I、MIPS II、MIPS III、MIPS IV 到 MIPS V,嵌入式指令体系 MIPS16、MIPS32 到 MIPS64 的发展已经十分成熟。在设计理念上 MIPS 强调软硬件协同提高性能,同时简化硬件设计。

3. x86 处理器

x86 处理器是最常用的微处理器,它起源于 Intel 架构的 8080,发展到现在的 Pentium、

Athlon 和 AMD 的 64 位处理器 Hammer。486DX 是当时和 ARM、68K、MIPS、SuperH 齐名的 5 大嵌入式处理器之一。现已开发出基于 x86 的 STPC 高度集成系统。

2.3.3　典型的微控制器

微控制器产品的型号很多,下面介绍国内常用的 ATMEL 公司的 AT 系列的特性和应用。

1. AT89S52 单片机

AT89S52 单片机是 AT89S 系列中的增强型产品,采用了 ATMEL 公司所技术领先的 Flash 存储器,是一款低功耗、高性能,采用 CMOS 工艺制造的 8 位单片机。

AT89S52 单片机的主要特性如下。

① 8 位字长的 CPU。

② 可在线 ISP 编程的 8 KB 片内 Flash 存储器。

③ 256B 的片内数据存储器。

④ 可编程的 32 根 I/O 口线(P0～P3)。

⑤ 4.0～5.5 V 电压操作范围。

⑥ 3 个可编程定时器。

⑦ 双数据指针 DPTR0 和 DPTR1。

⑧ 具有 8 个中断源、6 个中断矢量、2 级优先权的中断系统。

⑨ 可在空闲和掉电两种低功耗方式运行。

⑩ 3 级程序锁定位。

⑪ 全双工的 UART 串行通信口。

⑫ 1 个看门狗定时器 WDT。

⑬ 具有断电标志位 POF。

⑭ 振荡器和时钟电路的全静态工作频率为 0～30 MHz。

⑮ 与 MCS-51 单片机产品完全兼容。

2. ATmega128 单片机

ATmega128 单片机是高性能、低功耗的 8 位微处理器,采用先进的 RISC 结构,其主要特性如下。

① 64 脚封装 (48 个 I/O, 16 个特殊功能引脚)。

② 128 KB 字节 ISP Flash。

③ 4 KB 字节 SRAM。

④ 4 KB 字节 EEPROM。

⑤ 8 通道 10-bit ADC。

⑥ 带 PWM 功能的 8/16-bit 定时器/计数器。

⑦ 8 个外部中断。

⑧ 32 kHz RTC 振荡器。

⑨ SPI 接口。

⑩ 全双工 UART。

⑪ 外部存储器接口。

3. MC9S12DG128 单片机

MC9S12DG128 是飞思卡尔公司推出的 S12 系列微控制器中的一款增强型 16 位微控制器,其内核为 CPU12 高速处理器。它拥有丰富的片内资源。主要特性如下。

① 128 KB 的 flash、8 KB 的 RAM、2 KB 的 EEPROM。

② 2 个 8 路 10 位精度的 A/D 转换器。

③ 8 路 8 位 PWM 通道,并可两两级联为 16 位精度 PWM。

④ 2 路 SCI 接口。

⑤ 2 路 SPI 接口。

⑥ I^2C 接口。

⑦ CAN 总线接口。

⑧ BDM 调试。

⑨ 50 MHz 系统频率(25 MHz 总线频率)。

习题 2

1. 什么是工业控制计算机? 工业控制机的特点有哪些?

2. 工业控制机由哪几部分组成? 各组成部分的主要作用是什么?

3. 什么是总线、内部总线和外部总线?

4. 常用的外部总线有哪些?

5. 简述 PLC 的特点与应用范围。

6. 简述嵌入式系统的特点与应用领域。

第 3 章　输入输出接口与信息通道技术

　　信息通道包括过程通道和人-机交互通道。过程通道是在计算机和生产过程之间设置的信息传送和交换的连接通道,包括模拟量输入通道、模拟量输出通道、数字量(开关量)输入通道、数字量(开关量)输出通道。生产过程的各种参数通过模拟量输入通道或数字量输入通道送到计算机,计算机经过计算和处理后将所得到的结果通过模拟量输出通道或数字量输出通道送到生产过程,从而实现对生产过程的控制。人-机交互通道的主要功能就是实现人-机对话,实现操作人员与计算机之间的信息交流。

　　接口是计算机与外部设备交换信息的桥梁,它包括输入接口和输出接口。外部设备的各种信息通过输入接口送到计算机,而计算机的各种信息通过输出接口送到外部设备,因而输入输出接口是信息通道的重要组成部分。

3.1　数字量输入输出通道

　　工业控制计算机在对生产过程的控制过程中,需要检测开关的闭合与断开、继电器或接触器触点的吸合与释放的状态,即数字量(开关量)输入信号;有时要控制指示灯的亮与灭、电机的启动与停止、阀门的打开与关闭等,即要输出数字量(开关量)信号。数字量信号只有两个状态,即"导通"和"截止",需要经过一定的电路变换将两个状态用二进制的逻辑"1"和"0"代表,计算机检测逻辑"1"和"0"以确定上述物理装置的状态,输出逻辑"1"和"0"实现上述物理装置的控制。

3.1.1　数字量输入输出接口技术

1. 数字量输入接口

　　数字量输入(DI)接口包括信号缓冲电路和接口地址译码电路,信号缓冲电路可采用三态门缓冲器和可编程接口芯片来完成。如图 3.1 所示是采用三态门缓冲器 74LS244 实现的数字量输入接口电路。经过端口地址译码,得到片选信号$\overline{CS}$,当 CPU 执行 IN 指令时,产生$\overline{IOR}$信号,使$\overline{IOR}=\overline{CS}=0$,则 74LS244 直通,被测的状态信息通过三态门送到计算机的数据总线,然后装入 AL 寄存器。设片选地址为 PORT,可用如下指令来完成取数操作:

```
MOV  DX,  PORT  ;设置端口地址
IN   AL,  DX;IOR = CS = 0
```

　　三态门缓冲器 74LS244 有 8 个通道,可同时输入 8 个开关状态,并隔离输入和输出线路,在两者之间起缓冲作用。

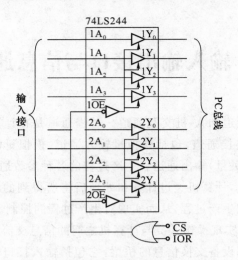

图 3.1　数字量输入接口

2. 数字量输出接口

数字量输出(DO)接口包括输出信号锁存电路和接口地址译码电路。对生产过程进行控制时,控制状态需要保持,直到下次给出新值为止,因而输出就要锁存。输出信号锁存电路可用锁存器和可编程接口芯片来完成。如图 3.2 所示是采用锁存器 74LS273 作

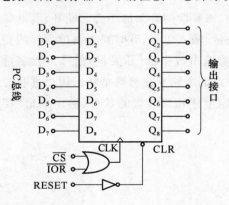

图 3.2　数字量输出接口

输出信号锁存电路的输出接口电路。由于计算机的 I/O 端口写总线周期时序关系中,总线数据 $D_0 \sim D_7$ 比 $\overline{IOW}$ 前沿(下降沿)稍晚,因此在图 3.2 的电路中,利用 $\overline{IOW}$ 的后沿产生的上升沿锁存数据。经过端口地址译码,得到片选信号 $\overline{CS}$,当在执行 OUT 指令周期时,产生 $\overline{IOW}$ 信号,使 $\overline{IOW} = \overline{CS} = 0$。设片选端口地址为 PORT,可用以下指令完成数据的输出控制。

```
MOV  AL,  DATA
MOV  DX,  PORT
OUT  DX,  AL
```

74LS273 有 8 个通道,可输出 8 个开关状态,并可驱动 8 个输出装置。

3.1.2　数字量输入通道

数字量输入通道主要由缓冲器、输入调理电路、输入地址译码电路等组成,如图 3.3 所示。

数字量输入通道的基本功能就是接收外部装置或生产过程的状态信号。这些状态信号的形式可能是电压、电流、开关的触点,因此会引起瞬时高压、过电压、接触抖动等现象。为了将外部开关量信号输入到计算机,必须将现场输入的状态信号经转换、保护、滤波、隔

离等后转换成计算机能够接收的逻辑信号,这些功能称为信号调理。

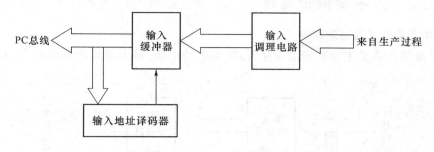

图 3.3　数字量输入通道结构

（1）小功率输入调理电路

将开关、继电器的接通和断开动作转换成 TTL 电平信号与计算机相连。为了清除由于接点的机械抖动而产生的振荡信号,通常采用积分电路和 R-S 触发器电路来消除这种振荡。如图 3.4(a)所示为采用积分电路来消除开关抖动的方法。如图 3.4(b)所示为采用 R-S 触发器消除开关抖动的方法。

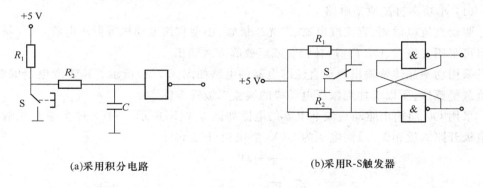

(a)采用积分电路　　　　　　　　　　　　(b)采用R-S触发器

图 3.4　小功率输入调理电路

（2）大功率输入调理电路

在大功率系统中,需要从电磁离合等大功率器件的触点输入信号。这种情况下,为了使触点工作可靠,触点两端至少要加 24 V 以上的直流电压。由于这种电路所带电压高,又来自工业现场,有可能带有干扰信号,因而通常采用光电耦合器进行隔离,大功率输入调理电路如图 3.5 所示。电路中参数 R_1、R_2 的选取要考虑光电耦合器允许的通过的电流,光电耦合器两端的电源不能共地。

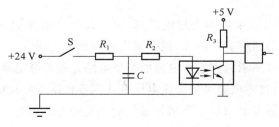

图 3.5　大功率信号输入电路

3.1.3 数字量输出通道

1. 数字量输出通道的结构

数字量输出通道主要由输出锁存器、输出驱动电路、输出地址译码电路等组成，如图 3.6 所示。

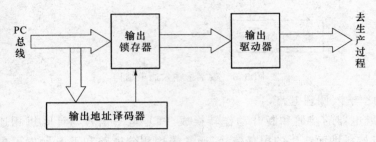

图 3.6 数字量输出通道结构

2. 输出驱动电路

(1) 小功率直流驱动电路

驱动直流电磁阀、直流继电器、发光二极管、小型直流电动机等低压电器，开关量控制输出可采用三极管、OC 门、达林顿管或运放等方式输出。

采用功率晶体管输出驱动直流继电器的电路如图 3.7(a) 所示。K 为继电器的线圈。因负载呈感性，所以需加克服反电动势的续流二极管 VD_1。

采用 OC 门输出驱动直流继电器的电路如图 3.7(b) 所示。74LS06 为带高压输出的集电极开路六反相器，最高电压为 30 V，灌电流可达 40 mA。

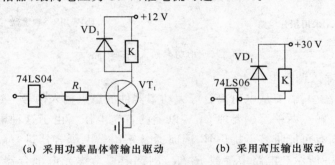

(a) 采用功率晶体管输出驱动　　(b) 采用高压输出驱动

图 3.7 继电器驱动电路

(2) 大功率驱动电路

大功率驱动场合可以采用固态继电器(SSR)、大功率晶体管 IGBT、MOSFET 等实现。固态继电器是一种四端有源器件，根据输出的控制信号分为直流固态继电器和交流固态继电器。如图 3.8 所示为固态继电器的驱动电路。固态继电器的输入输出之间采用光电耦合器进行隔离，过零电路可使交流电压变化到零伏附近时让电路接通，从而减少干扰，电路接通以后，由触发电路输出晶闸管器件的触发信号。固态继电器在选用时要注意输入电压范围、输出电压类型及输出功率。

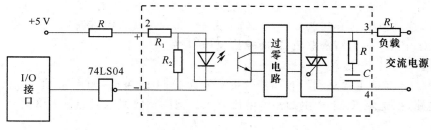

图 3.8　固态继电器的驱动电路

3.2　模拟量输入通道

在计算机控制系统中,模拟量输入通道的功能是把检测到的被控对象的模拟信号(温度、压力、流量、液位等)转换成计算机可以接收的二进制数字信号。

3.2.1　模拟量输入通道的组成

模拟量输入通道根据应用要求不同,可以有不同的结构形式。模拟量输入通道一般由信号调理电路、多路转换器、前置放大器、采样保持器、A/D 转换器、接口及控制逻辑等组成。其核心是 A/D 转换器。模拟量输入通道的组成结构如图 3.9 所示。

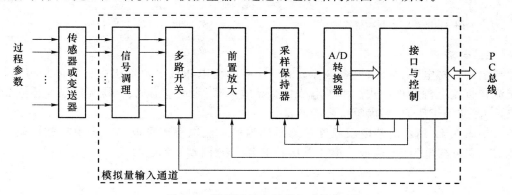

图 3.9　模拟量输入通道组成结构

3.2.2　信号调理

信号调理的功能就是对来自传感器或变送器的信号进行处理,将传感器测量的非电信号或变送器输出的电流信号转换为 A/D 转换器可以接收的电压信号。

1. I/V 变换

变送器输出的信号为 0～10 mA 或 4～20 mA 的统一信号,电流信号经过长距离传输到计算机接口电路,需要经过 I/V 变换成电压信号后才能进行 A/D 转换进而被计算机处理。电流/电压转换电路是将电流信号成比例地转换成电压。常用 I/V 变换的实现方法有无源 I/V 变换和有源 I/V 变换。

(1) 无源 I/V 变换

无源 I/V 变换主要利用无源器件电阻来实现,并加滤波和输出限幅等保护措施,如

图 3.10 所示。当 I 为 0～10 mA 输入电流信号,可取 $R_1=100\ \Omega$, $R_2=500\ \Omega$,且 R_2 应为精密电阻,这时输出电压 U 为 0～5 V;当 I 为 4～20 mA 输入电流信号,可取 $R_1=100\ \Omega$, $R_2=250\ \Omega$,且 R_2 应为精密电阻,这时输出电压 U 为 1～5 V。

(2) 有源 I/V 变换

有源 I/V 变换主要是利用有源器件运算放大器、电阻组成,如图 3.11 所示。利用同相放大电路,把电阻 R_1 上产生的输入电压放大。该同相放大电路的放大倍数为

$$A_V = 1 + \frac{R_4}{R_3}$$

当 I 为 0～10 mA 输入电流信号,可取 $R_1=100\ \Omega$,且为精密电阻,$R_3=10\ k\Omega$,R_4 为 47 kΩ 的精密电位器,调整 R_4 的阻值为 40 kΩ,这时输出电压 U 为 0～5 V;当 I 为 4～20 mA 输入电流信号,可取 $R_1=100\ \Omega$,且为精密电阻,$R_3=10\ k\Omega$,R_4 为 47 kΩ 的精密电位器,调整 R_4 的阻值为 15 kΩ,这时输出电压 U 为 1～5 V。

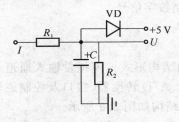

图 3.10　无源 I/V 变换

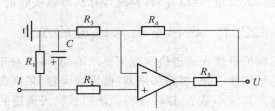

图 3.11　有源 I/V 变换

2. 电桥

电桥是将电阻、电感、电容等参数的变化变换为电压或电流输出的一种测量电路,分交流和直流电桥两种型式。由于电桥具有灵敏度高、测量范围宽、容易实现温度补偿等优点,广泛应用于压力、温度等信号的测量。

如图 3.12 所示为热电阻温度传感器测温的直流电桥测量电路。它由精密电阻 R_1、R_2、R_3 和可变电阻 R_P 组成。电压源接到 E 端,AB 两端接测量放大电路。

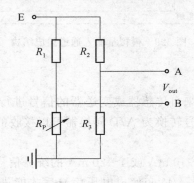

图 3.12　热电阻测温电桥测量电路

铂电阻温度传感器 Pt100 当测量温度为 0℃时,R_P 为 100 Ω,取 $R_1=R_2=10\ k\Omega$,$R_3=100\ \Omega$,此时电桥平衡,$V_{out}=0$。当温度变化时,R_{Pt} 的阻值是温度的函数,发生变化,电桥不平衡,输出偏差电压,由此可推算出温度值。

3.2.3　多路转换器

多路转换器(多路开关)是用来进行模拟电压信号切换的关键元件。利用多路开关可将各个输入信号依次地或随机地连接到前置放大器或 A/D 转换器上。为了提高过程参数的测量精度,对多路开关的要求较高。理想的多路开关其开路电阻为无穷大,接通时的接通电阻为零。同时,还希望切换速度快、噪音小、寿命长、工作可靠。常用的多路开关有 CD4051、AD7501、MAX355、LF13508 等。

CD4051 是单端 8 通道多路模拟开关,带有二进制 3-8 译码器,可双向工作。CD4051 的原理电路图如图 3.13 所示。INH 是禁止输入端,当 INH＝"1",即 INH＝V_{DD}时,所有通道均断开,禁止模拟量输入;当 INH＝"0",即 INH＝V_{SS}时,通道接通,允许模拟量输入,由通道选择输入端 A、B、C 来选择 8 个通道中哪一通道与公共端 OUT/IN 接通,其真值表如表 3.1 所示。

CD4051 输入电平范围较大,数字控制信号逻辑"1"的电平可选为 3～15 V,模拟量可达 15 V P-P。

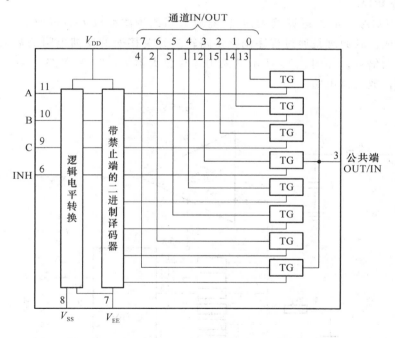

图 3.13　CD4051 的原理电路

表 3.1　CD4051 的真值

输入状态				接通通道
INH	C	B	A	
0	0	0	0	0
0	0	0	1	1
0	0	1	0	2

输入状态				接通通道
INH	C	B	A	
0	0	1	1	3
0	1	0	0	4
0	1	0	1	5
0	1	1	0	6
0	1	1	1	7

3.2.4　前置放大器

前置放大器的功能是将模拟输入小信号放大到 A/D 转换的量程范围之内。为了能适应多种小信号的放大需求,因而需要设计可变增益放大器。可编程增益放大器有组合 PGA 和集成 PGA 两种。

1. 组合 PGA

组合型 PGA 一般由运算放大器、仪器放大器或隔离型放大器再加上一些其他附加电路组合而成。其原理是通过程序调整多路转换开关接通的反馈电阻的数值,从而调整放大器的放大倍数。如图 3.14 所示是采用运算放大器 OP-27 和多路开关 CD4051 等构成的组合程控放大器电路。

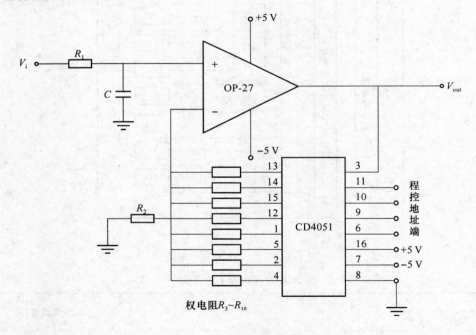

图 3.14　组合程控放大器电路

放大倍数的大小由 CD4051 的 8 个输入端控制,CD4051 通过一个 8D 锁存器与 CPU 总线相连,CPU 控制 CD 4051 的选择输入端 C、B、A 的不同组合,就可改变接通电阻,实现不同的放大倍数,如表 3.2 所示。

表 3.2　放大倍数控制

逻辑输入			放大倍数	阻值
C	B	A		
0	0	0	1	$R_2=10\text{ k}\Omega,R_3=10\text{ k}\Omega$
0	0	1	2	$R_2=10\text{ k}\Omega,R_4=20\text{ k}\Omega$
0	1	0	4	$R_2=10\text{ k}\Omega,R_3=40\text{ k}\Omega$
0	1	1	8	$R_2=10\text{ k}\Omega,R_3=80\text{ k}\Omega$
1	0	0	10	$R_2=10\text{ k}\Omega,R_3=100\text{ k}\Omega$

2. 集成 PGA202/203 放大器

PGA202/203 放大器是一个单片增益可控的双端输入仪用放大器。它主要由前端与逻辑电路、基本差分放大电路和高通滤波电路等组成,具有失调电压调整、滤波器输出端、反馈输出和参考输出端,能够灵活组成各类放大电路。由于采用激光修正技术,使增益失调无需用外接元件调整。该器件具有可控增益范围宽(1、2、4 和 8)、非线性误差小(不大于 0.012%)、偏置电流小(不大于 50 PA)、完全兼容 CMOS/TTL 逻辑电平等优点,因而得到了广泛应用。

如图 3.15(a)所示是其基本放大连接法。为了避免影响共模抑制,最好将所有地线一点接地。增益的选择是靠改变 A_0、A_1 的逻辑电平实现的。如表 3.3 所示列出了这种关系。如图 3.15(b)所示是交流输入电容耦合的基本放大接法,R_1、R_2 是为了给放大器的输入增加偏置回路而设定的,不能省去。

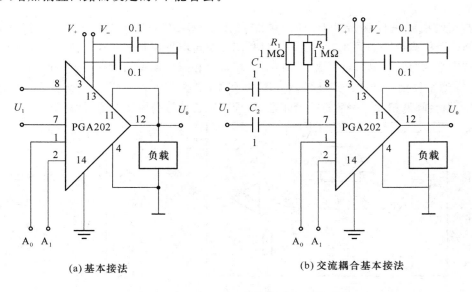

(a) 基本接法　　　　　　　　　　(b) 交流耦合基本接法

图 3.15　PGA202/203 放大器连接方法

表 3.3　增益控制状态

逻辑输入		PGA202		PGA203	
A_1	A_0	增益	误差/%	增益	误差/%
0	0	1	0.05	1	0.05
0	1	10	0.05	2	0.05
1	0	100	0.05	4	0.05
1	1	1 000	0.10	8	0.05

3.2.5　采样保持器

在 A/D 转换期间,如果输入信号变化较大,就会引起误差。所以,一般情况下采样信号都不直接送至 A/D 转换器转换,要求输入到 A/D 转换器的模拟量在整个转换过程中保持不变,但转换之后,又要求 A/D 转换器的输入信号能够跟随模拟量变化,能够完成上述任务的器件叫采样保持器(Sample/Hold),简称 S/H。

采样保持器有两种工作方式,一种是采样方式,另一种是保持方式。在采样方式中,采样保持器的输出跟随模拟量输入电压变化。在保持状态时,采样保持器的输出将保持命令发出时刻的模拟量输入值,直到保持命令撤销(即再次接到采样命令时)为止。

采样保持器的主要作用如下。

① 保持采样信号不变,以便完成 A/D 转换。

② 同时采样几个模拟量,以便进行数据处理和测量。

③ 减少 D/A 转换器的输出毛刺,从而消除输出电压的峰值及缩短稳定输出值的建立时间。

常用的集成采样保持器有 LF198/298/398、AD582/585/346/389 等。LF198/298/398 原理结构及引脚说明如图 3.16 所示。采用 TTL 逻辑电平控制采样和保持。LF398 的逻辑控制端电平为"1"时采样,电平为"0"时保持,AD582 相反。偏置输入端用于零位调整。保持电容 C_H 通常外接,其取值与采样频率和精度有关,常选 510~1 000 pF。减小 C_H 可提高采样频率,但会降低精度。一般选用聚苯乙烯、聚四氟乙烯等高质量电容器作 C_H。

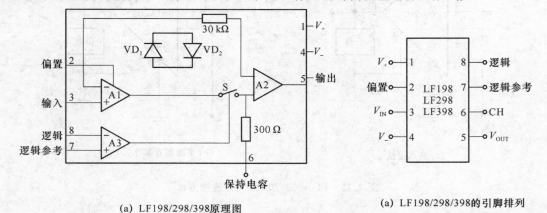

(a) LF198/298/398原理图　　　　　　(a) LF198/298/398的引脚排列

图 3.16　LF198/298/398 原理图及引脚

LFl98/298/398 引脚功能如下。

① V_{IN}:模拟电压输入。

② V_{OUT}:模拟电压输出。

③ 逻辑及逻辑参考电平,用来控制采样保持器的工作方式。当引脚 8 为高电平时,通过控制逻辑电路使开关 S 闭合,电路工作在采样状态。反之,当引脚 8 为低电平时,则开关 S 断开,电路进入保持状态。它可以接成差动形式(对 LFl98),也可以将逻辑参考电平直接接地,然后,在引脚 8 端用一个逻辑电平控制。

④ 偏置:偏差调整引脚。可用外接电阻调整采样保持的偏差。

⑤ CH:保持电容引脚。用来连接外部保持电容。

⑥ V_+,V_-:采样保持电路电源引脚。电源变化范围为 ±5 V～±10 V。

当被测信号变化缓慢时,若 A/D 转换器转换时间足够短,可以不加采样保持器。

3.2.6　常用的 A/D 转换器

A/D 转换器是将模拟电压或电流转换成数字量的器件或装置,是模拟输入通道的核心部件。A/D 转换方法有逐次逼近式、双积分式、并行比较式和二进制斜坡式、量化反馈式等。常用的逐次逼近式 A/D 转换器有 8 位分辨率的 ADC0801、ADC0809 等,12 位分辨率的 AD574A 等;常用的双积分式 A/D 转换器有 3 位半(相当于二进制 11 位分辨率)的 MC14433,4 位半(相当于二进制 14 位分辨率)的 ICL7135 等。

1. 8 位 A/D 转换器 ADC0809

ADC0809 是美国国家半导体公司生产的带有 8 通道模拟开关的 8 位逐次逼近式 A/D 转换器,采用 28 脚双列直插式封装。

(1) ADC0809 的技术指标

① 线性误差为 ±1 LSB。

② 转换时间为 100 μs。

③ 单一 +5 V 电源供电。

④ 功耗 15 W。

⑤ 输出具有 TTL 三态锁存缓冲器。

⑥ 模拟量输入范围为 0～+5 V。

⑦ 转换速度取决于芯片的时钟频率。

⑧ 时钟频率范围:10～1 280 kHz,当 CLOCK 等于 500 kHz 时,转换速度为 128 μs。

(2) ADC0809 的内部结构及引脚功能

ADC0809 的内部结构及引脚排列如图 3.17 所示。

其主要管脚的功能如下。

① IN_0～IN_7:8 路模拟输入端。

② START:启动信号,高电平有效,上升沿进行内部清零,下降沿开始 A/D 转换。

③ EOC(END OF CONVERTER):转换结束信号。当 A/D 转换结束之后,发出一个正脉冲,表示 A/D 转换结束。此信号可作为 A/D 转换是否结束的检测信号或中断信号。

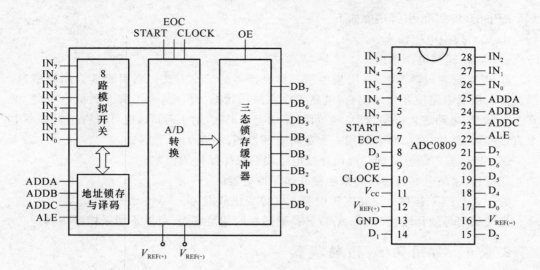

图 3.17　ADC0809 引脚排列

④ OE(OUTPUT ENABLE):输出允许信号,高电平有效。当 OE 为高电平时,允许从 A/D 转换器锁存器中读取数字量。

⑤ CLOCK:时钟信号。

⑥ ALE(ADDRESS LATCH ENABLE):允许地址锁存信号,高电平有效。当 ALE 为高电平时,允许 C、B、A 所示的通道被选中,并将该通道的模拟量接入 A/D 转换器。

⑦ ADDA、ADDB、ADDC:通道号端子,C 为最高位,A 为最低位。通过 C、B、A 的不同的逻辑选择即可选择接入的通道。通道选择信号 C、B、A 与所选通道之间的关系如表 3.4 所示。

表 3.4　ADC0809 输入真值

地址线			选择输入
C	B	A	
0	0	0	IN_0
0	0	1	IN_1
0	1	0	IN_2
0	1	1	IN_3
1	0	0	IN_4
1	0	1	IN_5
1	1	0	IN_6
1	1	1	IN_7

⑧ $D_7 \sim D_0$:8 位数字量输出引脚。

⑨ $V_{REF(+)}$、$V_{REF(-)}$:参考电压端子,用来提供 D/A 转换器权电阻的基准电平。

⑩ V_{CC}:电源端子,接 +5 V。

⑪ GND：接地端。

2. 12 位 A/D 转换器 AD574A

AD574A/1764 是 AD 公司生产的 12 位逐次逼近型 ADC。

（1）AD574A 的技术指标

① 分辨率为 12 位。

② 转换时间 $15 \sim 35 \mu s$。

③ 内部集成有转换时钟、参考电压源和三态输出锁存器，可以和计算机直接接口。

④ 数字量输出位数可设定为 8 位，也可设定为 12 位。

⑤ 输入模拟电压既可以单极性也可以双极性。

⑥ 单极性输入时：$0 \sim +10$ V 或 $0 \sim +20$ V；双极性输入时：$\pm 5 \sim \pm 10$ V。

（2）AD574 的内部结构

AD574 的原理框图如图 3.18 所示。AD574 由模拟芯片和数字芯片两部分组成。其中模拟芯片由高性能的 12 位 D/A 转换器 AD565 和参考电压组成。AD565 包括高速电流输出开关电路、激光切割的膜片式电阻网络，故其精度高，可达 $\pm 1/4$ LSB。数字芯片由逐次逼近寄存器(SAR)转换控制逻辑、时钟、总线接口和高性能的锁存器、比较器组成。

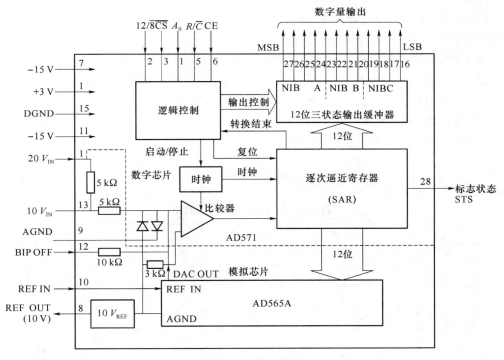

图 3.18　AD574 的原理

（3）AD574A 引脚功能说明

① AD574A 采用 28 引脚双列直插式封装。

② D_0(LSB)$\sim D_{11}$(MSB)：12 位数据输出，分 3 组，均带三态输出缓冲器。

③ V_{CC}：正电源 $+15$ V。

④ V_{EE}：负电源 -15 V。

⑤ AGND:模拟地。

⑥ DGND:数字地。

⑦ CE:使能信号,高电平有效。CE、$\overline{CS}$必须同时有效,AD574A 才工作,否则处于禁止状态。

⑧ $\overline{CS}$:片选信号。

⑨ $R/\overline{C}$:读/转换信号。

⑩ A_0:转换和读字节选择信号。A_0引脚有两个作用,一是选择字节长度,二是与 8 位总线兼容时,用来选择读出字节。在转换之前,若 $A_0=1$,AD574A 按 8 位 A/D 转换,转换完成时间为 10 μs,若 $A_0=0$,则按 12 位 A/D 转换,转换时间为 25 μs,与 $12/\overline{8}$ 的状态无关。在读周期中,$A_0=0$,高 8 位数据有效;$A_0=1$,则低 4 位数据有效。注意:如果 $12/\overline{8}=1$,则 A_0 的状态不起作用。

⑪ $12/\overline{8}$:数据格式选择端。当 $12/\overline{8}=1$ 时,为双字节输出,即 12 位数据同时有效输出,可用于 12 位或 16 位计算机系统。若 $12/\overline{8}=0$,为单字节输出,可与 8 位总线接口。$12/\overline{8}$ 与 A_0 配合,使数据分两次输出。$A_0=0$ 时,高 8 位数据有效;$A_0=1$ 时,则输出低四位数据加 4 位附加 0(X X X X0000),即当两次读出 12 位数据时,应遵循左对齐原则。$12/\overline{8}$ 引脚不能由 TTL 电平来控制,必须直接接至 +5 V 或数字地。此引脚只作数字量输出格式的选择,对转换操作不起作用。

⑫ STS:转换状态信号。转换开始 STS=1;转换结束 STS=0。

⑬ $10V_{IN}$:模拟信号输入。单极性 0～10 V,双极性 ±5 V。

⑭ $20V_{IN}$:模拟信号输入。单极性 0～20 V,双极性 ±10 V。

⑮ REF IN:参考输入。

⑯ REF OUT:参考输出。

⑰ BIP OFF:双极性偏置。

AD574A 的控制信号状态如表 3.5 所示。

表 3.5　AD574A 控制信号状态

CE	$\overline{CS}$	$R/\overline{C}$	$12/\overline{8}$	A_0	操作
0	X	X	X	X	禁止
X	1	X	X	X	禁止
1	0	0	X	0	启动 12 位转换
1	0	0	0	1	启动 8 位转换
1	0	1	1	X	一次读取 12 位输出数据
1	0	1	0	0	输出高 8 输出数据
1	0	1	0	1	输出低 4 位输出数据

3.2.7　A/D 转换器接口设计

A/D 转换器接口的设计包括硬件连接设计和软件程序设计两部分。硬件设计主要完成模拟量输入信号的连接、数字量输出引脚的连接、参考电平的连接、控制信号的连接等。软件设计主要完成对控制信号的编程,例如,启动信号、转换结束信号以及转换结果的读出等。

1. 硬件设计

（1）模拟量输入信号的连接

模拟量输入信号范围一定要在 A/D 转换器的量程范围内。一般 A/D 转换器所要求接收的模拟量大都为 $0\sim5$ V(DC) 的标准电压信号,但有些 A/D 转换器的输入除单极性外,也可以是双极性,用户可通过改变外接线路来改变量程。有的 A/D 转换器还可以直接接入传感器的信号,如 AD670 等。

另外,在模拟量输入通道中,除了单通道输入外,还有多通道输入方式。多通道输入可采用两种方法,一种是采用单通道 A/D 芯片,如 AD7574 和 AD574A 等,在模拟量输入端加接多路开关,有些还要加采样保持器;另一种方法是采用带有多路开关的 A/D 转换器,如 AD0809 和 AD7581 等。

（2）数字量输出引脚的连接

A/D 转换器数字量输出引脚和 PC 总线的连接方法与其内部结构有关。对于内部不含输出锁存器的 A/D 来说,一般通过锁存器或 I/O 接口与计算机相连,常用的接口及锁存器有 Intel8155、8255、8243 以及 74LS273、74LS373、8282 等。当 A/D 转换器内部含有数据输出锁存器时,可直接与 PC 总线相连。有时为了增加控制功能,也采用 I/O 接口连接。另外还要考虑数字量输出的位数以及 PC 总线的数据位数,如 12 位的 AD574 与 8 位 PC 总线连接时,数据要分两次读入,硬件连接要考虑数据的锁存。

（3）参考电平的连接

在 A/D 转换器中,参考电平的作用是供给其内部 D/A 转换器的基准电源,直接关系到 A/D 转换的精度,所以对基准电源的要求比较高,一般要求由稳压电源供电。不同的 A/D 转换器,参考电源的提供方法也不一样。有采用外部电源供给,如 AD7574、ADC0809 等。对于精度要求比较高的 12 位 A/D 转换器,一般在 A/D 转换器内部设置有精密参考电源,如 AD574A 等,不需采用外部电源。

（4）时钟的选择

时钟信号是 A/D 转换器的一个重要控制信号,时钟频率是决定芯片转换速度的基准。整个 A/D 转换过程都是在时钟作用下完成的。A/D 转换时钟的提供方法也有两种,一种是由芯片内部提供,一种是由外部时钟提供。外部时钟提供的方法,可以用单独的振荡器,更多的则是通过系统时钟分频后,送至 A/D 转换器的时钟端子。

若 A/D 转换器内部设有时钟振荡器,一般不需任何附加电路,如 AD574A;也有的需外接电阻和电容,如 MC14433;也有些转换器,使用内部时钟或外部时钟均可,如 ADC80。

（5）A/D 转换器的启动方式

任何一个 A/D 转换器在开始转换前,都必须加一个启动信号,才能开始工作。芯片不同,要求的启动方式也不同,一般分脉冲启动和电平启动两种。

脉冲启动型芯片,只要在启动转换输入引脚加一个启动脉冲即可,如 ADC0809、

AD574A 等均属于脉冲启动转换芯片。

所谓电平启动转换就是在 A/D 转换器的启动引脚上加上要求的电平,一旦电平加上以后,A/D 转换即刻开始,而且在转换过程中,必须保持这一电平,否则将停止转换。因此,在这种启动方式下,启动电平必须通过锁存器保持一段时间,一般可采用 D 触发器、锁存器或并行 I/O 接口等来实现。AD570、571、572 等都属电平控制转换电路。

(6) 转换结束信号的处理

给 A/D 转换器发出一个启动信号后,A/D 转换器便开始转换,必须经过一段时间以后,A/D 转换才能结束。当转换结束时,A/D 转换器芯片内部的转换结束触发器置位,同时输出一个转换结束标志信号,表示 A/D 转换已经完成,可以进行读数操作。转换结束信号的硬件连接有以下 3 种形式。

① 中断方式:将转换结束标志信号接到计算机系统的中断申请引脚或允许中断的 I/O 接口的相应引脚上。

② 查询方式:把转换结束信号经三态门送到 PC 数据总线或 I/O 接口的某一位上。

③ 转换信号悬空:即该管脚与其他管脚之间无电气连接。

2. 软件设计

一次 A/D 转换过程的软件设计包括启动 A/D 转换和转换结果读出。

(1) 启动 A/D 转换

根据 A/D 的启动信号以及硬件连接电路对启动管脚进行控制。脉冲启动往往用写信号及地址译码器的输出信号经过一定的逻辑电路进行控制。电平启动对相应的管脚清 0 或置 1。

(2) 转换结果的读出。

根据硬件连接,转换结果的读出有 3 种方式:中断方式、查询方式和软件延时方式。

① 中断方式:当转换结束时,即提出中断中请,计算机响应后,在中断服务程序中读取数据。这种方法使 A/D 转换器与计算机的工作同时进行,因而节省机时,常用于实时性要求比较强或多参数的数据采集系统。

② 查询方式:计算机向 A/D 转换器发出启动信号后便开始查询 A/D 转换是否结束,一旦查询到 A/D 转换结束,则读出结果数据,这种方法的程序设计比较简单,且实时性也比较强,是应用最多的一种方法。

③ 软件延时方法:计算机启动 A/D 转换后,根据芯片的转换时间,调用一段软件延时程序,通常延时时间略大于 A/D 转换时间,延时程序执行完以后 A/D 转换应该已完成,即可读出结果数据。这种方法不必增加硬件连线,但占用 CPU 的机时较多,多用在 CPU 处理任务较少的系统中。

3. ADC0809 与 PC 工业控制机接口

ADC0809 与 PC 工业控制机接口电路如图 3.19 所示。由于 ADC0809 带有三态输出缓冲器,所以其数字输出线可与系统数据总线直接相连。PC 总线的地址线通过译码器输出端作为 ADC0809 的片选信号。$\overline{IOW}$ 和地址译码器输出信号的组合作为启动信号 START 和地址锁存信号 ALE。$\overline{IOR}$ 和地址译码器输出信号的组合作为输出允许信号 OE。通道地址线 ADDA、ADDB、ADDC 分别接到数据总线的低 3 位 $D_2 \sim D_0$ 上。

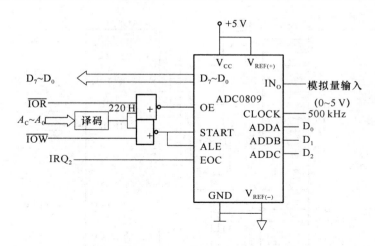

图 3.19　ADC0809 与 PC 总线的连接

一次 A/D 转换操作分以下两步进行。

（1）启动 ADC0809，并锁存通道地址

当计算机向 ADAC0809 执行一条输出指令时，如 OUT 220H，AL，其中 220H 为 ADC0809 的端口地址，则译码器输出为低，同时 $\overline{IOW}=0$，$\overline{IOR}=1$，经过或非门后，START＝ALE＝1，在 START 和 ALE 端出现上升沿，则地址锁存信号将出现的数据总线上的模拟通道地址存入 ADC0809 的地址锁存器中，并且 START 信号为高电平，启动芯片开始 A/D 转换。

（2）判断 A/D 转换结束并读出转换结果

首先可以利用前面介绍的方法判断 A/D 转换是否完成，A/D 转换完成后，即可进行转换结果的读入操作。当按照上述指令执行一条输入指令时，译码器输出为低，同时 $\overline{IOR}=0$，$\overline{IOW}=1$，控制 OE 端为高电平，即 OE＝1，ADC0809 的三态输出锁存器脱离三态，把数据送往总线；可读入转换后的数字量。设 ADC 端口地址为 220H，要把 0 通道的模拟量转换成数字量，利用软件延时方式实现的程序如下：

```
START:  MOV  AL,00H    ;设定通道数
        OUT  220H,AL   ;送通道地址、启动 A/D 转换
        CALL DELAY     ;等待转换完成
        IN   AL,220H   ;读取 A/D 转换结果
```

4. AD574A 与 PC 工业控制机接口

AD574A 与 PC 工业控制机接口如图 3.20 所示。双向缓冲器 74LS245 用于数据缓冲。

当 $\overline{IOW}=0$ 时，$R/\overline{C}=0$，DIR＝0（74LS245 数据传送方向由 $B_0 \sim B_7$ 到 $A_0 \sim A_7$），系统用假设外设操作来启动 AD574 进行 A/D 转换。当 $\overline{IOR}=0$ 时，$R/\overline{C}=1$，DIR＝1，系统通过 74LS245 读 AD574 的转换结果。

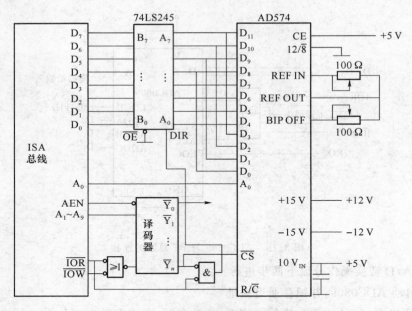

图 3.20　AD574 与 ISA 总线的连接

系统地址 A_0 接 AD574 的 A_0,因此,当用偶地址写 AD574 时,启动 12 位 A/D 转换。当用偶地址读 AD574 时,读出高 8 位;奇地址读 AD574 时,读出低 4 位。采用软件延时方法的部分程序如下。

```
MOV   DX,ADPORT      ;ADPORT 为偶地址
OUT   DX,AL          ;假设外设操作,启动 A/D 转换
CALL  DELAY          ;调用延时子程序(100μs)
MOV   DX,ADPORT ;
IN    AL,DX          ;读高 8 位数据
MOV   AH,AL
MOV   DX,ADPORT + 1  ;ADPORT + 1 为奇地址
DEC   DX             ;
IN    AL,DX          ;读入低 4 位数据
```

3.2.8　模拟量输入通道设计

模拟量输入通道设计,首先要确定使用对象和性能指标,然后选用 A/D 转换器、接口电路及转换通道的结构。

A/D 转换器位数的选择取决于系统的测试精度,通常要比传感器测量精度要求的最低分辨率高一位。

采样保持器的选用取决于测量的变化频率,原则上直流信号或变化缓慢的信号可以不采用采样保持器。根据 A/D 转换器的转换时间和分辨率以及测量信号频率决定是否选用采样保持器。

前置放大器分为固定增益和可变增益两种,前者适用于信号范围固定的传感器;后者

适用于信号不固定的传感器。

A/D 转换器的输入直接与被控对象相连,容易通过公共地线引入干扰。可采用光电耦合器来提高抗干扰能力。采用光电隔离的方法有两种:一种方法是采用光电隔离放大器,并对多路模拟开关的控制信号进行光电隔离,为了保证放大器的线性度,应选用线性度好的光电隔离放大器,另一种光电隔离的方法是对 A/D 转换器的输出信号进行隔离,其优点是 A/D 转换器的精度和线性度不受影响,调试简单,但缺点是要用较多的光电耦合器。

设计某 A/D 转换板的技术指标如下。

① 分辨率:12 位。

② 通道数:单端 16 路。

③ 输入量程:4～20 mA DC。

④ 转换时间:25 μs。

⑤ 总线接口:ISA 总线。

根据这些性能指标设计的 A/D 转换模板的原理图如图 3.21 所示。它由 2 片多路开关 CD4051、12 位 A/D 转换器 AD574A、接口电路 Intel8255A 和 I/V 电路等组成。接口电路 Intel8255A,其数据线和控制线直接连到 PC 总线。

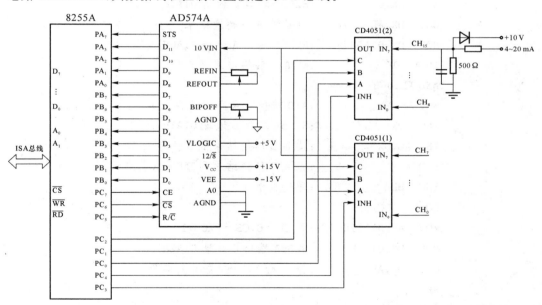

图 3.21　16 路 A/D 转换模板电路原理

该 A/D 转换接口程序包括对 Intel8255A 初始化、启动 A/D 转换、查询 A/D 转换结束、读 A/D 转换结果,以及并存入缓冲区 BUFFER。其单端输入程序的部分程序指令如下。

```
AD574A    PROC   NEAR
          CLD
          LEA    DI,BUFFER      ;设置 A/D 转换结果的缓冲区
          MOV    BL,00000000B;CE = CS = R/C = INH1 = INH2 = 0,通道 0
```

```
          MOV  CX,16          ;16 通道数→CX
ADC：     MOV  DX,01A2H        ;8255A 端口 C 地址 01A2H
          MOV  AL,BL
          OUT  DX,AL          ;选通多路开关
          NOP
          NOP
          NOP
          OR   AL,10000000B   ;置 CE = 1,CS = 0,R/C = 0
          OUT  DX,AL          ;启动 A/D 转换
          MOV  DX,01A0H       ;8255A 端口 A 地址 01A0H
POLLING： IN   AL,DX          ;输入 STS
          TEST AL,80H         ;查询 STS
          JNZ  POLLING
          MOV  AL,BL
          OR   AL,00100000B   ;置 CE = 1,CS = 0,R/C = 1
          MOV  DX,01A2H       ;8255A 端口 C 地址 01A2H
          OUT  DX,AL          ;准备读 A/D 转换结果
          MOV  DX,01A0H       ;8255A 端口 A 地址 01A0H
          IN AL,DX            ;读 A/D 转换结果高 4 位
          AND AL;0FH;
          MOV  AH,AL          ;A/D 转换结果高四位存入 AH
          INC  DX             ;8255A 端口 B 地址 01A1H
          IN   AL,DX          ;读 A/D 转换结果低 8 位存入 AL
          STOSW               ;存 A/D 转换结果到 BUFFER 为首的缓冲区
          INC  BL             ;通道数加 1
          LOOP ADC
          MOV  AL,01111000B   ;置 CE = 0,CS = R/C = 1
          MOV  DX,01A2H       ;8255A 端口 C 地址 01A2H
          OUT  DX,AL          ;停止 A/D 转换,关闭多路开关
          RET
AD574A    ENDP
```

3.3　模拟量输出通道

模拟量输出通道是计算机控制系统实现输出控制的关键,它的任务是把计算机输出的数字量转换成模拟电压或电流信号,以便驱动相应的执行机构,达到控制的目的。

3.3.1　模拟量输出通道的结构形式

模拟量输出通道一般由接口电路、D/A 转换器、多路转换开关、采样保持器、I/V 变换等组成。模拟量输出通道的结构形式,主要取决于输出保持器的构成方式。保持器一般有数字保持方案和模拟保持方案两种。这就决定了模拟量输出通道的两种基本结构形式。

1. 一个通路设置一个 D/A 转换器的结构形式

一个通路设置一个 D/A 转换器的模拟量输出通道的结构形式如图 3.22 所示。

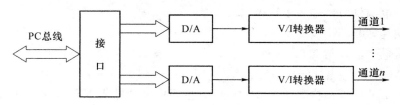

图 3.22　一个通路一个 D/A 转换器的结构

微处理器和通路之间通过独立的接口缓冲器传送信息,这是一种数字保持的方案。它的优点是转换速度快、工作可靠,即使某一路 D/A 转换器有故障,也不会影响其他通路的工作。缺点是使用了较多的 D/A 转换器。但随着大规模集成电路技术的发展,这个缺点正在逐步得到克服,这种方案较易实现。

2. 多个通路共用一个 D/A 转换器的结构形式

多个通路共用一个 D/A 转换器的模拟量输出通道的结构形式如图 3.23 所示。因为共用一个 D/A 转换器,故必须在计算机控制下分时工作。即依次把 D/A 转换器转换成的模拟电压(或电流),通过多路开关传送给输出保持器。这种结构形式的优点是节省了 D/A 转换器,但因为分时工作,只适用于通路数量多且速度要求不高的场合。它还要用多路开关,且要求输出采样保持器的保持时间与采样时间之比较大。这种方案的可靠性较差。

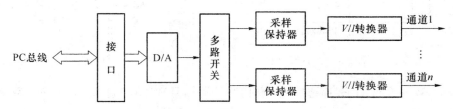

图 3.23　多个通路共用一个 D/A 转换器的结构

3.3.2　常用的 D/A 转换器

D/A 转换器是将数字量转换成模拟量的元件或装置,其模拟量输出(电流或电压)与参考电压和二进制数成正比例。常用的 D/A 转换器的分辨率有 8 位、10 位、12 位等,其结构大同小异,通常都带有两级缓冲寄存器。

1. 8 位 D/A 转换器 DAC0832

（1）主要技术指标

DAC0832 采用双缓冲方式，可以在输出的同时，采集下一个数据，从而提高转换速度；能够在多个转换器同时工作时，实现多通道 D/A 的同步转换输出。主要技术指标如下。

① 8 位分辨率，电流输出，稳定时间为 $1\,\mu s$。

② 可双缓冲、单缓冲或直接数字输入。

③ 只需在满量程下调整其线性度。

④ 单一电源供电（$+5\sim+15\,V$）。

⑤ 低功耗，20 mW。

⑥ 逻辑电平输入与 TTL 兼容。

（2）DAC0832 的内部结构

DAC0832 的内部结构如图 3.24 所示，它主要由 8 位输入寄存器、8 位 DAC 寄存器、采用 $R\text{-}2R$ 电阻网络的 8 位 D/A 转换器，以及相应的选通控制逻辑 4 部分组成。

（3）DAC0832 的引脚说明

DAC0832 采用 20 脚双列直插式封装，如图 3.25 所示。

$D_{17}\sim D_{10}$ 是 DAC0832 的数字输入端；I_{OUT1} 和 I_{OUT2} 是它的模拟电流输出端，$I_{OUT1}+I_{OUT2}=$ 常数 C。

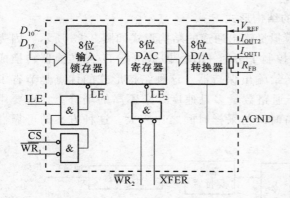

图 3.24　DAC0832 的内部结构

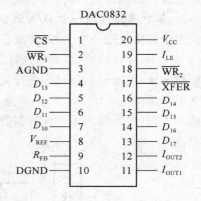

图 3.25　DAC0832 的引脚排列

在输入锁存允许 ILE、片选 $\overline{CS}$ 有效时，写选通信号 $\overline{WR}_1$（负脉冲）能将输入数字 D 锁入 8 位输入寄存器。在传送控制 $\overline{XFER}$ 有效条件下，$\overline{WR}_2$（负脉冲）能将输入寄存器中的数据传送到 DAC 寄存器。数据送入 DAC 寄存器后 $1\,\mu s$（建立时间），I_{OUT1} 和 I_{OUT2} 稳定。$\overline{LE}=1$ 时，寄存器直通，$\overline{LE}=0$ 时，寄存器锁存。

一般情况下，把 $\overline{XFER}$ 和 $\overline{WR}_2$ 接地（此时 DAC 寄存器直通），ILE 接 $+5\,V$，总线上的写信号作为 $\overline{WR}_1$，接口地址译码信号作为 $\overline{CS}$ 信号，使 DAC0832 接为单缓冲形式，数据 D 写入输入寄存器即可改变其模拟输出。在要求多个 D/A 同步工作（多个模拟输出同时改变）时，将 DAC0832 接为双缓冲，此时 $\overline{XFER}$ 和 $\overline{WR}_2$ 分别受接口地址译码信号、I/O 端口信号驱动。R_{FB} 为反馈电阻，$R_{FB}=15\ \mathrm{k\Omega}$。

2. 12 位 D/A 转换器 DAC1210

(1) DAC1210 的技术指标

① 12 位分辨率。

② 单电源(+5～+15 V)工作。

③ 电流建立时间为 1 μs。

④ 输入信号与 TTL 电平兼容。

(2) DAC1210 的内部结构

DAC1210 的内部结构如图 3.26 所示。

DACl210 的基本结构与 DAC0832 相似，也是由两级缓冲器组成，主要差别在于它是12 位数据输入，为了便于和 PC 总线接口，它的第一级缓冲器分成了一个 8 位输入寄存器和一个 4 位输入寄存器，以便利用 8 位数据总线分两次将 12 位数据写入 DAC 芯片。这样，DACl210 内部就有 3 个寄存器，需要 3 个端口地址，为此，内部提供了 3 个 $\overline{LE}$ 信号的控制逻辑。

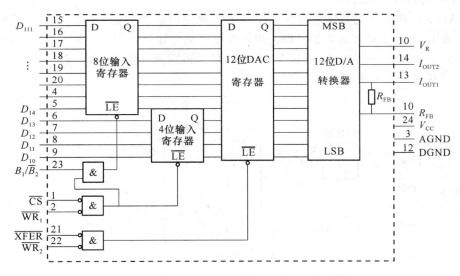

图 3.26　DAC1210 的内部结构

B_1/B_2 是写字节 1/字节 2 的控制信号。$B_1/\overline{B_2}=1$，12 位数据同时存入第一级的输入寄存器(8 位输入寄存器/4 位输入寄存器)；$B_1/\overline{B_2}=0$，低 4 位数据存入输入寄存器。

3.3.3　D/A 转换器接口技术

D/A 转换器应用接口的设计，主要包括数字量输入信号的连接以及控制信号的连接。D/A 编程相对简单，包括选中 D/A 转换器、送转换数据到数据线，以及启动 D/A 转换。

1. 数字量输入信号的连接

数字量输入信号连接时要考虑数字量的位数，以及 D/A 转换器内部是否有锁存器。

若 D/A 转换器内部无锁存器,则需要在 D/A 与系统数据总线之间增设锁存器或 I/O 口;若 D/A 转换器内部有锁存器,则可以将 D/A 与系统数据总线直接相连。

2. 控制信号的连接

控制信号主要有片选信号、写信号及转换启动信号。它们一般由 CPU 或译码器提供。一般片选信号由译码器提供,写信号多由 PC 总线的 $\overline{\text{IOW}}$ 提供,启动信号一般为片选信号和 $\overline{\text{IOW}}$ 的合成。另外有些 D/A 转换器可以工作在双缓冲或单缓冲工作方式,这时还需再增加控制线。

为编程简单并节省控制口线,可以把某些控制信号直接接地或 +5 V。

3. DAC0832 与 PC 工业控制机的接口

DAC0832 与 PC 工业控制机的接口电路如图 3.27 所示。电路中 $\overline{\text{XFER}}$ 和 WR_2 两信号同时接地,锁存允许信号 I_{LE} 接高电平,DAC0832 工作在单缓冲寄存器方式。当译码器的 $Y_1 = \overline{\text{CS}} = 0$ 时,选中 DAC0832,同时 $\overline{\text{IOW}} = \text{WR}_1 = 0$,打开第一级输入锁存器,把数据送入该锁存器,即开始 D/A 转换。当 $\overline{\text{IOW}}$ 变为高电平时,数据被锁存在输入寄存器中,保证 D/A 转换的输出保持不变,直到下一次对 DAC0832 进行写操作。

DAC0832 将输入的数字量转换成差动的电流输出信号(I_{OUT1} 和 I_{OUT2}),为了使其变成电压输出,电路中通过放大器转换为单极性电压信号输出。当 $V_{\text{REF}} = -5$ V 时,输出信号范围为 $0 \sim +5$ V;当 $V_{\text{REF}} = -10$ V 时,输出信号范围为 $0 \sim +10$ V。若要输出负信号,则 V_{REF} 需接正的基准电压。

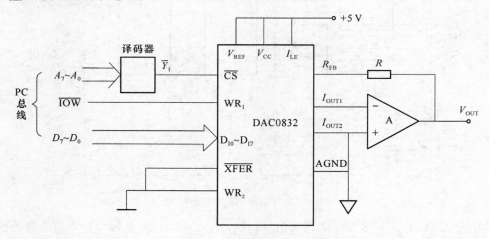

图 3.27　DAC0832 与 PC 总线接口电路

若 DAC0832 的地址为:200H,则 8 位二进制数 56H 转换为模拟电压的接口程序如下。

```
CONVERT: MOV  DX,200H  ;DAC0832 地址
    MOV  AL,56H        ;要转换的立即数
    OUT  DX,AL         ;CS = WR = 0,启动 D/A 转换
```

4. DAC1210 转换器与 PC 工业控制机的接口

DAC1210 转换器与 PC 工业控制机的接口电路如图 3.28 所示。

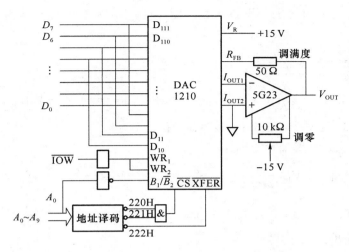

图 3.28　DAC1210 与 PC 总线的接口

当译码器地址输出为 220H 时，$\overline{CS}=0$，且 $A_0=0$，经反相器后 $B_1/B_2=1$，写高 8 位数据，这 8 位数据输入 8 位输入寄存器，同时，因 DAC1210 的高 4 位数据线与低 4 位数据线相连，所以 8 位数据中的高 4 位也输入低 4 位输入寄存器；当译码器地址输出为 221H时，$\overline{CS}=0$，且 $A_0=1$，经反相器后 $B_1/B_2=0$，写低 4 位数据，此时，高 8 位数据锁存，低 4位数据写入低 4 位输入寄存器，原来写入的内容被冲掉；当译码器地址输出为 222H 时，$\overline{XFER}=0$，$WR_2=0$，DAC1210 内的 12 位 DAC 寄存器和高 8 位输入寄存器及低 4 位输入寄存器直通，D/A 转换开始。当 $\overline{XFER}$ 或 WR_2 为高时，12 位 DAC 寄存器锁存数据，直到下一次的新数据。

转换 12 位二进制数 68FH 的程序如下。

```
CONVERT:MOV AL,68H  ;高8位数据
        MOV  DX,220H;
        OUT  DX,AL  ;CS=0,B₁/B₂=1,WR₁=0,高8位数据送数据线
        INC  DX     ;修改地址指针,指向221H
        MOV  AL,0F0H;低4位数据
        OUT  DX,AL  ;CS=0,B₁/B₂=0,WR₁=0,低4位数据送数据线
        INC  DX     ;修改地址指针,指向222H
        OUT  DX,AL  ;启动12位数据开始转换
```

3.3.4　D/A 转换器的输出形式

D/A 转换器的输出有电流和电压两种方式，一般电流输出须经放大器转换成电压输出。电压输出可以构成单极性电压输出和双极性电压输出电路。

D/A 转换器的输出方式只与模拟量输出端的连接方式有关，而与其位数无关。

单极性电压输出指输入值只有一个极性（或正或负），D/A 的输出也只有一个极性。双极性电压输出指当输入值为符号数时，D/A 的输出反映正负极性。

利用 DAC0832 实现的单、双极性输出电路如图 3.29 所示。V_{OUT1} 为单极性输出电

压,V_{OUT2} 为双极性输出电压。若 D 为数字输入量,V_{REF} 为参考电压,n 为 D/A 转换器的
位数,则

$$V_{out1} = -V_{REF}\frac{D}{2^n-1}$$

$$V_{out2} = -\left(V_{REF}\frac{R_3}{R_1} + V_{out1}\frac{R_3}{R_2}\right) = -V_{REF} + V_{REF}\frac{D}{2^n-1}\times 2 = V_{REF}\left(\frac{2D}{2^n-1}-1\right) \tag{3-1}$$

根据公式(3-1),对于 8 位 D/A 转换器,有

$D=0$ 时,$V_{out1}=0$,$V_{out2}=-V_{REF}$;

$D=80\mathrm{H}$,$V_{out1}=-V_{REF}\dfrac{128}{2^8-1}\approx-\dfrac{V_{REF}}{2}$,$V_{out2}=-V_{REF}\left(\dfrac{2\times128}{2^8-1}-1\right)\approx0$

$D=\mathrm{FFH}$,$V_{out1}=-V_{REF}\dfrac{255}{2^8-1}=-V_{REF}$,$V_{out2}=-V_{REF}\left(\dfrac{255}{2^8-1}-1\right)=V_{REF}$

实现了双极性输出。

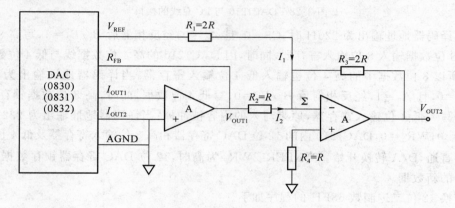

图 3.29　单、双极性输出电路

3.3.5　V/I 变换

因为电流传输方式具有较强的抗干扰能力,因而工业现场的智能仪表和执行器的控
制通常采用电流驱动方式。由于 D/A 输出为电压信号,因此,必须经过电压/电流(V/I)

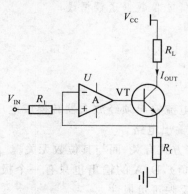

图 3.30　V/I 转换电路

转换电路,将电压信号转换成电流信号。

1. 采用运算放大器的 V/I 变换电路

采用运算放大器的 V/I 变换电路如图 3.30 所
示。采用同相端输入,电流串联负反馈形式,而且
有恒流作用,电路输出电流 I_{out} 和输入电压 V_{IN} 的关
系为

$$I_{out}=V_{IN}/R_f$$

2. 集成 V/I 变换器 ZF2B20

在实现 $0\sim5$ V、$0\sim10$ V、$1\sim5$ V 直流电压信
号到 $0\sim10$ mA、$4\sim20$ mA 转换时,可直接采用集

成 V/I 转换电路来完成。V/I 变换器 ZF2B20 通过 V/I 变换的方式产生一个与输入电压成比例的输出电流。

ZF2B20 的输入电压范围是 $0 \sim 10$ V,输出电流是 $4 \sim 20$ mA(加接地负载),采用单正电源供电,电源电压范围为 $10 \sim 32$ V。它的特点是低漂移,在工作温度为 $-25 ℃ \sim 85 ℃$ 范围内,最大漂移为 $0.005 ℃ \%$,可用于控制和遥测系统,作为子系统之间的信息传送和连接。如图 3.31 所示是 ZF2B20 的引脚。

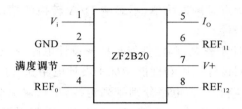

图 3.31 ZF2B20 的引脚

ZF2B20 的输入电阻为 10 kΩ,动态响应时间小于 25 μs,非线性小于 $\pm 0.025 \%$。利用 ZF2B20 实现 V/I 转换极为方便,如图 3.32(a)所示电路是一种带初值校准的 $0 \sim 10$ V 到 $4 \sim 20$ mA 转换电路;如图 3.32(b)所示则是一种带满度校准的 $0 \sim 10$ V 到 $0 \sim 10$ mA 转换电路。

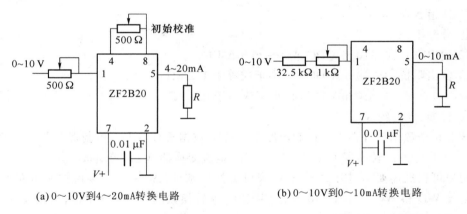

(a) $0 \sim 10$V到$4 \sim 20$mA转换电路   (b) $0 \sim 10$V到$0 \sim 10$mA转换电路

图 3.32 ZF2B20 连接方法

3.3.6 D/A 转换通道设计

D/A 转换通道的设计过程中,首先要确定使用对象和性能指标,然后选用 D/A 转换器、接口电路和输出电路。

由于 D/A 转换器输出直接与被控对象相连,容易通过公共地线引入干扰,必须采取隔离措施。通常采用光电耦合器,使两者之间只有光的联系。光电耦合器是由发光二极管和光敏三极管封装在同一管内组成的,发光二极管的输入和光敏三极管的输出具有类似普通三极管的输入输出特性。利用光电耦合器的线性区,可使 D/A 转换器的输出电压经光电耦合器变换成输出电流(如 $0 \sim 10$ mA DC 或 $4 \sim 20$ mA DC),这样就实现了模拟信号隔离。在使用中应挑选线性好、传输比相同的两只光电耦合器，并始终工作在线性区，这样才有良好的变换线性度和精度。

利用光电耦合器的开关持性，也可以将 D/A 转换器所需的数据信号和控制信号作为光电耦合器的输入，其输出再接到 D/A 转换器，这样就实现了数字信号隔离。

这两种光电隔离方法各有优缺点。模拟信号隔离方法的优点是只使用少量的光电耦合器；缺点是调试困难，如果光电耦合器挑选不合适，将会影响 D/A 转换的精度和线性度。数字信号隔离方法优点是调试简单，不影响 D/A 转换的精度和线性度，缺点是使用较多的光电耦合器等元器件。

D/A 转换模板的设计步骤是：确定性能指标→设计电路→设计和制造电路板→焊接和调试电路板。首先按照设计原则和性能指标来设计电路和选择集成电路芯片。在设计电路板时，应注意数字电路和模拟电路分别排列走线，尽量避免交叉，连线要尽量短。模拟地（AGND）和数字地（DGND）分别走线，通常在总线引脚附近一点接地。如果采用光电隔离，那么隔离前、后电源线和地线要独立。然后进行焊接，在焊接之前必须严格筛选元器件，并保证焊接质量。最后分步调试，一般是先调数字电路部分，再调模拟电路部分，并按性能指标逐项考核。

采用 STD 总线标准的 4 路 D/A 转换模板电路原理图如图 3.33 所示，主要技术指标如下。

① 通道数：4 路。

② 分辨率：8 位。

③ 输出方式：0～10 mA DC 或 4～20 mA DC。

④ 输出阻抗：0～10 mA DC 时，小于或等于 1.2 kΩ。

　　　　　　4～20 mA DC 时，小于或等于 0.6 kΩ。

⑤ 转换时间：约 50 μs。

该电路由数据缓冲器 U_1、控制电路 $U_2 \sim U_4$、数据寄存器 U_5，控制寄存器 U_6、光电耦合器 $U_7 \sim U_9$、D/A 转换器 DAC0832 和电压/电流变换器（V/I）等组成。

用户可根据需要通过开关 $S_1 \sim S_7$ 来设置接口基址（$A_1 \sim A_7$），再由控制电路产生两个写信号 WD 和 WC。当 $A_0 = 0$ 时，产生送 D/A 转换数的写信号 WD；当 $A_0 = 1$ 时，产生送 D/A 控制字的写信号 WC。

CPU 两次执行输出指令，首先把 D/A 转换数据存入数据寄存器 U_5（74LS273），然后把控制字存入控制寄存器 U_6（74LS273），再通过光电耦合器 $U_7 \sim U_9$（TLP521-4）分别为 D/A 转换器 DAC0832 提供被转换数据和控制信号。控制字的 $D_0 \sim D_7$ 位分别作为 4 片 DAC0832 的片选信号 CS 和写信号 WR。

在 D/A 转换器后加有 V/I 变换电路，它输出 0～10 mA DC 或 4～20 mA DC，用户可根据需要选择其中之一。

使用之前，首先通过开关 $S_1 \sim S_7$ 来设置接口基址（BASE），再选择电流输出种类，然后编制接口程序。由于光电耦合器、D/A 转换器和 V/I 变换器的综合延时约为 50 μs，所以两次 D/A 转换间隔应大于 50 μs，否则，电流输出无法稳定。一般过程控制周期都大于 50 μs，故不必考虑。

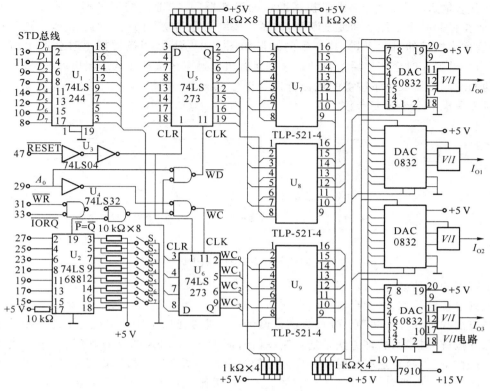

图 3.33　4 路 8 位 D/A 转换模板原理图

3.4　人-机交互通道

3.4.1　键盘接口

在计算机控制系统中,除了与生产过程进行信息传递的过程有输入输出设备以外,还有与操作人员进行信息交换的常规输入设备和输出设备。键盘是一种最常用的输入设备,它是一组按键的集合,从功能上可分为数字键和功能键两种,作用是输入数据与命令,以及查询和控制系统的工作状态,实现简单的人-机通信。

键盘接口电路可分为编码键盘和非编码键盘两种类型。编码键盘采用硬件编码电路来实现键的编码,每按下一个键,键盘便能自动产生按键代码。编码键盘主要有 BCD 码键盘、ASCII 码键盘等类型。非编码键盘仅提供按键的通或断状态,按键代码的产生与识别是由软件完成的。

编码键盘的特点是使用方便,键盘码产生速度快,占用 CPU 时间少,但对按键的检测与消除抖动干扰是靠硬件电路来完成的,因而硬件电路复杂、成本高。而非编码键盘硬件电路简单,成本低,但占用 CPU 的时间较长。所以在一般的小型单片机测控系统中主要使用非编码键盘。

1. 键盘抖动干扰

计算机控制系统中的键盘通常采用触点式按键,触点式按键是利用机械触点的闭合或断开来输入状态信息的，由于机械触点的弹性振动，按键在按下时不会马上稳定地接通，而在弹起时也不能立即完全断开，因而在按键闭合和断开的瞬间均会出现一连串的抖动，这称为按键的抖动干扰，其产生的波形如图 3.34 所示，当按键按下时会产生前沿抖动，当按键弹起时会产生后沿抖动。这是所有机械触点式按键在状态输出时的共性问题，抖动的时间长短取决于按键的机械特性与操作状态，一般为 10～100 ms，这是键处理设计时要考虑的一个重要参数。

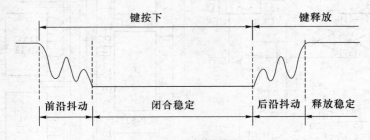

图 3.34　按键的抖动干扰

　　按键的抖动会造成按一次键产生的开关状态被 CPU 误读几次。为了使 CPU 能正确地读取按键状态，必须在按键闭合或断开时消除前沿或后沿抖动。消除抖动的方法有硬件方法和软件方法两种。硬件方法是设计一个滤波延时电路或单稳态电路等硬件电路来避开按键的抖动，软件方法是指编制一段时间大于 100 ms 的延时程序，在第一次检测到有键按下时，执行这段延时子程序使键的前沿抖动消失后再检测该键状态，如果该键仍保持闭合状态电平，则确认为该键已稳定按下，否则无键按下，从而消除了抖动的影响。同理，在检测到按键释放后，也同样要延迟一段时间，以消除后沿抖动，然后转入对该按键的处理。

2. 非编码键盘

（1）独立式键盘

独立式键盘是非编码键盘中最简单的一种键盘结构形式。独立式键盘的结构原理如图 3.35 所示为独立式键盘结构，每个按键互相独立地接通一条数据线并输出键的通断状态。当按键 S_i 闭合时，数据线直接接地，因而输出键 S_i 的状态 $D_i=0$；当按键 S_i 断开时，数据线通过上拉电阻接到正电源，因而输出键 S_i 的状态 $D_i=1$。

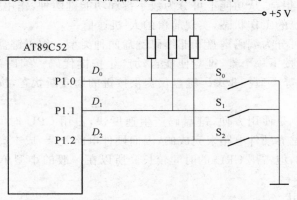

图 3.35　独立式键盘结构原理

（2）非编码矩阵式键盘

当按键数量较多时,为了少占用单片机的 I/O 口线或扩展 I/O 线数,通常将按键排列成矩阵式结构。

矩阵式键盘结构如图 3.36 所示。图中以 4 条行线(水平线)与 4 条列线(垂直线)为例,在每个行、列交叉处两线并不直接相通,而是通过一个按键跨接接通,形成了 4×4 矩阵结构,共 16 个键。现在将 4 条行线与 4 条列线分别连接到 AT89C52 的 P1 口,并将行线状态作为输出,列线状态作为输入,列线通过上拉电阻接+5 V 电源。当键盘中无任何键按下时,所有的行线和列线均断开,相互独立,0～3 列输入线都为高电平;当有任意一键按下时,则该键所在的行线与列线接通,因此,该列线的电平取决于该键所在的行线。

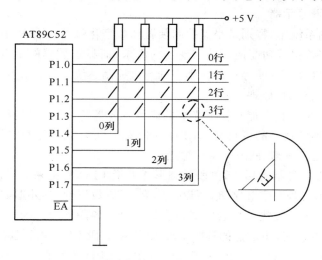

图 3.36　矩阵式键盘结构

判定矩阵式键盘上哪一个按键被按下的方法有两种,一种是行扫描法,另一种是线反转法。

行扫描法又称为逐行零扫描查询法,是一种最为常用的按键识别方法。结合图 3.36 所示键盘,行扫描法确定按键号的过程如下:依次将 0～3 行行线分别置为低电平,再逐行检测各列的电平状态。若某列为低电平,则表示该列线与置为低电平的行线交叉处的按键为闭合的按键。有时为了快速判断键盘中是否有键按下,也可先将全部行线同时置为低电平,然后检测列线的电平状态,若所有列线均为高电平,则说明键盘中无键按下,立即返回;若有一列电平为低,则表示键盘中有键被按下,然后再如前所述方法进行逐行扫描。

线反转法是一种速度较快的按键识别方法。仍以图 3.36 所示键盘为例,线反转法的工作过程如下。

第 1 步:将 0～3 行行线全部置为低电平,检查列线的电平状态。若某列为低电平,则表示闭合的按键在该列中。

第 2 步:同第 1 步相反,将 0～3 列列线全部置为低电平,然后检查行线的电平状态。若某行为低电平,则表示闭合的按键在该行中。

综合第 1 步、第 2 步的结果,即可确定出闭合按键所在的行和列,从而识别出所按的键。

3. 编码键盘

上面所述的非编码键盘都是通过软件方法来实现键盘扫描、键值处理和消除抖动干扰的。显然,这将占用较多的 CPU 时间。在一个较大的控制系统中,不可能允许 CPU 花费较多的时间来执行键盘程序,这将严重影响系统的实时控制,采用编码键盘可解决上述问题。

3.4.2　显示器接口

在计算机控制系统中,显示装置是一个重要组成部分,它主要用来显示生产过程的工艺状况与运行结果,以便现场工作人员能够正确操作。常用的显示器件有显示记录仪、发光二极管显示器 LED、液晶显示器 LCD、大屏幕显示器和图形显示器终端 CRT 等。

1. LED 数码管显示器

在计算机控制系统中,特别是小型控制装置和数字化仪器仪表中,往往只需要几个简单的数字显示或字符报警功能便可满足现场的需求,而显示数码的 LED 因其成本低廉、配置灵活、与单片机接口方便等特点在小型计算机控制系统中得到极为广泛的应用。

(1) LED 显示器工作原理

LED 是利用 PN 结把电能转换成光能的固体发光器件,根据制造材料的不同可以发出红、黄、绿、白等不同色彩的可见光。LED 的伏安特性类似于普通二极管,正向压降约为 2 V 左右,工作电流一般在 10～20 mA 之间。

LED 显示器有多种结构形式,单段的圆形或方形 LED 常用来显示设备的运行状态,8 段 LED 可以显示各种数字和字符,所以也称为 LED 数码管,其外形如图 3.37(a)所示。8 段 LED 显示器由 8 个发光二极管组成,呈"日"字形,各段依次记为 a、b、c、d、e、f、g、dp,其中 dp 表示小数点(不带小数点的称为 7 段 LED)。8 段 LED 显示器有共阴极和共阳极两种结构,分别如图 3.37(b)、3.37(c)所示。共阴极 LED 的所有发光管的阴极并接成公共端 COM,而共阳极 LED 的所有发光管的阳极并接成公共端 COM。

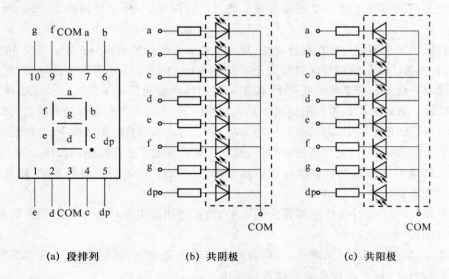

(a) 段排列　　　　　(b) 共阴极　　　　　(c) 共阳极

图 3.37　LED 数码管外形和结构

在计算机控制系统中,常利用 N 个 LED 显示器构成 N 位显示。通常把点亮 LED 某一段的控制线称为段选线,而把点亮 LED 某一位的控制线称为位选线或片选线。根据 LED 显示器的段选线、位选线与控制端口的连接方式不同,LED 显示器有静态显示与动态显示两种方式。

（2）LED 显示接口电路

如图 3.38 所示是由 4 片 MC14495 与 1 片 3 线-8 线译码器 74LS138 和单片机组成的 4 位静态显示电路。MC14495 能完成 4 位 BCD 码的输入到 7 段十六进制数的译码锁存输出,并具有驱动能力。它是美国 Motorola 公司制造的集锁存、译码、驱动功能为一体的集成电路芯片。

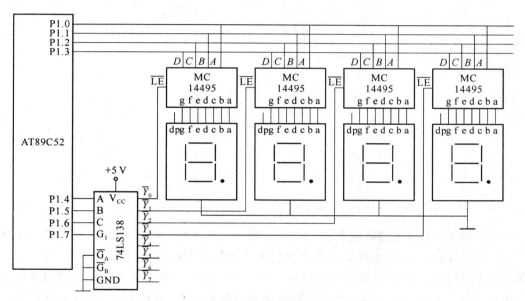

图 3.38　4 位 LED 硬件译码静态显示接口电路

4 位锁存器对 D、C、B、A 端输入的 BCD 码进行锁存,由选通端 LE 控制锁存,当 LE＝0 时,允许输入数据;在 LE＝1 时,将数据锁存。输入译码电路将输入的 BCD 码 0000～1001 和 1010～1111 译成 7 段,并通过驱动电路输出段选码 g、f、e、d、c、b、a,以使 7 段 LED 数码管显示出 0、1、2、3、4、5、6、7、8、9、A、b、C、d、E、F 等 16 个字符。引脚 $h+i$ 为输入数据值指示端,当二进制数 $DCBA＜1010$ 时,$h+i＝0$;当二进制数 $DCBA≥1010$ 时,$h+i＝1$。另外,当 $DCBA＝1111$ 时,电路输出端 $V_{CR}＝0$,$DCBA$ 为其他值时,V_{CR} 为高阻。驱动器输出 10 mA 电流,并有内部输出限流电阻,可直接与 LED 数码管相连接。MC14495 真值表如表 3.6 所示。

表 3.6　MC14495 真值

输入状态				输出段选码引脚								显示字符
D	C	B	A	$h+i$	g	f	e	d	c	b	a	
0	0	0	0	0	0	1	1	1	1	1	1	0
0	0	0	1	0	0	0	0	0	1	1	0	1
0	0	1	0	0	1	0	1	1	0	1	1	2
0	0	1	1	0	1	0	0	1	1	1	1	3
0	1	0	0	0	1	1	0	0	1	1	0	4
0	1	0	1	0	1	1	0	1	1	0	1	5
0	1	1	0	0	1	1	1	1	1	0	1	6
0	1	1	1	0	0	0	0	0	1	1	1	7
1	0	0	0	0	1	1	1	1	1	1	1	8
1	0	0	1	0	1	1	0	1	1	1	1	9
1	0	1	0	1	1	1	1	0	1	1	1	A
1	0	1	1	1	1	1	1	1	1	0	0	b
1	1	0	0	1	0	0	1	1	0	0	1	C
1	1	0	1	1	1	0	1	1	1	1	0	d
1	1	1	0	1	1	0	1	1	0	0	1	E
1	1	1	1	1	1	0	1	1	0	0	1	F

　　单片机 P1.7 与译码器控制端 G_1 相连,当 P1.7 为高电平时,电路处于"开"显示状态,由 P1.6、P1.5、P1.4 的代码组合可以依次选通各位 MC14495 的 LE,使 P1.3～P1.0 送出的 BCD 码在 LE 由低转高电平时被 MC14495 锁存并译码,输出的高电平用于驱动共阴极 LED。由于 MC14495 内部带有驱动器与限流电阻,所以和 LED 显示器可直接连接。

　　设要显示的 4 位数"3"、"4"、"5"、"6"的 BCD 码依次存放在以 DATA 为首的 4 个 RAM 单元中的低 4 位,而高 4 位已全部清零。接口程序如下。

```
MOV R0,DATA ;设置数据区首址
MOV A,@R0 ;要显示的第一位 BCD 码送累加器 A
ADD A,#80H ;第一位译码器地址送累加器 A 中高 4 位
MOV P1,A ;累加器 A 中数据送 P1 口,第一位 LED 显示'3'
INC R0 ;数据区地址 + 1
MOV A,@R0 ;要显示的第二位 BCD 码送累加器 A
ADD A,#90H ;第二位译码器地址送累加器 A 中高 4 位
MOV P1,A ;第二位 LED 显示'4'
INC R0
MOV A,@R0
```

ADD A,＃B0H

MOV P1,A ;第四位 LED 显示'6'

2. LCD 液晶显示器

LCD 液晶显示器是一种利用液晶的扭曲/向列效应制成的新型显示器,它具有功耗极低、体积小、抗干扰能力强、价格低廉等特点,目前已广泛应用在各种显示领域。LCD 是借助外界光线照射液晶材料而实现显示的被动显示器件。LCD 的驱动方式一般有直接驱动(静态驱动)和多极驱动(时分割驱动)两种方式。

（1）段式 LCD 的接口

由于 LCD 显示器功耗极低,且抗干扰能力强,所以在低功耗的单片机系统中经常采用。ICM7211 系列是 INTER SIL 公司出品的一种常用的 4 位 LCD 锁存/译码/驱动集成电路。该系列有 4 个型号的芯片,它们是 ICM7211、ICM7211A、ICM7211M 和 ICM7211AM。其中 A 表示"BCD 码"译码,M 则表明芯片内含输入锁存器,可以与 CPU 直接连接。ICM7211 芯片以双列直插结构封装,其引脚图如图 3.39 所示。两种译码方式如表 3.7 所示。

表 3.7　B 码与全十六进制码的译码方式

$B_3B_2B_1B_0$(十进制)	0	1	2	3	4	5	6	7	8	9	10	11	12	13	14	15
全十六进制码	0	1	2	3	4	5	6	7	8	9	A	b	C	d	E	F
BCD 码译码	0	1	2	3	4	5	6	7	8	9	-	E	H	L	P	灭

采用两片 ICM7211（A）M 组成的 8 位显示电路如图 3.40 所示。ICM7211（A）M U1 控制高 4 位显示,ICAl7211（A）M U2 控制低 4 位显示,同时完成锁存/译码/驱动 3 种工作,从而实现 8 位 BCD 码显示。两片 ICAl7211（A）M 的背极线 BP 相连并接至 LCD 的 BP 端,以便送出统一波形的背极电压。ICM7211 系列芯片 BP 的最大允许交变频率为 125 Hz,所以 U1 芯片的 OSC 端输入 16 kHz 的晶振信号,U2 芯片的 OSC 端接地。1CS 端为片选信号,2CS 端为写允许。各片的输入数据都取自数据总线的低 4 位。单片机输出一位待显示的数时,同时由 P2.6(或 P2.7)(片选)和 P0.5,P0.4(位选)引脚的状态联合确定实现显示的位。

ICM7211 系列芯片使用很方便,其编程也很简单,只要向入口地址写入两位片选和两位位选码及 4 位 BCD 码,即可实现相应的显示。例如,在 U1 的第 4 位显示出 BCD 码 9,可用下列程序实现。

MOV A,＃39H ;DS2DS1 = 11,B3? B0 = 9

MOVX DPTR,＃4000H

OUT @DPTR,A ;待显示数送 U1,完成显示

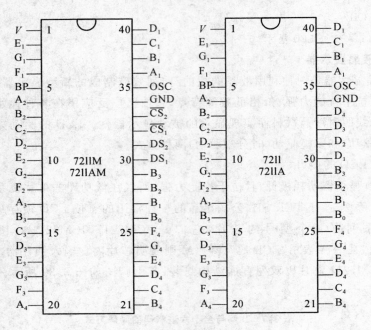

图 3.39　ICM7211 引脚

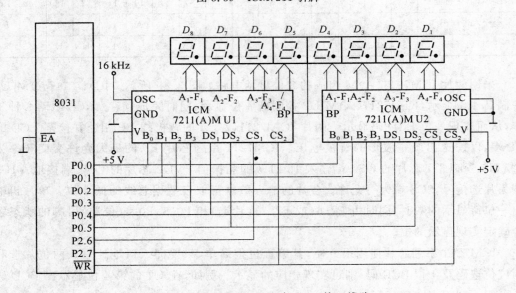

图 3.40　ICM7211（A）M 与 8031 接口线路

（2）点阵式 LCD 的接口技术

除上面介绍的 7 段式液晶显示器之外，为了满足不同的需要，还设计了点阵式 LCD 显示器件。点阵式 LCD 不但可以显示字符，而且可以显示各种图形及汉字。现在，随着液晶技术的突破，液晶显示器的质量有了很大的提高，品种也在不断推陈出新，不但有各种规格的黑白液晶显示器，而且还有绚丽多彩的彩色液晶显示器。在点阵式液晶显示器中，把控制电路与液晶点阵集成在一起，组成一个显示模块，可与 8 位微处理器接口直接连接。

3. 图形显示器

除了小型控制装置采用数字显示的 LED 和 LCD 外,在大中规模的计算机控制系统中,采用图形显示器已是必不可少的一种人-机界面方式,它能一目了然地展示出图形、数据和事件等各种信息,以便操作者直观、形象地监视和操作工业生产过程。这种方式的硬件接口技术十分成熟,其显示器及其控制电路已成为计算机控制的一种基本配置,而软件设计一般是借助于工控组态软件或高级语言如 VB、VC 等来完成的。

常用的图形显示器有两种,即 CRT 显示器和薄膜晶体管(Thin Film Transistor, TFT)平面显示器。

(1) CRT 显示器

CRT 显示器由一个图形显示器和相应的控制电路组成。在工业计算机中,插入一块 VGA/TVGA 图形控制板即可实现功能很强的图像显示功能。目前,CRT 显示方式因其硬件技术成熟、软件支持丰富、价格比较低廉而成为计算机控制系统中应用最多的一种图形显示技术,可以满足大部分工业控制现场的一般性需要。当用户要求显示系统的分辨率很高,或者要求显示速度很快时,一般的 VGA/TVGA 板就难以满足要求。这时,可以换用高性能的智能图形控制板和高分辨率的图形终端。智能控制板上含有图形显示控制器 GDC,它不同于 VGA/TVGA 用软件作图,而是直接接收微处理器送来的图形命令并完成硬件作图任务。它具有丰富的画图命令,如点、线、矩形、多边形、圆、弧以及区域填充、复制、剪裁等操作。画图命令可直接使用 x-y 坐标,画图和填充的速度也大为提高,还有窗口功能等。由于智能图形终端的价格较高,一般只用于专门的使用场合。

CRT 显示技术与其他显示方式相比,有如下优点。

① 屏幕显示尺寸大,一般为 35 cm(14 in)～71 cm(28 in)。

② 图像分辨率高,一般像素达到 $1\,024 \times 1\,024$,最高可达 $2\,000 \times 2\,000$ 或更高。

③ 显示颜色丰富、逼真,基色达 256 种,可扩展至 25 600 种组合或更多。

④ 显示和刷新速度快,图像清晰且亮度高。

⑤ 允许工作温度范围广,可在 10℃～90℃之间正常工作。

CRT 的缺点是体积与功耗大,易受振动和冲击,容易受射线辐射、磁场干扰,因此在恶劣工况下必须采用特殊加固和屏蔽措施。

(2) TFT 显示器

为了克服 CRT 显示器的这些缺点,最近发展起来的新型 TFT 显示技术已开始应用到新型的工业控制机中。这种 TFT 平面显示技术具有如下显著的特点。

① 体积小,耗电省,如最薄的壁挂式机型厚度仅为 5 cm(2 in)。

② 可靠性高,寿命长,不易受振动、冲击和射线的干扰影响。

③ 显示颜色 256 种基色,可扩展至 25 600 种组合。

其不足是目前这种平面显示终端的分辨率和平面尺寸尚不及 CRT 显示器。但随着 TFT 技术的进一步发展,它的性能价格比会进一步提高,将会越来越多地应用到计算机控制计算机系统中。

习题 3

1. 什么是接口、接口技术和过程通道?

2. 利用 74LS244 与 PC 总线工业控制机接口,设计 8 路数字量输入接口和 8 路数字量输出接口,画出电路原理图,并编写相应的程序。

3. 模拟量输入通道信号调理的作用是什么? 为什么需要量程变换? 为什么需要 V/I 变换? 说明书中 V/I 电路中元件的功能。

4. 设计 PC 总线工业控制机与如图 3.13 所示组合 PGA 的接口电路,画出电路原理图并写出控制程序。

5. 利用 12 位 A/D 转换器通过 8255A 实现模拟量采集,画出电路原理图,并编写程序。

6. 试用 8255A 、AD574、LF398、CD4051 和 PC 总线工业控制机接口,设计出 8 路模拟量采集系统。请画出接口电路原理图,并编写相应的 8 路模拟量的数据采集程序。

7. 为了信号的恢复,信号的采样频率与输入信号中的最高采样频率之间应该满足什么关系? 工程上一般如何选取?

8. 采样保持器的作用是什么? 是否所有的模拟量输入通道中都需要采样保持器? 为什么?

9. 利用 8255A、DAC1210 和 PC 总线工业控制机设计 D/A 输出接口,画出电路图并编写程序。

10. 请分别画出 D/A 转化器的单极性和双极性电压输出电路,并分别推导出输出电压与输入数字量之间的关系式。

11. 采用 DAC 0832、运算放大器、CD4051 等元器件与 PC 总线工业控制机接口,设计 8 路模拟量采集。请画出接口原理图,并编写出 8 路模拟量的数据采集程序。

第4章 计算机控制系统抗干扰技术

计算机控制系统的工作环境往往比较复杂、恶劣,尤其是系统周围的电磁环境,这对系统的可靠性与安全性构成了极大的威胁。计算机控制系统必须长期稳定、可靠运行,否则将导致控制误差加大,严重时会使系统失灵,甚至造成巨大损失。

影响系统可靠、安全运行的主要因素来自系统内部和外部的各种干扰,所谓干扰就是有用信号以外的噪声或造成计算机或者设备不能正常工作的破坏因素。外部干扰指的是与系统结构无关,由外界环境决定的影响系统正常运行的因素,如空间或磁的影响,环境温度、湿度等的影响等;内部干扰指由系统结构、制造工艺等决定的影响系统正常运行的因素,如分布电容、分布电感引起的耦合、多点接地引起的电位差、寄生振荡引起的干扰等。

4.1 计算机控制系统主要干扰分析

4.1.1 干扰的来源

干扰的来源是多方面的,有时甚至是错综复杂的,对于计算机控制系统来说,干扰既可能来自系统外部,也可能来自系统内部。外部干扰与系统结构无关,仅由使用条件和外部环境因素决定。内部干扰则是由系统的结构布局、制造工艺产生的。

外部干扰主要来自空间电场或磁场的影响,如电气设备和输电线发出的电磁场,太阳或其他星球辐射的电磁波,通信广播发射的无线电波,雷电、火花放电、弧光放电等放电现象等。内部干扰主要有分布电容、分布电感引起的耦合感应,电磁场辐射感应,长线传输造成的波反射,多点接地造成的电位差引起的干扰,装置及设备中各种寄生振荡引起的干扰,热噪声、闪变噪声、尖峰噪声等引起的干扰以及元器件产生的噪声等。

典型的计算机控制系统的干扰环境如图 4.1 所示。

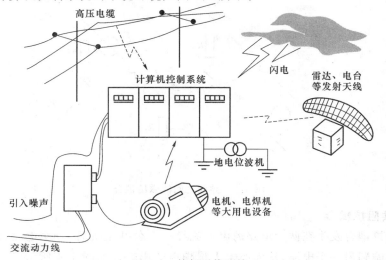

图 4.1 外部干扰环境

4.1.2　干扰的传播途径

干扰传播的途径主要有 3 种,即静电耦合、磁场耦合与公共阻抗耦合。

1. 静电耦合

静电耦合是电场通过电容耦合途径窜入其他线路的。两根并排的导线之间会构成分布电容,如印制线路板上印制线路之间、变压器绕线之间都会构成分布电容。如图 4.2 所示是两根平行导线之间静电耦合的示意电路,C_{12} 是两个导线之间的分布电容,C_{1g}、C_{2g} 是导线对地的电容,R 是导线 2 对地电阻。如果导线 1 上有信号 V_1 存在,那么它就会成为导线 2 的干扰源,在导线 2 上产生干扰电压 V_n。显然,干扰电压 V_n 与干扰源 V_1、分布电容 C_{12}、C_{2g} 的大小有关。

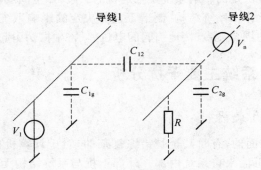

图 4.2　导线之间的静电耦合

2. 磁场耦合

空间的磁场耦合是通过导体间的互感耦合进来的。在任何载流导体周围空间中都会产生磁场,而交变磁场则对其周围闭合电路产生感应电势。如设备内部的线圈或变压器的漏磁会引起干扰,还有普通的两根导线平行架设时,也会产生磁场干扰,如图 4.3 所示。

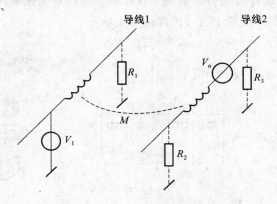

图 4.3　导线之间的磁场耦合

3. 公共阻抗耦合

公共阻抗耦合发生在两个电路的电流流经一个公共阻抗时,一个电路在该阻抗上的电压降会影响到另一个电路,从而产生干扰噪声的影响。如图 4.4 所示给出了一个公共电源线的阻抗耦合。

在一块印制电路板上,运算放大器 A_1 和 A_2 是两个独立的回路,但都接入一个公共电源,电源回流线的等效电阻 R_1、R_2 是两个回路的公共阻抗。当回路电流 i_1 变化时,在 R_1 和 R_2 上产生的电压降变化就会影响到另一个回路电流 i_2。反之也如此。

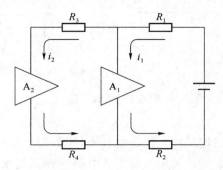

图 4.4 公共电源线的阻抗耦合

4.1.3 过程通道中的干扰

1. 串模干扰

串模干扰是指叠加在被测信号上的干扰噪声,即干扰串联在信号源回路中。其表现形式与产生原因如图 4.5 所示。图中 U_s 为信号源电压,U_n 为串模干扰电压,临近导线(干扰线)有交变电流 I_n 流过,I_n 产生的电磁干扰信号会通过分布电容 C_1 和 C_2 的耦合,引至计算机控制系统的输入端。

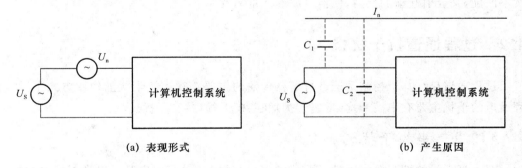

(a) 表现形式　　　　　　　　　　　　　　(b) 产生原因

图 4.5 串模干扰

2. 共模干扰

共模干扰是指计算机控制系统输入通道中信号放大器两个输入端上共有的干扰电压,可以是直流电压,也可以是交流电压,其幅值达几十伏甚至更高,这取决于现场产生干扰的环境条件和计算机等设备的接地情况。在计算机控制系统中一般都用较长的导线把现场的传感器或执行器连接到计算机系统的输入通道或输出通道中,这类信号传输线通常长达几十米甚至上百米,这样,现场信号的参考接地点与计算机系统输入或输出通道的参考接地点之间存在一个电位差 U_{cm},如图 4.6(b)所示。这个 U_{cm} 是加在放大器输入端上共有的干扰电压,故称为共模干扰。其表现形式如图 4.6(a)所示,其中 U_s 是信号源,U_{cm} 就是共模电压。

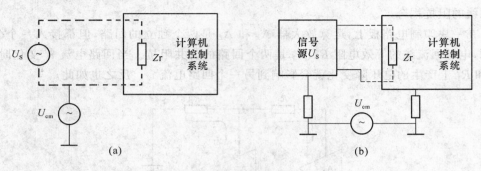

图 4.6　共模干扰

3. 长线传输干扰

由生产现场到计算机的连线往往长达数百米,甚至几千米。即使在中央控制室内,各种连线也有几米到几十米。对于采用高速集成电路的计算机来说,长线的"长"是一个相对的概念,是否"长线"取决于集成电路的运算速度。例如,对于 ns 级的数字电路来说,1 m左右的连线就应当做长线来看待;而对于 μs 级的电路,几米长的连线才需要当做长线来处理。

信号在长线中传输除了会受到外界干扰和引起信号延迟外,还可能会产生波反射现象。当信号在长线中传输时,由于传输线的分布电容和分布电感的影响,信号会在传输线内部产生正向前进的电压波和电流波,称为入射波。如果传输线的终端阻抗与传输线的阻抗不匹配,入射波到达终端时会引起反射;同样,反射波到达传输线始端时,如果始端阻抗不匹配,又会引起新的反射,使信号波形严重畸变。

4.2　过程通道抗干扰技术

过程通道是计算机控制系统进行信息传输的主要路径。按干扰的作用方式不同,过程通道的干扰主要有串模干扰(常态干扰)和共模干扰(共态干扰)。

4.2.1　串模干扰的抑制

对串模干扰的抑制较为困难,因为干扰 U_n 直接与信号 U_s 串联。串模干扰的抑制方法应从干扰信号的特性和来源入手,采取相应的措施,目前常用的措施有用双绞线和滤波器两种。

1. 用双绞线作信号线

串模干扰主要来自空间电磁场,采用双绞线作信号的目的就是减少电磁感应,并使各个小环路的感应电势互相呈反向抵销。用这种方法可使干扰抑制比达到几十分贝,其效果如表 4.1 所示。为了从根本上消除产生串模干扰的原因,一方面对测量仪表要进行良好的电磁屏蔽,另一方面应选用带有屏蔽层的双绞线作信号线,并应有良好的接地。

表 4.1　双绞线节距对串模干扰的抑制效果

节距/mm	干扰衰减比	屏蔽效果/dB
100	14：1	23
75	71：1	37
50	112：1	41
25	141：1	43
平行线	1：1	0

2. 滤波

采用滤波器抑制串模干扰是一种常用的方法。根据串模干扰频率与被测信号频率的分布特性,可以选用低通、高通、带通等滤波器。如果串模干扰频率比被测信号频率高,则采用低通滤波器来抑制高频串模干扰;如果串模干扰频率比被测信号频率低,则采用高通滤波器来抑制低频串模干扰;如果串模干扰频率在被测信号频谱的两侧,则采用带通滤波器。在计算机控制系统中,主要采用低通 RC 滤波器滤掉交流干扰。如图 4.7 所示为实用的 RC 滤波器。

由于串模干扰都比被测信号变化快,所以使用最多的是低通滤波器。一般采用电阻、电容和电感等无源元件构成无源滤波器,如图 4.7(a)所示,其缺点是信号有较大的衰减。为了把增益和频率特性结合起来,可以采用以反馈放大器为基础的有源滤波器,如图 4.7(b)所示。这对于小信号尤其重要,它不仅可以提高增益,而且可以提供频率特性,其缺点是线路复杂。

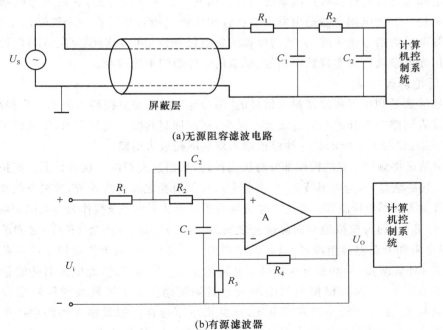

(a)无源阻容滤波电路

(b)有源滤波器

图 4.7　滤波电路

4.2.2　共模干扰的抑制

共模干扰产生的原因是不同"地"之间存在的电压,以及模拟信号系统对地的漏阻抗引起的电压,因此,共模干扰电压的抑制就是有效隔离两个地之间的电联系,采用被测信号的双端差动输入方式。具体的有变压器隔离、光电隔离与浮地屏蔽等多种措施。

1. 变压器隔离

利用变压器把现场信号源的地与计算机的地隔离开来,也就是把"模拟地"与"数字地"断开的方法称为变压器隔离。被测信号通过变压器耦合获得通路,而共模干扰电压由于不成回路而被有效抑制。要注意的是,隔离前和隔离后应分别采用两组互相独立的电源,以切断两部分的地线联系。如图 4.8 所示,被测信号 U_s 经双绞线引到输入通道中的放大器,放大后的直流信号 U_{s1} 先通过调制器变换成交流信号,经隔离变压器 B 传输到副边,然后用解调器再将它变换为直流传号 U_{s2},再对 U_{s2} 进行 A/D 转换。

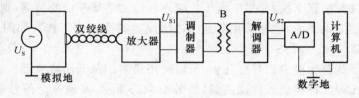

图 4.8　变压器隔离

2. 光电隔离

光电隔离是目前计算机控制系统中最常用的一种抗干扰方法,它使用光电耦合器来完成隔离任务。光电耦合器是由发光二极管和光敏三极管封装在一个管壳内组成的,发光二极管两端为信号输入端,光敏三极管的集电极和发射极分别作为光电耦合器的输出端。采用光电隔离可以实现数字信号、模拟信号传输的干扰抑制。

3. 浮地屏蔽

浮地屏蔽是利用屏蔽层使输入信号的"模拟地"浮空,使共模输入阻抗大为提高,共模电压在输入回路中引起的共模电流大为减少,从而抑制共模干扰的来源,使共模干扰降至很低的方法,如图 4.9 所示是一种浮地输入双层屏蔽放大电路。

该方法是将测量装置的模拟部分对机壳浮地,从而达到抑制干扰的目的。模拟部分浮置在一金属屏蔽盒内,为内屏蔽盒,内屏蔽盒与外部机壳之间再次浮置,外机壳接地。一般称内屏蔽盒为内浮置屏蔽罩。通常内浮置屏蔽罩可单独引出一条线作为屏蔽保护端。

Z_1 和 Z_2 分别为模拟地与内屏蔽盒之间、内屏蔽盒与外屏蔽盒(机壳)之间的绝缘阻抗,由漏电阻和分布电容组成,所以此阻抗很大。图 4.9 中,用于传送信号的屏蔽线的屏蔽层与 Z_2(外屏蔽盒)为共模电压提供了共模电流 I_{cm1} 的通路,但此电流对传输信号而言不会产生串模干扰,因为模拟地与内屏蔽盒是隔离的。由于屏蔽线的屏蔽层存在电阻 R_c,I_{cm1} 会在 R_c 上产生较小的共模电压,该共模电压会在模拟量输入回路中产生共模电流 I_{cm2},I_{cm2} 会在模拟量输入回路中产生共模干扰电压。但由于 $R_c \ll Z_2$,$Z_s \ll Z_1$,U_{cm} 引入的串模干扰电压非常微弱。所以这是一种非常有效的共模干扰抑制措施。

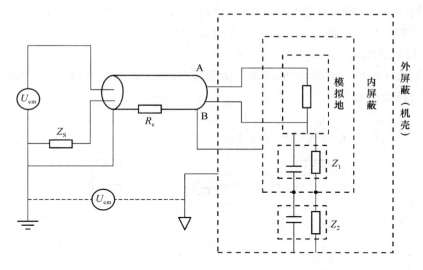

图 4.9　浮地输入双层屏蔽放大电路

4.2.3　长线传输干扰的抑制

采用终端阻抗匹配或始端阻抗匹配的方法,可以消除长线传输中的波反射或者把它抑制到最低限度。

1. 终端阻抗匹配

最简单的终端匹配方法如图 4.10(a)所示,如果传输线的波阻抗是 R_P,那么当 $R=R_P$ 时,便实现了终端匹配,消除了波反射。此时终端波形和始端波形的形状一致,只是时间上滞后,由于终端电阻变低,故加大负载,会使波形的高电平下降,从而降低高电平的抗干扰能力,但对波形的低电平没有影响。为了克服上述匹配方法的缺点,可采用如图 4.10(b)所示的终端匹配法。其等效阻抗为

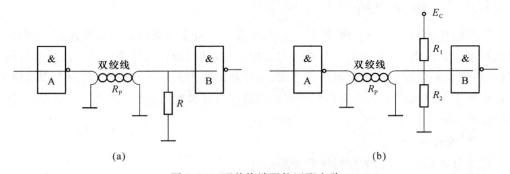

(a)　　　　　　　　　　　　　　　　　　　(b)

图 4.10　两种终端阻抗匹配电路

$$R=\frac{R_1+R_2}{R_1 R_2}$$

适当调整 R_1 和 R_2 的值,可使 $R=R_P$。这种匹配方法也能消除波反射,优点是波形的高电平下降较少,缺点是低电平抬高,从而降低了低电平的抗干扰能力。为了同时兼顾高电平和低电平两种情况,可选取 $R_1=R_2=2R_P$,此时等效电阻 $R=R_P$。实践中宁可使高

电平降低得稍多点,也要让低电平抬高得少点,可通过适当选取电阻 R_1 和 R_2,使 $R_1>R_2$,即可达到此目的,当然还要保证等效电阻 $R=R_\mathrm{P}$。

2. 始端阻抗匹配

在传输线始端串入电阻,也能基本上消除反射,达到改善波形的目的。如图 4.11 所示。一般选择始端电阻 R 为

$$R=R_\mathrm{p}-R_\mathrm{sc} \tag{4-1}$$

式(4-1)中,R_sc 为门 A 输出低电平时的输出阻抗。

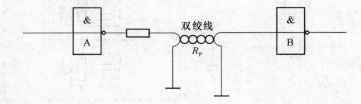

图 4.11　始端阻抗匹配

这种匹配方式的优点是波形的高电平不变,缺点是波形低电平会抬高。这是终端门 B 的输入电流在始端匹配电阻 R 上形成的压降所造成的。显然,始端所带负载门个数越多,低电平抬高得就越显著。

4.3　接地技术

接地技术对计算机控制系统是极为重要的,不恰当的接地会造成极其严重的干扰,而正确的接地却是抑制干扰的有效措施之一。接地的目的有两个,一是抑制干扰,使计算机工作稳定;二是保护计算机、电器设备和操作人员的安全。

4.3.1　地线系统分析

广义的接地包含两个方面,即接实地和接虚地。接实地指的是与大地连接,接虚地指的是与电位基准点近接,若这个基准点与大地电气绝缘,则称为浮地连接。接地的目的有两个:一是保证控制系统稳定可靠地运行,防止地环路引起的干扰,这常称为工作接地;二是避免操作人员因设备的绝缘损坏或下降而遭受触电危险,以及保证设备的安全,这称为保护接地。

1. 接地分类

接地分为安全接地、工作接地和屏蔽接地。

(1) 安全接地

安全接地又分为保护接地、保护接零两种形式。保护接地就是将电气设备在正常情况下不带电的金属外壳与大地之间用良好的金属连接,如计算机机箱的接地。保护接零指用电设备外壳接到零线,当一相绝缘损坏与外壳相连,则由该相、设备外壳、零线形成闭合回路。这时,电流一般较大,从而引起保护器动作,使故障设备脱离电源。

（2）工作接地

工作接地是为电路正常工作而提供的一个基准电位。这个基准电位一般设定为零。该基准电位可以设为电路系统中的某一点、某一段或某一块等，一般是控制回路直流电源的负端。

工作接地有 3 种方式，即浮地方式、直接接地方式、电容接地方式。

① 浮地方式是指设备的整个地线系统和大地之间无导体连接，以悬浮的"地"作为系统的参考电平。其优点是浮地系统对地的电阻很大，对地分布电容很小，则由外部共模干扰引起的干扰电流很小。浮地方式的有效性取决于实际的悬浮程度。当实际系统做不到真正的悬浮时，当系统的基准电位受到干扰时，通过对地分布电容出现位移电流，使设备不能正常工作。一般大型设备或者放置于高压设备附近的设备不采取浮地方式。

② 直接接地方式：设备的地线系统与大地之间良好连接。其优缺点与浮地方式正好相反。当控制设备有很大的分布电容时，只要合理选择接地点，就可以抑制分布电容的影响。

③ 电容接地方式：即通过电容把设备的地线与大地相连。接地电容主要是为高频干扰分量提供对地的通道，抑制分布电容的影响。电容接地主要用于工作地与大地之间存在直流或低频电位差的情况，所用的电容应具有良好的高频特性和耐压性能，一般选择电容值在 $2 \sim 10\ \mu F$ 之间。

（3）屏蔽接地

为了抑制变化电场的干扰，计算机控制装置以及电子设备中广泛采用屏蔽保护。如变压器的初、次级间的屏蔽层，功能器件或线路的屏蔽罩等。屏蔽接地指屏蔽用的导体与大地之间的良好连接。目的是为了充分抑制静电感应和电磁感应的干扰。

2. 接地技术

（1）浮地—屏蔽接地

计算机测控系统中，常采用数字电子装置和模拟电子装置的工作基准地浮空，而设备外壳或机箱采用屏蔽接地。浮地方式中计算机控制系统不受大地电流的影响，提高了系统的抗干扰能力。由于强电设备大都采用保护接地，浮空技术切断了强电与弱电的联系，系统运行安全可靠。而外壳或机箱屏蔽接地，无论从防止静电干扰和电磁干扰的角度，或是从人身设备安全的角度，都是十分必要的措施。

（2）一点接地

一点接地技术又有串联一点接地和并联一点接地两种形式，如图 4.12 所示。串联一点接地指各元件、设备或电路的地依次相连，最后与系统接地点相连。由于导线存在电阻（地电阻），所以会导致各接地点电位不同。并联一点接地指所有元件、设备或电路的接地点与系统的接地点连在一点。各元件、设备、电路的地电位仅与本部分的地电流和地电阻有关，避免各个工作电流的地电流耦合，减少相互干扰。一般在低频电路（$f < 1\ MHz$）宜用一点接地技术。

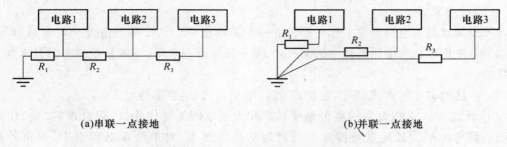

图 4.12　一点接地的两种方法

（3）多点接地

将地线用汇流排代替,所有的地线均接至汇流排上。这样连接时,地线长度较短,减少了地线感抗。尤其在高频电路中,地线越长,其中的感抗分量越大,而采用一点接地技术的地线长度较长,所以高频电路中,宜采用多点接地技术。

（4）屏蔽接地

① 低频电路电缆的屏蔽层接地。电缆的屏蔽层接地应采用单点接地的方式,屏蔽层接地点应当与电路的接地点一致。对于多层屏蔽电缆,每个屏蔽层应在一点接地,但各屏蔽层应相互绝缘。

② 高频电路电缆的屏蔽层接地。高频电路电缆的屏蔽层接地应采用多点接地的方式。高频电路的信号在传递中会产生严重的电磁辐射,数字信号的传输会严重地衰减,如果没有良好的屏蔽,会使数字信号产生错误。一般采用以下原则:当电缆长度大于工作信号波长的 0.15 倍时,采用工作信号波长的 0.15 倍的间隔多点接地式。如果不能实现,则至少将屏蔽层两端接地。

③ 系统的屏蔽层接地。当整个系统需要抵抗外界电磁干扰,或需要防止系统对外界产生电磁干扰时,应将整个系统屏蔽起来,并将屏蔽体接到系统地上。例如计算机的机箱、敏感电子仪器、某些仪表的机壳等。

（5）设备接地

在计算机控制系统中,可能有多种接地设备或电路,比如低电平的信号电路(如高频电路、数字电路、小信号模拟电路等)、高电平的功率电路(如供电电路、继电器电路等)。这些较复杂的设备接地一般要遵循以下原则。

① 50 Hz 电源零线应接到安全接地螺栓处,对于独立的设备,安全接地螺栓设在设备金属外壳上,并有良好电气连接;为防止机壳带电,危及人身安全,绝对不允许用电源零线作地线代替机壳地线。

② 为防止高电压、大电流和强功率电路(如供电电路、继电器电路)对低电压电路(如高频电路、数字电路、模拟电路等)的干扰,一定要将它们分开接地,并保证接地点之间的距离。前者为功率地(强电地),后者为信号地(弱电地),信号地分为数字地和模拟地,数字地与模拟地要分开接地,最好采用单独电源供电并分别接地,信号地线应与功率地线和机壳地线相绝缘。

4.3.2　计算机控制系统输入环节的接地

在计算机控制系统的输入环节中,传感器、变送器、放大器通常采用屏蔽罩,而信号的传送往往采用屏蔽线。屏蔽层的接地也采用单点接地的原则。输入信号源的地有接地和浮地两种情况,相应的接地电路也有两种情况。如图 4.13(a)所示,信号源接地,而接收端放大器浮地,则屏蔽层应在信号源端接地。而如图 4.13(b)所示的却相反,信号源浮地,接收端接地,则屏蔽层应在接收端接地。这样单点接地是为了避免在屏蔽层与地之间的回路电流通过屏蔽与信号线间的电容产生对信号线的干扰。一般输入信号比较小,而模拟信号又容易接受干扰,因此,输入环节的接地和屏蔽应格外重视。特别地,对于高增益的放大器,还要将屏蔽层与放大器的公共端连接以消除寄生电容产生的干扰。

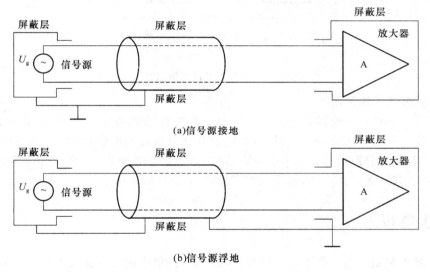

(a)信号源接地

(b)信号源浮地

图 4.13　输入环节的接地方式

4.3.3　主机系统的接地

计算机本身接地,也是防止干扰的一种措施,下面举例说明控制系统主机通常采用的接地方式。

（1）主机一点接地

计算机控制系统的主机架内采用分别回流法接地方式。主机与外部设备各地的连接采用一点连接,如图 4.14 所示。为了避免与地面接触,各机柜用绝缘板铺垫。

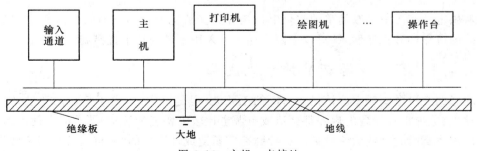

图 4.14　主机一点接地

（2）主机外壳接地，机芯浮空

为了提高计算机的抗干扰能力，将主机外壳当作屏蔽罩接地，而机芯内器件架空与外壳绝缘隔离，绝缘电阻大于 50 MΩ，即机内信号地浮空，如图 4.15 所示。这种方法安全可靠，抗干扰能力强，但制造工艺复杂。

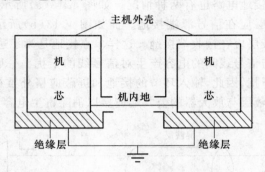

图 4.15　主机外壳接地机芯浮空

（3）多机系统的接地

在多台计算机进行资源共享的计算机网络系统中，接地如果不合理，则整个系统将无法正常工作。一般情况下，采用的接地方式视各计算机之间的距离而定。如果网络中各计算机之间的距离较近，则采用多机一点接地方法；如果距离较远，则多台计算机之间进行数据通信，其地线必须隔离，如采用变压器隔离、光电隔离等。

4.4　供电技术

计算机控制系统的工作电源一般是直流电源，但供电电源却是交流电源。电网电压和频率的波动会影响供电的质量，而电源的可靠性和稳定性对控制系统的正常运行起着决定性的作用。因此，如何保证电源的可靠性和稳定性，也就是使电源系统能抗干扰是一个非常重要的课题。

目前的计算机控制系统常用的供电结构如图 4.16 所示。

图 4.16　计算机控制系统常用的供电结构

从供电结构图中可以简单地将供电系统分为交流电源环节和直流电源环节，提高供电系统的可靠性和稳定性，针对以上两个环节可采用不同的抗干扰措施。

4.4.1　交流电源环节抗干扰技术

理想的交流电源频率应该是 50 Hz 的正弦波，但是事实上，由于负载的变动，特别是像电动机、电焊机等设备的启停都会造成电源电比较大幅度的波动，严重时会使电源正弦波上出现较高瞬时值的尖峰脉冲。这种脉冲容易造成计算机的“死机”，甚至损坏硬件，对系统的危害很大。对此,可以考虑采用以下方法解决。

(1) 选用供电较为稳定的交流电源

计算机控制系统的电源进线要尽量选用比较稳定的交流电源线,至少不要将控制系统接到负载变化大、功率器件多或者有高频设备的电源上。

(2) 利用干扰抑制器消除尖峰干扰

干扰抑制器使用简单,利用干扰抑制器消除干扰的原理示意图如图 4.17 所示。干扰抑制器是一种四端网络,目前已有产品出售。

(3) 采用交流稳压器和低通滤波器稳定电网电压

采用交流稳压器是为了抑制电网电压的波动,提高计算机控制系统的稳定性,交流稳压器能把输出波形畸变控制在 5% 以内,还可以对负载短路起限流保护作用。低通滤波器是为了滤除电网中混杂的高频干扰信号,保证 50 Hz 基波通过。

(4) 利用不间断电源保证不间断供电

电网瞬间断电或电压突然下降等会使计算机陷入混乱状态,是可能产生严重事故的恶性干扰。要求较高的计算机控制系统,可以采用不间断电源(UPS)供电。

正常情况下交流电网通过交流稳压器、切换开关、直流稳压器向计算机系统供电,同时交流电网也给电池组充电。所有的不间断电源设备都装有一个或一组电池和传感器。如果交流供电中断,则系统的断电传感器检测到断电后,就会通过控制器将供电通路在极短的时间内切换到电池组,从而保证计算机控制系统不停电。这里逆变器能把电池直流电压逆变成具有正常电压额率和幅值的交流电压,具有稳压和稳频的双重功能,提高了供电质量。

4.4.2　直流电源环节抗干扰技术

直流电源环节是经过交流电源环节转换而来的,为了进一步抑制来自电源方面的干扰,一般在直流电源环节也要采取一些抗干扰措施。

(1) 交流电源变压器的屏蔽

把交流高压转化为低压直流的首要设备就是交流变压器。因此对电源变压器设置合理的静电屏蔽和电磁屏蔽,是一种十分有效的抗干扰措施。通常将电源变压器的原级、副级分别加以屏蔽,原级的屏蔽层与铁芯同时接地。在要求更高的场合,可采用层间也加屏蔽的结构。

(2) 采用开关电源

直流开关电源即采用功率器件获得直流电的电源,为脉宽调制型电源,通常脉冲频率可达 20 kHz,具有体积小、重量轻、效率高、电网电压变化大,以及电网电压变化时不会输出过电压或欠电压、输出电压保持时间长等优点。并关电源原级、副级之间具有较好的隔离,对于交流电网上的高频脉冲干扰有较强的隔离能力。

(3) 采用 DC—DC 变换器

如果系统供电电源不够稳定,或者对直流电源的质量要求较高,可以采用 DC-DC 变换器,将一种电压值的直流电源,变换成另一种电压值的直流电源。DC-DC 变换器具有体积小、性能价格比高、输入电压范围大、输出电压稳定,以及对环境温度要求低等优点。

（4）各电路设置独立的直流电源

较为复杂的计算机控制系统往往设计了多块功能电路板,为了防止板与板之间的相互干扰,可以对每块板设置独立的直流电源分别供电。在每块板上安装 1～2 块集成稳压块组成稳压电源,每个功能电路板单独进行过电流保护,这样即使某个稳压块出现故障,整个系统也不会遭到破坏,而且减少了公共阻抗的相互耦合,大大提高了供电的可靠性,也有利于电源散热。

习题 4

1. 什么是串模干扰和共模干扰? 如何抑制?
2. 数字信号通道一般采取哪些抗干扰措施?
3. 计算机控制系统中一般有几种接地形式? 常用的接地技术有哪些?
4. 叙述干扰的来源及其传播途径。
5. 怎样保证计算机检测系统的安全?

第 5 章　数字控制技术

数字控制是用数字化信息实现电气传动控制的一种方法,是近代发展起来的一种自动控制技术。在现代制造系统中,数控技术是关键技术,它集微电子、计算机、信息处理、自动检测、自动控制等高新技术于一体,具有高精度、高效率、柔性自动化等特点,对制造业实现柔性自动化、集成化、智能化起着举足轻重的作用。

5.1　数字控制系统

5.1.1　数字控制系统的组成

数控系统一般由控制介质、数控装置、伺服系统、测量反馈系统等部分组成,如图 5.1 所示。

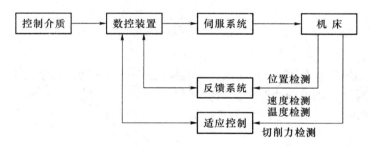

图 5.1　数控系统的组成

（1）控制介质

控制介质是存储数控加工信息的载体,它可以是穿孔带、磁带和磁盘等。数控加工信息包括零件的加工程序,加工零件时,刀具相对工件的位置和机床的全部动作控制指令等,它们按照规定的格式和代码记录在信息载体,也即控制介质上。

（2）数控装置

数控装置是数控机床的核心,现代数控机床都采用计算机数控(CNC)装置。数控装置一般由输入、信息处理和输出三大部分构成。控制介质通过输入单元(如穿孔带阅读机、磁带机、磁盘机等)输入,转换成可以识别的信息,由信息处理单元按照程序的规定将接收的信息加以处理(如插补计算、刀具补偿等)后,通过输出单元发出位置、速度等指令给伺服系统,从而实现各种控制功能。

（3）伺服系统

伺服系统是把来自数控装置的各种指令,转换成机床执行机构运动的驱动部件。它包括主轴驱动单元、进给驱动单元、主轴电机和进给电机等。伺服系统直接决定刀具和工件的相对位置,其性能是决定数控机床加工精度和生产率的主要因素。一般要求数控机床的伺服系统应具有较好的快速响应性能,以及具有能灵敏而准确地跟踪指令功能。

(4) 测量反馈系统

测量反馈系统由检测元件和相应的电路组成,其作用是检测机床的实际位置、速度等信息,并将其反馈给数控装置与指令信息进行比较和校正,构成系统的闭环控制。

5.1.2　数字控制原理

首先分析如图 5.2 所示的平面曲线图形,如何用计算机在绘图仪或数控加工机床上重现,以此来简要说明数字程序控制原理。

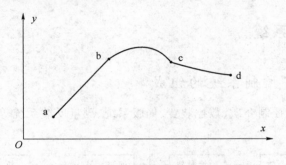

图 5.2　曲线分段

(1) 曲线分割

将所需加工的轮廓曲线,依据保证线段所连的曲线(或折线)与原图形的误差在允许范围之内的原则分割成机床能够加工的曲线线段。如,将如图 5.2 所示的曲线分割成直线段 ab、cd 和圆弧曲线 bc 3 段,然后把 a、b、c、d 4 点坐标记下来并送给计算机。

(2) 插补计算

根据给定的各曲线段的起点、终点坐标(即 a、b、c、d 各点坐标),以一定的规律定出一系列中间点,要求用这些中间点所连接的曲线段必须以一定的精度逼近给定的线段。确定各坐标值之间的中间值的数值计算方法称为插值或插补。常用的插补形式有直线插补和二次曲线插补两种形式。直线插补是指在给定的两个基点之间用一条近似直线来逼近,当然由此定出中间点连接起来的折线近似于一条直线,而并不是真正的直线。所谓二次曲线插补是指在给定的两个基点之间用一条近似曲线来逼近,也就是实际的中间点连线是一条近似于曲线的折线弧。常用的二次曲线有圆弧、抛物线和双曲线等。对如图5.2所示的曲线,ab 和 cd 段用直接插补,bc 段用圆弧插补比较合理。

(3) 脉冲分配

根据插补运算过程中定出的各中间点,对 x 轴、y 轴方向分配脉冲信号,以控制步进电机的旋转方向、速度及转动的角度,步进电机带动刀具,从而加工出所要求的轮廓。根据步进电机的特点,每一个脉冲信号将控制步进电机转动一定的角度,从而带动刀具在 x 轴或 y 轴方向移动一个固定的距离。把对应于每个脉冲移动的相对位置称为脉冲当量或步长,常用 $\triangle x$ 和 $\triangle y$ 来表示,并且 $\triangle x = \triangle y$。很明显,脉冲当量也就是刀具的最小移动单位,$\triangle x$ 和 $\triangle y$ 的取值越小时,所加工的曲线就越逼近理想的曲线。

5.1.3　数字控制系统的分类

1. 按控制对象的运动轨迹分类

数控系统按控制对象的运动轨迹来分类,可以分为点位控制、直线切削控制和轮廓切削控制。

（1）点位控制

在一个点位控制系统中,只要求控制刀具行程终点的坐标值,即工件加工点准确定位,对于刀具从一个定位点到另一个定位点的运动轨迹并无严格要求,并且在移动过程中不做任何加工。只是在准确到达指定位置后才开始加工。在机床加工业中,采用这类控制的有数控钻床、数控镗床、数控冲床等。

（2）直线切削控制

这种控制除了要控制点到点的准确定位外,还要控制两相关点之间的移动速度和路线,运动路线只是相对于某一直角坐标轴作平行移动,且在运动过程中能以指定的进给速度进行切削加工。需要这类控制的有数控铣床、数控车床、数控磨床、加工中心等。

（3）轮廓切削控制

这类控制的特点是能够对两个或两个以上的运动坐标的位移和速度同时进行控制。控制刀具沿工件轮廓曲线不断地运动,并在运动过程中将工件加工成某一形状。这种方式是借助于插补器进行的,插补器根据加工的工件轮廓向每一坐标轴分配速度指令,以获得给定坐标点之间的中间点。这类控制用于数控铣床、数控车床、数控磨床、齿轮加工机床、加工中心等。

在上述 3 种控制方式中以点位控制最简单,因为它的运动轨迹没有特殊要求,运动时又不加工,所以它的控制电路简单,只需实现记忆和比较功能。记忆功能是指记忆刀具应走的移动量和已走过移动量;比较功能是指将记忆的两个移动量进行比较,当两个数值的差为零时,刀具应立即停止。

2. 根据有无检测反馈元件分类

计算机数控系统按伺服控制方式主要分为开环数字程序控制和闭环数字程序控制两大类,它们的控制原理不同,其系统结构也就有较大的差异。

（1）闭环数字程序控制

如图 5.3 所示给出了闭环数字程序控制的结构图。这种控制方式的执行机构可采用交流或直流伺服电机作为驱动元件,反馈测量元件采用光电编码器、光栅、感应同步器等,在工作中反馈测量元件随时检测移动部件的实际位移量,及时反馈给数控系统并与插补运算所得到的指令信号进行比较,其差值又作为伺服驱动的控制信号,进而带动移动部件消除位移误差。该控制方式控制精度高,主要用于大型精密加工机床,但其结构复杂,难于调整和维护,一些简易的数控系统很少采用。

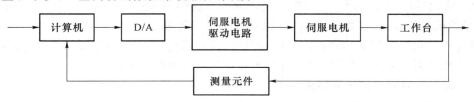

图 5.3　闭环数字程序控制

（2）开环数字程序控制

开环数字程序控制的结构如图 5.4 所示，这种控制系统与闭环数字程序控制方式的最大不同之处在于没有反馈检测元件，一般由步进电机作为驱动装置。步进电机根据指令脉冲作相应的旋转，把刀具移动到与指令脉冲相当的位置，至于刀具是否准确到达了指令脉冲规定的位置，不受任何检测，因此这种控制的精度基本上由步进电机和传动装置来决定。

开环数字程序控制虽然控制精度低于闭环系统，但具有结构简单、可靠性高、成本低、易于调整和维护等优点，因此得到了广泛应用。由于采用了步进电机作为驱动元件，使得系统的可靠性变得更加灵活，更易于实现各种插补运算和运动轨迹控制。

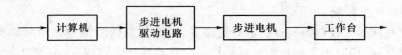

图 5.4　开环数字程序控制

5.1.4　伺服控制系统

1. 伺服控制系统原理及组成

伺服控制系统是一种能够跟踪输入的指令信号进行动作，从而获得精确的位置、速度及动力输出的控制系统，又称随动控制系统。在很多情况下，伺服控制系统专指被控制量（系统的输出量）是机械位移或位移速度、加速度的反馈控制系统，其作用是使输出的机械位移（或转角）准确地跟踪输入的位移（或转角）。伺服系统的结构组成和其他形式的反馈控制系统没有原则上的区别。

数控机床进给伺服系统的作用在于接受来自数控装置的指令信号，驱动机床移动部件跟随指令脉冲运动，并保证动作的快速和准确，这就要求是高质量的速度和位置伺服。数控机床的精度和速度等技术指标往往主要取决于伺服系统。

2. 伺服控制系统的基本要求

伺服控制系统的基本要求如下。

① 稳定性好。稳定是指系统在给定输入或外界干扰作用下，能在短暂的调节过程后到达新的或者回复到原有的平衡状态。

② 精度高。伺服系统的精度是指输出量能跟随输入量的精确程度。作为精密加工的数控机床，要求的定位精度或轮廓加工精度和进给跟踪精度通常都比较高，这也是伺服系统静态特性与动态特性指标是否优良的具体表现。允许的偏差一般都在 $0.01 \sim 0.001$ mm 之间。

③ 快速响应并无超调。快速响应性是伺服系统动态品质的标志之一，即要求跟踪指令信号的响应要快，一方面要求过渡过程时间短，一般在 200 ms 以内，甚至小于几十毫秒，且速度变化时不应有超调；另一方面是当负载突变时，要求过渡过程的前沿陡，即上升率要大，恢复时间要短，且无振荡。这样才能得到光滑的加工表面。

3. 伺服控制系统的主要特点

伺服控制系统的主要特点如下。

① 精确的检测装置。用以组成速度和位置闭环控制。

② 有多种反馈比较原理与方法。根据检测装置实现信息反馈的原理不同,伺服系统反馈比较的方法也不相同。目前常用的有脉冲比较、相位比较和幅值比较 3 种。

③ 高性能伺服电动机。用于高效和复杂型面加工的数控机床,由于伺服系统经常处于频繁地起动和制动过程中,因此要求电动机的输出力矩与转动惯量的比值要大,以产生足够大的加速或制动力矩。

④ 宽调速范围的速度调节系统。从系统的控制结构看,数控机床的位置闭环系统可以看作是位置调节为外环、速度调节为内环的双闭环自动控制系统,其内部的实际工作过程是把位置控制输入转换成相应的速度给定信号后,再通过调速系统驱动伺服电动机,实现实际位移。数控机床的主轴运动要求调速性能也比较高,因此要求伺服系统为高性能的宽调速系统。

4. 伺服驱动电动机

伺服驱动电动机又称为执行元件,它具有根据控制信号的要求而动作的功能。由数控系统送出的进给脉冲指令经变换和功率放大后,作为伺服电机的输入量,控制它在指定方向上作一定速度的角位移或直线位移(直线电机),从而驱动机床的执行部件实现给定的速度和方向上的位移。伺服电机是伺服系统中一个重要的组成环节,其性能决定了进给伺服系统的性能。常用的伺服电动机主要有直流伺服电动机、交流伺服电动机、步进电动机以及直线电动机等。

5.2　逐点比较法插补原理

插补既可用硬件插补器完成,也可用软件来实现。早期的硬件数控系统(NC)都采用硬件的数字逻辑电路来完成插补工作。在计算机数控系统(CNC)中,插补工作一般由软件来完成,有些数控系统的插补工作是由软硬件配合完成。软件插补法可分为基准脉冲插补法和数据采样插补法。

基准脉冲插补算法广泛应用在以步进电动机为驱动装置的开环数控系统中。基准脉冲插补(即分配脉冲的计算)在计算过程中不断向各个坐标轴发出进给脉冲,驱动坐标轴电动机运动。常用的基准脉冲插补算法有逐点比较法和数字积分法。

逐点比较法插补原理:每当画笔或刀具向某一方向每移动一步,就进行一次偏差计算和偏差判别,也就是判别到达新点的位置坐标和给定轨迹上对应点的位置坐标之间的偏离程度,然后根据偏差的大小确定下一步的移动方向,使画笔或刀具始终紧靠给定轨迹运动,起到步步逼近的效果。由于采用的是"一点一比较,一步步逼近"方法,因此称为逐点比较法。

逐点比较法是以直线或折线(阶梯状的)来逼近直线或圆弧等曲线的,它与给定轨迹之间的最大误差为一个脉冲当量,因此只要把运动步距取得足够小,便可精确地跟随给定轨迹,以达到精度的要求。

下面分别介绍逐点比较法直线和圆弧插补原理、插补计算及其程序实现方法。

5.2.1 逐点比较法直线插补

1. 第一象限内的直线插补

（1）偏差计算公式

偏差计算是逐点比较法的第一步，首先把每一插值点（动点）的实际位置与给定轨迹的理想位置间的偏差计算出来，然后根据偏差的正负决定下一步的走向，逼近给定轨迹。

设加工的给定轨迹为第一象限中的直线 OA，如图 5.5 所示。加工起点为坐标原点，沿直线 OA 进给到终点 $A(x_e, y_e)$。点 $m(x_m, y_m)$ 为加工点（动点），若点 m 在直线 OA 上，则有

$$\frac{x_m}{y_m} = \frac{x_e}{y_e}$$

即

$$y_m x_e - x_m y_e = 0$$

定义直线插补的偏差判别式为

$$F_m = y_m x_e - x_m y_e \tag{5.1}$$

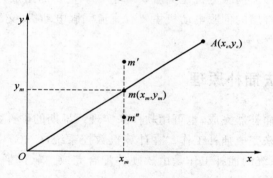

图 5.5　第一象限直线插补判别函数区域图

显然，若 $F_m = 0$，表明 m 点在直线段 OA 上；若 $F_m > 0$，m 点在直线 OA 段上方，即点 m' 处；若 $F_m < 0$，m 点在直线段 OA 下方，即点 m'' 处。函数 F_m 的正负反映了加工点与给定轨迹的相对位置关系，由此可得第一象限直线逐点比较法插补的原理：从直线的起点（坐标原点）出发，当 $F_m \geqslant 0$ 时，向 $+x$ 方向走一步；$F_m < 0$ 时，向 $+y$ 方向走一步；当两方向所走的步数与终点坐标 (x_e, y_e) 相等时，即加工点到达了直线终点，完成了直线插补。

（2）进给与偏差计算

设加工点正处于 m 点，当 $F_m \geqslant 0$，表明 m 点在直线段 OA 上或 OA 上方，为逼近给定轨迹，应沿 $+x$ 方向走一步至 $(m+1)$，该点的坐标值为

$$\begin{cases} x_{m+1} = x_m + 1 \\ y_{m+1} = y_m \end{cases}$$

该点的偏差为

$$F_{m+1} = y_{m+1}x_e - x_{m+1}y_e = y_m x_e - (x_m + 1)y_e = F_m - y_e \tag{5.2}$$

设加工点正处于 m 点，当 $F_m < 0$，表明 m 点在直线段 OA 下方，为逼近给定轨迹，应沿 $+y$ 方向走一步至 $(m+1)$，该点的坐标值为

$$\begin{cases} x_{m+1} = x_m \\ y_{m+1} = y_m + 1 \end{cases}$$

该点的偏差为

$$F_{m+1} = y_{m+1}x_e - x_{m+1}y_e = (y_m + 1)x_e - x_m y_e = F_m + x_e \tag{5.3}$$

由式（5.2）、式（5.3）可知，新加工点的偏差 F_{m+1} 都可以由前一点偏差 F_m 和终点坐标相加或相减得到。且加工的起点是坐标原点，起点的偏差是已知的，即 $F_O = 0$。

（3）终点判别方法

加工点到达终点 (x_e, y_e) 时必须自动停止进给。因此，在插补过程中，每走一步就要和终点坐标比较一下，如果没有到达终点，就继续插补运算，如果已到达终点就必须自动停止插补运算。判断是否到达终点常用的方法主要有如下两种。

① 设置 N_x 和 N_y 两个减法计数器，在加工开始前，在 N_x 和 N_y 计数器中分别存放终点坐标值 x_e 和 y_e，动点沿 x 或 y 每进给一步时，N_x 计数器（或 N_y 计数器）减1，当这两个计数器中的数都减到 0 时，即到达终点。

② 用一个终点判别计数器，存放 x 和 y 两个坐标的总步数 N_{xy}，x 或 y 坐标每进给一步，N_{xy} 减1，当 $N_{xy} = 0$ 时，即到达终点。

2. 4 个象限的直线插补

4 个象限的直线插补偏差计算公式和坐标进给方向如表 5.1 所示。表中 4 个象限的终点坐标值取绝对值代入计算式中的 x_e 和 y_e。

表 5.1　直线插补的进给方向和偏差计算公式

$F_m \geqslant 0$			$F_m < 0$		
所在象限	进给方向	偏差计算	所在象限	进给方向	偏差计算
一、四	$+x$	$F_{m+1} = F_m - y_e$	一、四	$+y$	$F_{m+1} = F_m + x_e$
二、三	$-x$		二、三	$-y$	

3. 直线插补计算流程

逐点比较法直线插补工作流程可归纳为如下 4 步。

① 偏差判别，判断上一步进给后的偏差值 F≥0 还是 F<0。

② 坐标进给，根据偏差判别的结果和所在象限决定在哪个方向上进给一步。

③ 偏差计算，计算出进给一步后的新偏差值，作为下一步进给的判别依据。

④ 终点判别，终点判别计数器减1，判断是否到达终点，若已到达终点就停止插补，若未到达终点，则返回到第一步，如此不断循环直至到达终点为止。

在计算机的内存中设置 6 个单元：XE、YE、NXY 、FM、XOY 和 ZF，XE 存放终点横坐标 x_e，YE 存放终点纵坐标 y_e，NXY 存放总步数 N_{xy}，FM 存放加工点偏差 F_m，XOY 存放直线所在的象限值，ZF 存放走步方向标志。XOY＝1、2、3、4，分别代表第一、第二、第

三、第四象限,XOY 的值由终点坐标(x_e,y_e)的正、负符号来确定,F_m 的初值为 $F_0=0$,
ZF=1、2、3、4,分别代表 $+x$、$-x$、$+y$、$-y$ 的走步方向。直线插补计算的程序流程图如
图 5.6 所示。

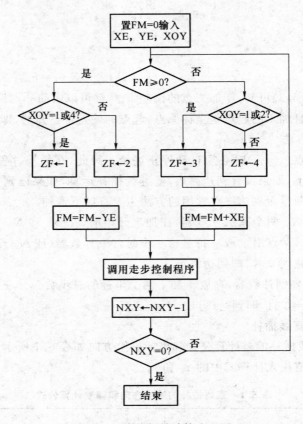

图 5.6　直线插补计算流程图

例 5.1　设给定的加工轨迹为第一象限的直线 OP,起点为坐标原点,终点坐标 A
(x_e,y_e),其值为$(5,4)$,试进行插补计算并作出走步轨迹图。

解:

计数长度 $N_{xy}=x_e+y_e=5+4=9$,即 x 方向走 5 步,y 方向走 4 步,共 9 步。插补计
算过程如表 5.2 所示。直线插补的走步轨迹图如图 5.7 所示。

表 5.2　直线插补过程

步数	偏差判别	坐标进给	偏差计算	终点判别
起点			$F_0=0$	$N_{xy}=9$
1	$F_0=0$	$+x$	$F_1=F_0-y_e=-4$	$N_{xy}=8$
2	$F_1=-4<0$	$+y$	$F_2=F_1+x_e=1$	$N_{xy}=7$
3	$F_2=1>0$	$+x$	$F_3=F_2-y_e=-3$	$N_{xy}=6$
4	$F_3=-3<0$	$+y$	$F_4=F_3+x_e=2$	$N_{xy}=5$

步数	偏差判别	坐标进给	偏差计算	终点判别
5	$F_4 = 2 > 0$	$+x$	$F_5 = F_4 - y_e = -2$	$N_{xy} = 4$
6	$F_5 = -2 < 0$	$+y$	$F_6 = F_5 + x_e = 3$	$N_{xy} = 3$
7	$F_6 = 3 > 0$	$+x$	$F_7 = F_6 - y_e = -1$	$N_{xy} = 2$
8	$F_7 = -1 < 0$	$+y$	$F_8 = F_7 + x_e = 4$	$N_{xy} = 1$
9	$F_8 = 4 > 0$	$+x$	$F_9 = F_8 - y_e = 0$	$N_{xy} = 0$

5.2.2　逐点比较法圆弧插补

1. 第一象限圆弧插补计算原理

（1）偏差计算公式

设要加工逆圆弧 AB，如图 5.8 所示。圆弧的圆心为坐标原点，圆弧的起点 A 的坐标为 (x_0, y_0)，终点 B 的坐标为 (x_e, y_e)，圆弧半径为 R。现取一任意加工点 m，其坐标为 $m(x_m, y_m)$，它与圆心的距离为 R_m。当 m 点在圆弧上时

$$x_m^2 + y_m^2 = x_0^2 + y_0^2 = R^2 = R_m^2$$

定义偏差判别式为

$$F_m = R_m^2 - R^2 = x_m^2 + y_m^2 - R^2 \tag{5.4}$$

若 $F_m = 0$，加工点 m 位于圆弧上；$F_m > 0$，加工点 m 在圆弧之外；$F_m < 0$，加工点 m 在圆弧之内。

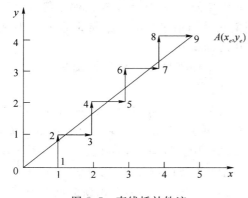
图 5.7　直线插补轨迹

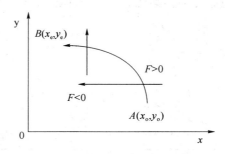
图 5.8　逐点比较法圆弧插补

（2）进给与偏差计算

以第一象限逆圆弧为例。当 m 点在圆弧外或圆弧上时，$F_m \geqslant 0$，则加工点向 $-x$ 方向进给一步，至 $(m+1)$ 点，其坐标值为

$$\begin{cases} x_{m+1} = x_m - 1 \\ y_{m+1} = y_m \end{cases}$$

新加工点的偏差为

$$F_{m+1} = x_{m+1}^2 + y_{m+1}^2 - R^2 = (x_m - 1)^2 + y_m^2 - R^2 = F_m - 2x_m + 1 \tag{5.5}$$

当 m 点在圆弧内时，$F_m<0$，则加工点向 $+y$ 方向进给一步，至 $(m+1)$ 点，其坐标值为

$$\begin{cases} x_{m+1}=x_m \\ y_{m+1}=y_m+1 \end{cases}$$

新加工点的偏差为

$$F_{m+1}=x_{m+1}^2+y_{m+1}^2-R^2=(y_m+1)^2+x_m^2-R^2=F_m+2y_m+1 \tag{5.6}$$

与直线插补一样，总是设加工点从圆弧的起点开始插补，因此初始偏差值 $F_0=0$。此后的新的偏差值可用式(5.5)和式(5.6)算出。

(3) 终点判别

与直线插补的终点判别一样，设置一个长度计数器，取 x、y 坐标轴方向上的总步数作为计数长度值，每进给一步，计数器减 1，当计数器减到零时，插补结束。

长度计数器的初值为

$$N_{xy}=|x_e-x_0|+|y_e-y_0| \tag{5.7}$$

也可以每个坐标方向设一个计数器，其计数长度分别为 $N_x=|x_e-x_0|$，$N_y=|y_e-y_0|$。在 x 方向进给时，N_x 减 1，在 y 方向进给时，N_y 减 1。直至 N_x 和 N_y 都减为零时，插补结束。

2. 四象限的圆弧插补原理

在实际应用中，所要加工的圆弧可以在不同的象限中，可以按逆时针的方向加工，也可以按顺时针的方向来加工。为了便于表示圆弧所在的象限及加工方向，可用 SR1、SR2、SR3、SR4 依次表示第一、二、三、四象限中的顺圆弧，用 NR1、NR2、NR3、NR4 分别表示第一、二、三、四象限中的逆圆弧。

前面以第一象限逆圆弧为例推导出圆弧偏差计算公式，并指出了根据偏差符号来确定进给方向。其他 3 个象限的逆、顺圆的偏差计算公式可通过与第一象限的逆圆、顺圆相比较而得到。

下面推导第二象限顺圆的偏差计算公式。

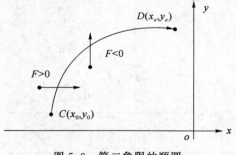

图 5.9　第二象限的顺圆

如图 5.9 所示的一段顺圆弧 CD，起点 C，终点 D，设加工点现处于 $m(x_m,y_m)$。从图中可以看出，若 $F_m \geqslant 0$ 时，下一步应沿 $+x$ 方向进给一步，新的加工点坐标将是 (x_m+1,y_m)，可求出新的偏差为

$$F_{m+1}=F_m+2x_m+1$$

若 $F_m<0$ 时，下一步应沿 $+y$ 方向进给一步，新的加工点坐标将是 (x_m,y_m+1)，可求出新的偏差为

$$F_{m+1}=F_m+2y_m+1$$

对于如图 5.10(a)所示，SR4 与 NR1 对称于 x 轴，SR2 与 NR1 对称于 y 轴，NR3 与 SR2 对称于 x 轴；NR3 与 SR4 对称于 y 轴。

对于如图 5.10(b)所示，SR1 与 NR2 对称于 y 轴，SR1 与 NR4 对称于 x 轴，SR3 与 NR2 对称于 x 轴，SR3 与 NR4 对称于 y 轴。

　　显然,对称于 x 轴的一对圆弧沿 x 轴的进给方向相同,而沿 y 轴的进给方向相反;对称于 y 轴的一对圆弧沿 y 轴的进给方向相同,而沿 x 轴的进给方向相反。所以在圆弧插补中,沿对称轴的进给方向相同,沿非对称轴的进给方向相反,其次,所有对称圆弧的偏差计算公式,只要取起点坐标的绝对值,就与第一象限中 NR1 或 SR1 的偏差计算公式相同。8 种圆弧的插补计算公式及进给方向如表 5.3 所示。

表 5.3　八种圆弧插补的计算公式和进给方向

圆弧类型	$F \geqslant 0$ 时的进给	$F < 0$ 时的进给	计算公式
SR1	$-y$	$+x$	当 $F \geqslant 0$ 时,计算 $F_{m+1} = F_m - 2y_m + 1$ 和 $y_{m+1} = y_m + 1$
SR2	$+y$	$-x$	
NR3	$-y$	$+x$	当 $F < 0$ 时,计算 $F_{m+1} = F_m + 2x_m + 1$ 和 $x_{m+1} = x_m + 1$
NR4	$+y$	$-x$	
NR1	$-x$	$+y$	当 $F \geqslant 0$ 时,计算 $F_{m+1} = F_m - 2x_m + 1$ 和 $x_{m+1} = x_m - 1$
NR2	$+x$	$-y$	
SR3	$+x$	$+y$	当 $F < 0$ 时,计算 $F_{m+1} = F_m + 2y_m + 1$ 和 $y_{m+1} = y_m - 1$
SR4	$-x$	$-y$	

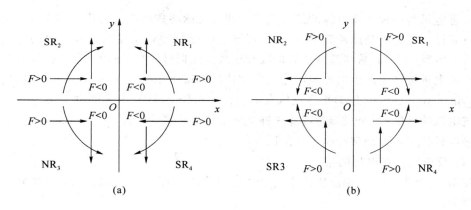

图 5.10　4 个象限中圆弧的对称性

5.3　步进电机伺服控制技术

5.3.1　步进伺服系统的构成

　　采用步进电机的伺服系统又称为开环步进伺服系统,如图 5.11 所示。这种系统的伺服驱动装置主要是步进电机、功率步进电机、电液脉冲马达等。由数控系统送出的进给指令脉冲,经过驱动电路控制和功率放大后,使步进电机转动,通过齿轮副与滚珠丝杠螺母副驱动执行部件。由于步进电机的角位移和角速度分别与指令脉冲的数量和频率成正比,而且旋转方向决定于脉冲电流的通电顺序。因此,只要控制指令脉冲的数量、频率以及通电顺序,便可控制执行部件运动的位移量、速度和运动方向,不对实际位移和速度进行测量后将测量值反馈到系统的输入端与输入的指令进行比较,故称之为开环系统。开环系统具有结构简单,调试、维修、使用方便,以及成本低廉等特点。

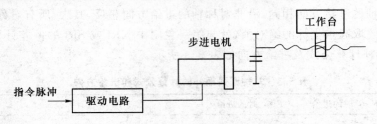

图 5.11　开环系统的构成

开环系统的位置精度主要决定于步进电机的角位移精度、齿轮和丝杠等传动元件的节距精度以及系统的摩擦阻尼特性。因此系统的位置精度较低,其定位精度一般可达 ±0.02 mm。如果采取螺距误差和传动间隙补偿措施,定位精度可以提高到 ±0.01 mm。此外,由于步进电机性能的限制,开环进给系统的进给速度也受到限制,在脉冲当量为 0.01 mm 时,一般不超过 5 m/min,故一般在精度要求不太高的场合使用。

5.3.2　步进电机的工作原理

步进电机是一种能将电脉冲信号直接转变成与脉冲数成正比的角位移或直线位移量的执行元件。其速度与脉冲频率成正比,可通过改变脉冲频率在较宽范围内调速。由于其输入为电脉冲,因而易与微型计算机或其他数字元器件接口,适用于数字控制系统。

步进电机按转矩产生的原理可分为反应式(Variable Reluctance,VR)步进电机、永磁式(Permanent Magnet,PM)步进电机及混合式(HyBrid,HB)步进电机 3 类。由于反应式步进电机的性能价格比较高,因此这种步进电机应用最为广泛。在本节中,仅对这种类型步进电机的工作原理和控制方法加以介绍。

（1）反应式步进电机的结构

如图 5.12 所示是三相反应式步进电动机的结构。从图中可以看出,它分成转子和定子两部分。

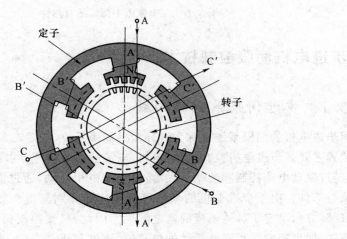

图 5.12　三相反应式步进电机结构

　　定子是由硅钢片叠成的,每相有一对磁极(N、S 极),每个磁极的内表面都分布着多个小齿,它们大小相同,间距相同。该定子上共有 3 对磁极。每对磁极都缠有同一绕组,也即形成一相,这样 3 对磁极有 3 个绕组,形成三相。可以得出,四相步进电动机有 4 对磁极、4 相绕组;五相步进电动机有 5 对磁极、5 相绕组;依此类推。

　　转子是由软磁材料制成的,其外表面也均匀分布着小齿,这些小齿与定子磁极上的小齿的齿距相同,形状相似。

　　(2) 反应式步进电机的工作原理

　　步进电机的工作就是步进转动。在一般的步进电机工作中,其电源都是采用单极性的直流电源。要使步进电机转动,就必须对步进电机定子的各相绕组以适当的时序进行通电。步进电机的步进过程可以用如图 5.13 所示来说明。三相反应式步进电机定子的每相都有一对磁极。每个磁极都只有一个齿,即磁极本身,故三相步进电机有 3 对磁极共 6 个齿;其转子有 4 个齿,分别称为 0、1、2、3 齿。直流电源 U 通过开关 S_A、S_B、S_C 分别对步进电机的 A、B、C 相绕组轮流通电。

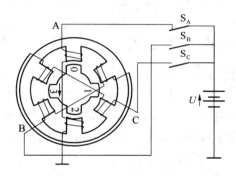

图 5.13　步进电机的工作原理分析

　　初始状态时,开关 S_A 接通,则 A 相磁极和转子的 0、2 号齿对齐,同时转子的 1、3 号齿和 B、C 相磁极形成错齿状态。

　　当开关 S_A 断开,S_B 接通,由于 B 相绕组和转子的 1、3 号齿之间的磁力线作用,使得转子的 1、3 号齿和 B 相磁极对齐,则转子的 0、2 号齿就和 A、C 相绕组磁极形成错齿状态。

　　此后,开关 S_B 断开。S_C 接通,由于 C 相绕组和转子 0、2 号之间的磁力线的作用,使得转子 0、2 号齿和 C 相磁极对齐,这时转子的 1、3 号齿和 A、B 相绕组磁极产生错齿。

　　当开关 S_C 断开,S_A 接通后,由于 A 相绕组磁极和转子 1、3 号齿之间的磁力线的作用,使转子 1、3 号齿和 A 相绕组磁极对齐,这时转子的 0、2 号齿和 B、C 相绕组磁极产生错齿。很明显,这时转子移动了一个齿距角。

　　如果对一相绕组通电的操作称为一拍,那么对 A、B、C 三相绕组轮流通电需要三拍。对 A、B、C 三相轮组轮流通电一次称为一个周期。从上面分析看出,该三相步进电机转子转动一个齿距,需要三拍操作。由于 A→B→C→A 相轮流通电,此磁场沿 A、B、C 方向转动了 $360°$ 空间角,而这时转子沿 A、B、C 方向转动了一个齿距的位置,在如图 5.15 所示中,转子的齿数为 4,故齿距角为 90°,转动一个齿距也即转动了 90°。

对于一个步进电机,如果它的转子的齿数为 Z,它的齿距角 θ_z 为

$$\theta_z = 2\pi / Z = \frac{360°}{Z} \tag{5.8}$$

而步进电机运行 N 拍可使转子转一个齿距位置。实际上,步进电机每一拍就执行一次步进,所以步进电机的步距角 θ 可以表示如下

$$\theta = \theta_z / N = \frac{360°}{NZ} \tag{5.9}$$

其中,N 是步进电机工作拍数,Z 是转子的齿数。

对于如图 5.15 所示中的三相步进电机,若采用三拍方式,则它的步距角是

$$\theta = \frac{360°}{3 \times 4} = 30°$$

对于转子有 40 个齿且采用三拍方式的步进电机而言,其步距角是

$$\theta = \frac{360°}{3 \times 4} = 3°$$

5.3.3　步进电机的工作方式

步进电机有三相、四相、五相、六相等多种,为了分析方便,我们仍以三相步进电机为例进行分析和讨论。步进电机可工作于单相通电方式,也可工作于双相通电方式或单相、双相交叉通电方式。选用不同的工作方式,可使步进电机具有不同的工作性能,如减小步距、提高定位精度和工作稳定性等。对于三相步进电机则有单相(简称单三拍)方式、双相三拍(简称双三拍)方式、三相六拍方式。

① 单三拍工作方式,各相通电顺序为 A →B→C→A→…,各相通电的电压波形如图 5.14 所示。

② 双三拍工作方式,各相通电顺序为 AB→BC→CA→AB→…,各相通电的电压波形如图 5.15 所示。

③ 三相六拍工作方式,各相通电顺序为 A→AB→B→BC→C→CA→A→…,各相通电的电压波形如图 5.16 所示。

如果按上述 3 种通电方式和通电顺序进行通电,则步进电机正向转动。反之,如果通电方向与上述顺序相反,则步进电机反向转动。

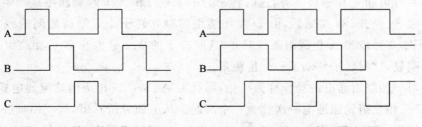

图 5.14　单三拍工作方式　　　　　　图 5.15　双三拍工作方式

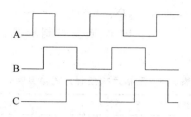

图 5.16　三相六拍工作方式

5.3.4　步进电机 IPC 控制技术

由步进电机的工作原理可知,必须使其定子励磁绕组顺序通电,并具有一定功率的电脉冲信号,才能使其正常运行,步进电机驱动电路(又称驱动电源)就承担此项任务。步进电机驱动电路可采用单电压驱动电路、双电压(高低压)驱动电路、斩波电路、调频调压和细分电路等。

过去常规的步进电机控制主要采用脉冲分配器,目前已普遍采用计算机取代脉冲分配器控制步进电机,使控制方式更加灵活,控制精度和可靠性高。

由于步进电机需要的驱动电流比较大,所以计算机与步进电机的连接都需要专门的接口电路及驱动电路。接口电路可以是锁存器,也可以是可编程接口芯片,如 8255、8155 等。驱动器可用大功率复合管,也可以是专门的驱动器。

1. 步进电机与 IPC 接口

步进电机与 IPC 接口如图 5.17 所示。同时控制 x 轴和 y 轴两台三相步进电机。此接口电路选用 8255 可编程并行接口芯片,8255PA 口的 PA0、PA1、PA2 控制 x 轴三相步进电机。8255PB 口的 PB0、PB1、PB2 控制 y 轴三相步进电机。只要确定了步进电机的工作方式,就可以控制各相绕组的通电顺序,实现步进电机正反转。

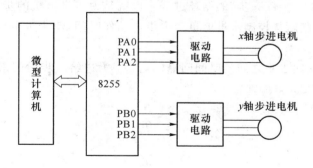

图 5.17　两台三相步进电机控制接口示意

2. 步进电机控制的输出字表

假定数据输出为"1"时,相应的绕组通电;为"0"时,相应的绕组断电。下面以三相六拍控制方式为例确定步进电机控制的输出字。

当步进电机的相数和控制方式确定之后,PA0～PA2 和 PB0～PB2 输出数据变化的规律就确定了,这种输出数据变化规律可用输出字来描述。为了便于寻找,输出字以表的形式放在计算机指定的存储区域。如表 5.4 所示给出了三相六拍控制方式的输出字表。

显然,若要控制步进电机正转,则按 $ADX_1 \rightarrow ADX_2 \rightarrow \cdots \rightarrow ADX_6$ 和 $ADY_1 \rightarrow ADY_2 \cdots \rightarrow ADY_6$ 顺序向 PA 口和 PB 口送输出字即可;若要控制步进电机反转,则按相反的顺序送输出字。

表 5.4　三相六拍控制方式输出字表

x 轴步进电机输出字表		y 轴步进电机输出字表	
存储地址标号	PA 口输出字	存储地址标号	PB 口输出字
ADX_1	00000001＝01H	ADY_1	00000001＝01H
ADX_2	00000011＝03H	ADY_2	00000011＝03H
ADX_3	00000010＝02H	ADY_3	00000010＝02H
ADX_4	00000110＝06H	ADY_4	00000110＝06H
ADX_5	00000100＝04H	ADY_5	00000100＝04H
ADX_6	00000101＝05H	ADY_6	00000101＝05H

3. 控制程序设计

若用 ADX 和 ADY 分别表示 x 轴和 y 轴步进输出字表的取数地址指针,且仍用 ZF＝1、2、3、4分别表示$-x$、$+x$、$-y$、$+y$ 走步方向,则可用如图 5.18 所示表示步进电机走步控制程序流程。

若将走步控制程序和插补计算程序结合起来,并修改程序的初始化和循环控制判断等内容,便可很好地实现 XOY 坐标平面的数字程序控制,为机床的自动控制提供了有力的手段。

按正序或反序取输出字来控制步进电机正转或反转,输出字更换得越快,步进电机的转速越高。因此,控制如图 5.18 所示中延时的时间常数,即可达到调速的目的。步进电机的工作过程是"走一步停一步"的循环过程。也就是说步进电机的步进时间是离散的,步进电机的速度控制就是控制步进电机产生步进动作时间,使步进电机按照给定的速度规律地进行工作。

若 T_i 为相邻两次走步之间的时间间隔(s)。V_f 为进给一步后的末速度(步/s),α 为进给一步的加速度(步/s²),则有

$$V_i = \frac{1}{T_i}$$

$$V_{i+1} = \frac{1}{T_{i+1}}$$

$$V_{i+1} - V_i = \frac{1}{V_{i+1}} - \frac{1}{V_i} = \alpha T_{i+1}$$

从而有

$$T_{i+1} = \frac{-1 + \sqrt{1 + 4\alpha T_i^2}}{2\alpha T_i}$$

根据上式即可计算出相邻两步之间的时间间隔。由于此式的计算比较繁琐,因此一般不采用在线计算来控制速度,而是采用离线计算求得各个 T_i,通过一张延时时间表把

T_i 编入程序中,然后按照表地址依次取出下一步进给的 T_i 值,通过延时程序或定时器产生给定的时间间隔,发出相应的走步命令。若采用延时程序来获得进给时间,则 CPU 在控制步进电机期间不能做其他工作。CPU 读取 T_i 值后,就进入循环延时程序,当延时时间到,便发出走步控制命令,并重复此过程,直到全部进给完毕为止;若采用定时器产生给定的时间间隔,速度控制程序应在进给下一步后,把下一步的 T_i 值送入定时器的时间常数寄存器,然后 CPU 就进入等待中断状态或处理其他事务,当定时时间一到,就向 CPU 发出中断请求,CPU 接受中断后立即响应,便发出走步控制命令,并重复此过程直到全部进给结束为止。

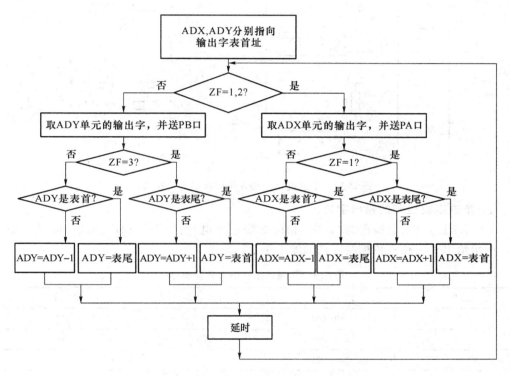

图 5.18　步进电机三相六拍走步控制程序流程

5.3.5　步进电机单片机控制技术

对于简单的小容量步进电机控制系统,可以用单片机代替步进控制器,实现环形脉冲分配器功能,控制步进电机走步数、正反转及速度控制等。这不仅简化了电路,降低了成本,而且根据系统的需要,可以灵活改变步进电机的控制方案,使用起来很方便。

1. 步进电机与单片机接口

由于步进电机需要的驱动电流比较大,所以单片机与步进电机的连接需要专门的接口和驱动电路。一般为了抗干扰,或避免驱动电路发生故障时功率放大电路中的高电平信号进入单片机而烧毁器件,一个有效措施就是在驱动器与单片机之间加一级光电隔离器。三相步进电机单片机控制系统接口电路如图 5.19 所示。单片机通过 P1.0、P1.1、

P1.2 输出脉冲分别控制 A、B、C 相的通电和断电。

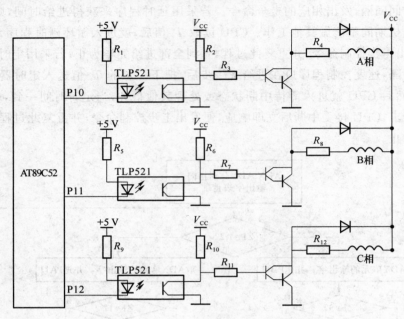

图 5.19　步进电机与单片机的接口电路原理

2. 步进电机控制的输出字表

P1.0、P1.1、P1.2 输出为"1"时,相应的绕组通电;为"0"时,相应的绕组断电。如表 5.5 所示给出了三相六拍控制方式的输出字表。

表 5.5　三相六拍控制方式输出字

步序	P1 口输出	工作状态	控制字
1	00000001	A	01H
2	00000011	AB	03H
3	00000010	B	02H
4	00000110	BC	06H
5	00000100	C	04H
6	00000101	CA	05H

3. 控制程序设计

如果给步进电机发一个控制脉冲,它就转动一步;再发一个脉冲,它会再转一步。两个脉冲的间隔时间越短,步进电机转得就越快。因此,输出脉冲的频率决定了步进电机的转速。单片机很容易调整输出脉冲的频率,从而可以方便地对步进电机进行调速控制。针对如图 5.20 所示的三相步进电机单片机控制系统,采用全软件的方式按照三相六拍工作方式进行步进电机脉冲分配(即控制通电换相顺序)。

步进电机单片机程序设计的主要任务是判断旋转方向、按顺序输出控制脉冲和判断控制步数是否完毕。步进电机正反转子程序如下。

```
            ORG  0200H
FLAG    BIT   00H;设置标志位,"1"为正转,"0"为反转
STEP：  MOV   R2,#7;步数送 R2
LOOP0： MOV   R3,#00;
        MOV   DPTR,#TAB;控制方式输出字表首地址送 DPTR
        JINB  FLAG,LOOP2;FLAG 为"0"转反转
LOOP1： MOV   A,R3
        MOVC  A,@A+DPTR;取控制字
        JZ    LOOP0;为"0"结束
        MOV   P1,A;输出控制字
        ACALL DELAY;延时
        INC   R3
        DJNZ  R2,LOOP1;若未达到计数值,转到 LOOP1 继续
        RET
LOOP2： MOV   A,R3
        ADD   A,#07;控制方式输出字表首地址+7 送 DPTR
        MOV   R3,A
        AJMP  LOOP1
DELAY： MOV   R6,#0AH;延时子程序
DL2：   MOV   R7,#18H
DL1：   NOP
        NOP
        DJNZ R7,DL1
        DJNZ R6,DL2
        RET
TAB：   DB 01H,03H,02H,04H,06H,05H,00H;控制方式输出字表(正传)
        DB 01H,05H,06H,04H,02H,03H,00H;控制方式输出字表(反传)
```

5.4　直流伺服电机伺服控制技术

　　直流伺服电动机具有良好的启动、制动和调速特性,可以很方便地在宽范围内实现平滑无极调速,故多采用在对伺服电机的调速性能要求较高的生产设备中。

　　常用的直流伺服电动机有永磁式直流电机、励磁式直流电机、混合式直流电机、无刷直流电机和直流力矩电机等。

5.4.1　直流伺服电动机的工作原理

1. 直流电动机的基本结构

直流电动机主要包括以下三大部分。

① 定子,定子磁极磁场由定子的磁极产生。根据产生磁场的方式,可分为永磁式和他励式。永磁式磁极由永磁材料制成,他励式磁极由冲压硅钢片叠压而成,外绕线圈,通以直流电流便产生恒定磁场。

② 转子,又叫电枢,由硅钢片叠压而成,表面嵌有线圈,通以直流电时,在定子磁场作用下产生带动负载旋转的电磁转矩。

③ 电刷与换向片,为使所产生的电磁转矩保持恒定方向,转子能沿固定方向均匀地连续旋转,电刷与外加直流电源相接,换向片与电枢导体相接。

2. 永磁直流伺服电动机及工作原理

直流伺服电动机分为电励磁和永久磁铁励磁两种,但占主导地位的是永久磁铁励磁式(永磁式)电动机。如图 5.20 所示为其基本原理的示意。

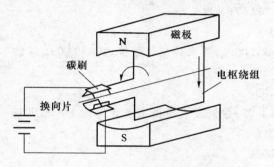

图 5.20　直流伺服电动机工作原理

在电枢绕组中通过施加直流电压,并在磁场的作用下使电枢绕组的导体产生电磁力,产生带动负载旋转的电磁转矩,从而驱动转子转动。通过控制电枢绕组中电流的方向和大小,就可控制直流伺服电动机的旋转方向和速度。直流伺服电动机采用电枢电压控制时的电枢等效电路如图 5.21 所示。

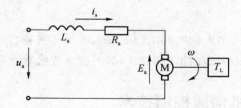

图 5.21　电枢电压控制时的电枢等效电路

图 5.21 中,L_a 和 R_a 分别是电枢绕组的电感和电阻,T_L 是负载转矩。当电枢绕组流过直流电流 i_a 时,一方面在电枢导体中产生电磁力,使转子旋转;另一方面,电枢导体在定子磁场中以转速 ω 旋转切割磁力线,产生感应电动势 E_a。感应电动势的方向与电枢电流方向相反,称为反电势,其大小与转子旋转速度和定子磁场中的每极气隙磁通量 Φ 有关,表达式如下。

$$\omega = \frac{K_1(u_a - i_a R_a)}{\phi} \tag{5.10}$$

式中,K_1 为比例常数,仅与电机结构有关。

当忽略电枢绕组上的压降时,式(5.10)可以写为

$$\omega = \frac{K_1 u_a}{\phi}$$

由于直流伺服电机通常都是采用永磁式的,所以定子磁场中的磁通量始终保持常量,从而使转速与电压之间为线性关系,即直流电机转速与所施加的电压成正比,与磁场磁通量成反比。由于磁场磁通量是不变的常数,所以此时电机转速仅随电枢电压变化而变化。

5.4.2　直流伺服电机的驱动与控制

直流伺服电动机的控制及驱动方法通常采用晶体管脉宽调制(PWM)控制和晶闸管(可控硅)放大器驱动控制。

直流电机转速的控制方法可分为两类,即励磁控制法与电枢电压控制法。励磁控制法控制磁通 Φ,其控制功率虽然较小,但低速时受到磁饱和强度的限制,高速时受到换向火花和换向器结构强度的限制,而且由于励磁线圈电感较大,动态响应较差,所以常用的控制方法是改变电枢端电压调速的电枢电压控制法。

1. 直流伺服电机的可控硅调速系统

可控硅(晶闸管)直流调速系统,由电流调节回路(内环)、速度调节回路(外环)和可控硅整流放大器(主回路)等部分组成,如图 5.22 所示。

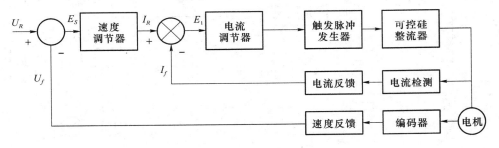

图 5.22　可控硅直流调速系统结构

电流环的作用是由电流调节器对电机电枢回路的滞后进行补偿,使动态电流按所需的规律变化。I_R 为电流环指令值(给定),来自速度调节器的输出。I_f 为电流反馈信号,由电流传感器取自可控硅整流的主回路,即电动机的电枢回路;经过比较器比较,其输出的 E_1 输入电流调节器(电流误差)。速度环的作用是用速度调节器对电动机的速度误差进行调节,以实现所要求的动态特性。通常采用比例—积分调节器。U_R 来自数控装置的速度指令电压,一般是 $0 \sim 10 \text{ V}$ 的直流电压,正负极性对应于电动机的转动方向。U_f 为速度反馈值,来自速度检测装置。目前一般采用测速电机或编码器。测速电机可直接安装在电机轴上,其输出电压的大小即反应了电机的转速。编码器也可直接安装在电机轴上,输出的脉冲信号经频压变换(频率/电压变换),其输出的电压反应了电机的转速。U_R 与 U_f 的差值(速度比较器的输出)E_S 为速度调节器的输入(速度误差),该调节器的输出就是电流环的输入指令值。触发脉冲发生器产生可控硅的移相触发脉冲,其触发角对应整流器的不同直流电压输出(直流电动机的电枢电压),从而得到不同的速度;可控硅整流

器为功率放大器,直接驱动直流伺服电机旋转。

可控硅直流调速系统的主回路有多种结构形式,电路可以是单相半控桥、单相全控桥、三相半波、三相半控桥和三相全控桥等。

2. 直流伺服电机的脉冲调宽调速系统

晶体管脉冲调宽调速系统,简称 PWM 系统,利用开关频率较高的大功率晶体管作为开关元件,将整流后的恒压直流电源,转换成幅值不变但是脉冲宽度(持续时间)可调的高频矩形波,给伺服电机的电枢回路供电。通过改变脉冲宽度的方法来改变回路的平均电压,达到电机调速的目的。

直流伺服电机的脉冲调宽调速系统的原理如图 5.23 所示。它是一个双闭环的脉宽调速系统。

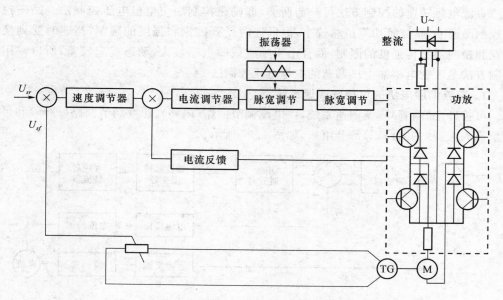

图 5.23　直流伺服电机的脉冲调宽调速系统

系统的主电路是晶体管脉宽调制放大器 PWM,此外还有速度调节回路和电流调节回路。测速发电机或脉冲编码器 TG 检测电机的速度并变换成反馈电压 U_{sf},与速度给定电压 U_{sr} 在速度调节器的输入端进行比较,构成速度环。电机的电枢电流由霍尔元件检测器测量,并输出反馈电压与速度控制器的输出电压在电流调节器的输入端进行比较,这样构成电流环。电流调节器输出是经变换后的速度指令电压,它与三角波电压经脉宽调节电路调制后得到调宽的脉冲系列,它作为控制信号输送到晶体管脉宽调制放大器 PWM 各相关晶体管的基极,使调宽脉冲系列得到放大,成为直流伺服电机电枢的输入电压。

在图 5.24 中,脉宽调节电路的任务是将速度指令电压信号转换成脉冲周期固定而宽度可由速度指令电压信号的大小调节变化的脉冲电压。由于脉冲周期固定,脉冲宽度的改变将使脉冲电压的平均电压改变,也就是脉冲平均电压将随速度指令电压的改变而改变。经 PWM 放大后输入电枢的电压也是跟着改变的,从而达到调速的目的。

3. 直流伺服电机与微型计算机接口

直流伺服电机与微型计算机接口的电路如图 5.24 所示。首先用光电码盘将每一个采样周期内直流电机的转速进行检测；而后经锁存器送到微型计算机，与数字给定值（由拨码盘给定）进行比较，并进行 PID 运算；再经锁存器送到 D/A 转换器，将数字量变成脉冲信号，再由脉冲发生器产生调节脉冲，经驱动器放大后控制电机转动。

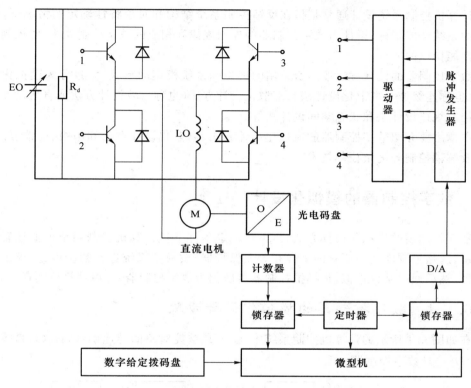

图 5.24　采用微型计算机的电机速度闭环控制系统的工作原理

习题 5

1. 什么是数字程序控制？数控系统有哪几种分类方式？
2. 说明逐点比较法的原理。
3. 直线插补过程分为哪几个步骤？有哪几种终点判别方法？
4. 圆弧插补过程分为几个步骤？
5. 设给定的加工轨迹为第一象限的直线 OP，起点为坐标原点，终点坐标 $A(x_e, y_e)$，其值为 $(6,4)$，试进行插补计算，作出走步轨迹图，并标明进给方向和步数。
6. 假设加工第一象限逆圆弧 AB，起点 A 的坐标值为 $x_0=4$，$y_0=0$，终点 B 的坐标值为 $x_e=0$，$y_e=4$。试进行插补计算，作出走步轨迹图，并标明进给方向和步数。
7. 简述反应式步进电动机的工作原理。
8. 三相步进电动机有哪几种工作方式？分别画出每种工作方式的各相通电顺序和电压波形图。

第 6 章　常规及复杂控制技术

计算机控制系统设计通常是指在反馈控制系统结构和对象特性确定的情况下,按照给定的系统性能指标,设计出数字控制器的控制规律和相应的数字控制算法,使控制系统满足性能指标的要求。

数字控制器的设计方法按照所采用的理论和系统模型的形式,大致分为模拟化设计方法(也称连续域—离散化设计法)、离散化设计方法(也称 z 域设计方法或直接设计法)、复杂控制规律设计法和状态空间设计法等。

本章主要介绍数字控制器的模拟化设计方法、离散化设计方法和串级、前馈、纯延迟补偿及解耦控制等复杂控制技术。

6.1　数字控制器的模拟化设计

数字控制器的模拟化设计方法,是指在一定条件下把计算机控制系统近似地看成模拟系统,忽略控制回路中所有的采样开关和保持器,按模拟系统进行初步设计,求出模拟控制器,然后通过某种近似,将模拟控制器离散化为数字控制器,并由计算机实现。

6.1.1　数字控制器的模拟化设计步骤

在如图 6.1 所示的计算机控制系统中,$G(s)$ 是被控对象的传递函数,$H_0(s)$ 是零阶保持器,$D(z)$ 是数字控制器。

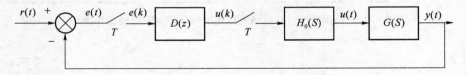

图 6.1　典型的计算机控制系统

根据已知的系统性能指标和被控对象的传递函数 $G(s)$ 来设计数字控制器 $D(z)$ 的步骤如下。

1. 设计假象的模拟控制器 $D(s)$

设计控制器 $D(s)$,一种方法是事先确定控制器的结构,如后面将要重点介绍的 PID 算法等,然后通过对其控制参数的整定完成设计;另一种设计方法是用模拟控制系统设计方法设计,如用频率特性法、根轨迹法等设计 $D(s)$ 的结构和参数。

2. 选择采样周期 T

无论采用哪种设计方法,设计时都需要知道广义被控对象,如图 6.1 所示。广义被控对象包含零阶保持器,其传递函数为 $H_0(s)G(s)$。香农采样定理给出了从采样信号恢复

连续信号的最低采样频率。在计算机控制系统中,零阶保持器完成信号恢复功能。零阶保持器的传递函数为

$$H_0(s) = \frac{1 - e^{-sT}}{s}$$

其频率特性为

$$H_0(\mathrm{j}\omega) = \frac{1 - e^{-\mathrm{j}\omega T}}{\mathrm{j}\omega} = T \frac{\sin\dfrac{\omega T}{2}}{\dfrac{\omega t}{2}} \angle -\frac{\omega T}{2} \tag{6.1}$$

从式(6.1)可以看出,零阶保持器将对控制信号产生附加相移(滞后)。对于小的采样周期,可把零阶保持器近似为

$$H_0(s) = \frac{1 - e^{-sT}}{s} \approx \frac{1 - 1 + sT - \dfrac{(sT)^2}{2} + L}{s} \tag{6.2}$$

$$= T\left(1 - s \cdot \frac{T}{2} + L\right) \approx T \cdot e^{-s \cdot \frac{T}{2}}$$

由式(6.2)表明,零阶保持器可用半个采样周期的时间滞后环节来近似。假定相位裕量可减少 $5° \sim 15°$,则采样周期应选为

$$T \approx (0.15 \sim 0.5)\frac{1}{\omega_c} \tag{6.3}$$

式中,ω_c 是连续控制系统的剪切频率。按(6.3)式的经验法选择的采样周期相当短。因此,采用模拟化设计方法,用数字控制器去近似模拟控制器,要选择相当短的采样周期。

3. 将 $D(s)$ 离散化为 $D(z)$

将 $D(s)$ 离散化为 $D(z)$ 的方法有很多,如双线性变换法、差分法、冲击响应不变法、零阶保持法、零极点匹配法等。

4. 设计由计算机实现的控制方法

将 $D(z)$ 表示成差分方程的形式,编制程序,由计算机实现数字调节规律。

5. 校验

设计好的数字控制器能否达到系统设计指标,必须进行检验。可以采用数学分析方法,在 Z 域内分析、检验系统性能指标;也可采用仿真技术,即利用计算机来检验系统的指标是否满足设计要求。如果不满足,则需要重新设计。

6.1.2　数字 PID 控制器

按反馈控制系统偏差的比例(Proportional)、积分(Integral)和微分(Differential)规律进行控制的调节器,简称为 PID 调节器。由于该调节器结构简单,参数整定方便,易于工业实现,适用面广,因而它是连续系统中技术最成熟、使用最广泛的一种调节器。随着计算机技术的发展,由计算机实现的数字 PID 控制器正在逐步取代模拟 PID 控制器。下面从最基本的模拟 PID 控制原理出发,讨论数字 PID 控制计算机实现方法。

1. PID 的数字化

在模拟系统中,PID 算法的表达式为

$$u(t) = K_P \left[e(t) + \frac{1}{T_i} \int e(t) \mathrm{d}t + T_d \frac{\mathrm{d}e(t)}{\mathrm{d}t} \right] \tag{6.4}$$

式中，$u(t)$ 为调节器输出信号；$e(t)$ 为调节器的偏差信号，它等于测量值与给定值之差；K_P 为调节器的比例系数；T_i 为调节器的积分时间；T_d 为调节器的微分时间。

由于计算机控制是一种采样控制，它只能根据采样时刻的偏差值来计算控制量。因此，在计算机控制系统中，必须首先对式(6.4)进行离散化处理，用数字形式的差分方程代替连续系统的微分方程。

(1) 数字 PID 位置型控制算法

为了便于计算机实现 PID 控制算法，必须把 PID 微分方程式(6.4)改写为差分方程，为此将积分项和微分项近似用求和及增量式表示为

$$\int_0^k e(t) \mathrm{d}t \approx \sum_{j=0}^{k} e(j) \Delta t = T \sum_{j=0}^{k} e(j) \tag{6.5}$$

$$\frac{\mathrm{d}e(t)}{\mathrm{d}t} \approx \frac{e(k) - e(k-1)}{\Delta t} = \frac{e(k) - e(k-1)}{T} \tag{6.6}$$

将式(6.5)和式(6.6)代入式(6.4)，则可得到离散的 PID 表达式为

$$u(k) = K_P \left\{ e(k) + \frac{T}{T_i} \sum_{j=0}^{k} e(j) + \frac{T_d}{T} [e(k) - e(k-1)] \right\} \tag{6.7}$$

式中，T 为采样周期；$e(k)$ 为第 k 次采样时的偏差值；$e(k-1)$ 为第 $(k-1)$ 次采样时的偏差值；k 为采样序号，$k = 0, 1, 2 \cdots$；$u(k)$ 为第 k 次采样时调节器的输出。

由于式(6.7)的输出值与阀门开度的位置一一对应，因此，通常把式(6.7)称为位置型 PID 的位置控制算式。

由式(6.7)可以看出，要计算 $u(k)$，不仅需要本次偏差信号 $u(k)$ 和上次的偏差信号 $e(k-1)$，而且还要在积分项中把历次的偏差信号 $e(j)$ 进行相加，即 $\sum_{j=0}^{k} e(j)$。这样，不仅计算繁琐，而且为保存 $e(j)$ 还要占用很多内存。因此，用式(6.7)直接进行控制很不方便。为此，我们做如下改动。根据递推原理，可写出 $(k-1)$ 次的 PID 输出表达式为

$$u(k-1) = K_P \left\{ e(k-1) + \frac{T}{T_i} \sum_{j=0}^{k-1} e(j) + \frac{T_d}{T} [e(k-1) - e(k-2)] \right\} \tag{6.8}$$

用式(6.7)减去式(6.8)可得

$$u(k) = u(k-1) + K_P [e(k) - e(k-1)] + K_i e(k) + K_d [e(k) - 2e(k-1) + e(k-2)]$$
$$\tag{6.9}$$

式中，$K_i = K_P \dfrac{T}{T_i}$ 为积分系数；$K_d = K_P \dfrac{T_d}{T}$ 为微分系数。

由式(6.9)可知，要计算第 k 次输出值 $u(k)$，只需知道 $u(k-1)$、$e(k)$、$e(k-1)$、$e(k-2)$ 即可，比用式(6.8)计算要简单得多。

(2) 数字 PID 增量型控制算法

在很多控制系统中，由于执行机构是采用步进电机或多圈电位器进行控制的，所以，只要给一个增量信号即可。因此，由式(6.7)和式(6.8)相减得

$$\Delta u(k) = u(k) - u(k-1)$$

$$= K_p [e(k)-e(k-1)] + K_i e(k) + K_d [e(k)-2e(k-1)+e(k-2)] \qquad (6.10)$$

式中,K_p、K_i 和 K_d 同式(6.9)。

式(6.10)表示第 k 次输出的增量 $\Delta u(k)$,等于第 k 次与第 $k-1$ 次调节器输出差值,即在第$(k-1)$次的基础上增加(或减少)的量,所以式(6.10)叫做增量型 PID 控制算式。

用计算机实现位置式和增量式控制算式的原理方框图如图 6.2 所示。

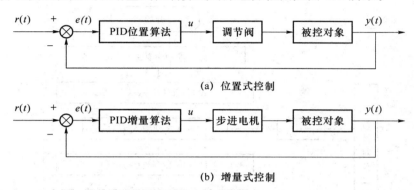

(a) 位置式控制

(b) 增量式控制

图 6.2 PID 控制系统

2. 数字 PID 控制算法实现方式比较

增量型算法与位置型算法相比,具有如下优点。

① 由于计算机输出增量,所以误动作影响小,必要时可用逻辑判断的方法去掉。

② 在位置型控制算法中,由手动到自动切换时,必须首先使计算机的输出值等于阀门的原始开度,即 $u(k-1)$,才能保证手动/自动无扰动切换,这将给程序设计带来困难。而增量设计只与本次的偏差值有关,与阀门原来的位置无关,因而增量算法易于实现手动/自动无扰动切换。在位置控制算式中,不仅需要对 $e(j)$ 进行累加,而且计算机的任何故障都会引起 $u(k)$ 大幅度变化,对生产产生不利。

③ 不产生积分失控,所以容易获得较好的调节品质。

增量控制因其特有的优点已得到了广泛的应用。但是,这种控制也有其不足之处,具体如下。

• 积分截断效应大,有静态误差。

• 溢出的影响大。因此,应该根据被控对象的实际情况加以选择。一般认为,在以晶闸管或伺服电机作为执行器件,或对控制精度要求高的系统中,应当采用位置型算法,而在以步进电机或多圈电位器做执行器件的系统中,则应采用增量式算法。

3. PID 算法的程序设计

由式(6.9)可知,增量式 PID 控制算法为

$$\Delta u(k) = u(k) - u(k-1)$$

$$= K_p [e(k)-e(k-1)] + K_i e(k) + K_d [e(k)-2e(k-1)+e(k-2)]$$

为了编程方便,可将上式整理为如下形式

$$\Delta u(k) = Ae(k) + Be(k-1) + Ce(k-2)$$

式中 $A=K_p\left(1+\dfrac{T}{T_i}+\dfrac{T_d}{T}\right),B=-K_p\left(1+\dfrac{2T_d}{T}\right),C=-K_p\dfrac{T_d}{T}$。

利用数字 PID 增量式控制算法,亦可得出 PID 位置式算法,即

$$u(k)=u(k-1)+\Delta u(k)=u(k-1)+Ae(k)+Be(k-1)+Ce(k-2)$$

数字 PID 增量式控制算法流程图如图 6.3 所示。

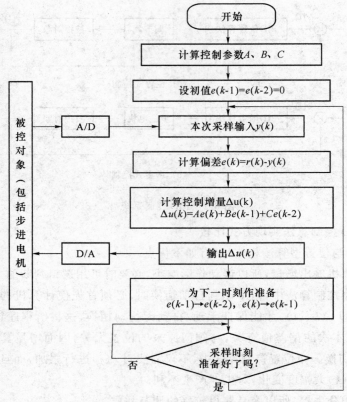

图 6.3　增量式 PID 控制算法程序

6.1.3　数字 PID 控制器的改进

在计算机控制系统中,PID 控制规律是用计算机程序实现的,它的灵活性很大。因此通过改进算法可以满足不同控制系统的要求。解决了一些原来在模拟 PID 控制器中无法实现的问题。

下面介绍几种常用的数字 PID 算法的改进措施。

1. 积分分离数字 PID 控制算法

系统引入积分控制的目的是为了提高控制精度。但在过程的启动或大幅度增减给定值的短时间内,系统输出会产生很大偏差,造成 PID 的积分累积,积分项的数值很大,这样会导致系统较大超调,甚至引起系统的振荡。为了避免出现这种情况,引入逻辑判断功能使积分项在大偏差时不起作用,而在小偏差时起作用。这样即保持了积分作用,又减小了超调量,改善了系统的控制性能。

积分分离 PID 控制算法可以表示为

$$u(k) = K_p e(k) + k_i K_i \sum_{j=0}^{k} e(j) + K_d [e(k) - e(k-1)] \qquad (6.11)$$

式中, k_i 为逻辑系数,即

$$k_i = \begin{cases} 1 & |e(j)| \leqslant E_0 \\ 0 & |e(j)| > E_0 \end{cases}$$

E_0 为预先设置的阈值。

　　可见,当偏差绝对值大于 E_0 时,积分不起作用;当偏差较小时,才引入积分作用,使调节性能得到改善,如图 6.4 所示。

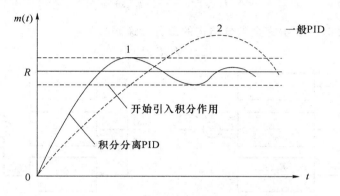

图 6.4　具有积分分离作用的控制过程曲线

2. 带死区的数字 PID 控制算法

　　在计算机控制系统中,有时不希望控制系统频繁动作,如中间容器的液面控制及减少执行机构的机械磨损等,这时可采用带死区的 PID 控制算法。所谓的带死区的 PID,是在计算机中人为地设置一个不灵敏区(也称死区) e_0,当偏差的绝对值小于 e_0 时,其控制输出维持上次的输出;当偏差的绝对值不小于 e_0 时,则进行正常的 PID 控制输出。死区 e_0 是一个可调的参数,其具体数值根据时间对象由实验确定。若 e_0 值太小,使控制动作过于频繁,达不到稳定被控对象的目的;若 e_0 值太大,则系统将产生很大的滞后。该系统实际上是一个非线性控制系统,但在概念上与典型不灵敏区非线性控制系统不同。其系统框图如图 6.5 所示。

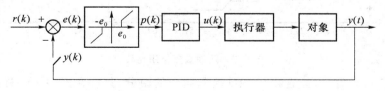

图 6.5　带死区的 PID 控制系统

3. 不完全微分数字 PID 控制算法

　　微分控制反映的是误差信号的变化率,是一种有"预见"的控制,因而它与比例或比例积分组合起来控制能改善系统的动态特性。但微分控制有放大噪声信号的缺点,因此对具有高频干扰的生产过程,微分作用过于敏感,控制系统很容易产生振荡,反而导致了系统控制性能降低。例如当被控量突然变化时,偏差的变化率很大,因而微分输出很大,由于计算机对每个控制回路输出时间是短暂的,执行机构因惯性或动作范围的限制,其动作位置未达到控制量的要求值,因而限制了微分正常的校正作用,使输出产生失真,即所谓的微分失控(饱和)。这种情况的实质是丢失了控制信息,其后果是降低了控制品质。为了克服这一缺点,采用不完全微分PID控制器可以抑制高频干扰,系统控制性能则明显改善。

不完全微分结构图如图 6.6(a)所示。

对于如图 6.6(a)所示不完全微分结构的微分传递函数为

$$U(s) = \frac{k_d T_d s}{1 + T_f s} E(s) \tag{6.12}$$

对于如图 6.6(b)所示完全微分结构的微分传递函数为

$$U(s) = k_p T_d s E(s) \tag{6.13}$$

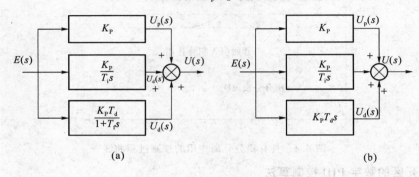

(a)　　　　　　　　　　　　　　　　(b)

图 6.6　不完全微分算法结构

两者作用的比较如图 6.7 所示。

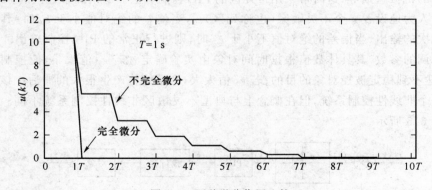

图 6.7　两种微分作用比较

从图 6.7 可以看出,普通数字 PID 控制器中的微分,只有在第一个采样周期有一个大幅度的输出。一般工业的执行机构无法在较短的采样周期内跟踪较大的微分作用输出,而且还容易引进高频干扰;不完全微分数字 PID 控制器的控制性能好,是因为其微分作用能缓慢地持续多个采样周期,使得一般的工业执行机构能比较好地跟踪微分作用输出,而且算式中含有一阶惯性环节,具有数字滤波作用,抗干扰作用也强,因此,近年来不完全微分数字 PID 控制算法越来越得到广泛的应用。

4. 微分先行 PID 控制算法

微分先行 PID 结构如图 6.8 所示。它的特点是只对输出量 $y(t)$ 进行微分,而对给定值 $r(t)$ 不作微分。这样,在改变给定值时,对系统的输出影响是比较缓和的。这种对输出量先行微分的控制算法特别适用于给定值频繁变化的场合,可以避免因给定值升降时所引起的超调量过大、阀门动作过分振荡,明显地改善了系统的动态特性。

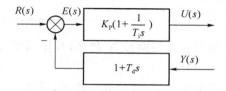

图 6.8　微分先行 PID 控制结构

以上介绍了几种自动控制系统中常用的数字 PID 控制算法的改进方法。需要指出的是,限于篇幅,还有很多改进的数字 PID 控制算法没有介绍,如遇限削弱积分 PID 算法、带滤波器的 PID 算法、变速积分 PID 控制算法及基于前馈补偿的 PID 算法等。若读者有兴趣,可参阅有关的参考书,这里就不一一介绍了。在实际应用中可根据不同的场合灵活地选用这些改进的数字 PID 控制算法。

6.1.4　数字 PID 控制器参数的整定

各种数字 PID 控制算法用于实际系统时,必须确定算法中各参数的具体数值,如比例增益 K_p、积分时间常数 T_i、微分时间常数 T_d 和采样周期 T,以使系统全面满足各项控制指标,这一过程叫做数字控制器的参数整定。数字 PID 控制器参数整定的任务是确定 T、K_p、T_i 和 T_d。

1. 采样周期 T 的选择

采样周期 T 在计算机控制系统中是一个重要参数,从信号的保真度来考虑,采样周期 T 不宜太长,也就是采样角频率 $\omega_s(2\pi/T)$ 不能太低,采样定理给出了下限频率即 $\omega_s \geqslant 2\omega_m$,$\omega_m$ 是原来信号的最高频率。从控制性能来考虑,采样周期 T 应尽可能地短,也即 ω_s 应尽可能地高,但是采样频率越高,对计算机的运算速度要求越快,存储器容量要求越大,计算机的工作时间和工作量随之增加。另外,采样频率高到一定程度,对系统性能的改善已经不显著了。所以,对每个回路都可以找到一个最佳的采样周期 T。

采样周期 T 的选择与下列一些因素有关。

① 作用于系统的扰动信号频率 f_n。通常 f_n 越高,要求采样频率 f_s 也要相应提高,即采样周期($T=2\pi/f_s$)缩短。

② 对象的动态特性。当系统中仅是惯性时间常数起作用时,$\omega_s \geqslant 10\omega_m$,$\omega_m$ 为系统的通频带;当系统中纯滞后时间 τ 占有一定份量时,应该选择 $T \approx \tau/10$;当系统中纯滞后时间 τ 占主导作用时,可选择 $T \approx \tau$。如表 6.1 所示列出了几种常见的对象选择采样周期的经验数据。

表 6.1　常用被控参数的经验采样周期

被控参数	采样周期/s	备注
流量	1～5	优先用(1～2) s
压力	3～10	优先用(6～8) s
液位	6～8	优先用 7 s
温度	15～20	取纯滞后时间常数
成分	15～20	优先用

③ 测量控制回路数。测量控制回路数 N 越多,采样周期 T 越长。若采样时间为 τ,则采样周期 $T \geqslant N\tau$。

④ 与计算字长有关。计算字越长,计算时间越多,采样频率就不能太高。反之,计算字长较短,便可适当提高采样频率。

采样周期可在比较大的范围内选择,另外,确定采样周期的方法也是比较多的,所以应根据实际情况选择合适的采样周期。

2. 数字 PID 参数的工程整定

数字 PID 参数整定有理论计算和工程整定等多种方法,理论计算法确定 PID 控制器参数需要知道被控对象的精确模型,这在一般工业过程中是很难做到的 。因此,常用的方法还是简单易行的工程整定法,它由经典频率法简化而来,虽然较为粗糙,但很实用,且不必依赖于被控对象准确的数学模型。

由于数字 PID 控制系统的采样周期 T 一般远远小于系统的时间常数,是一种准连续控制,因此,可以按模拟 PID 控制器参数整定的方法来选择数字 PID 控制参数,并考虑采样周期 T 对参数整定的影响,对控制参数做适当地调整,然后在系统运行中加以检验和修正。

下面将介绍扩充临界比例度法、扩充响应曲线法、参数归一法和变参数寻优法。

(1) 扩充临界比例度法

此法是模拟调节器中所用的临界比例度法的扩充,其整定步骤如下。

① 选择合适的采样周期 T。调节器作纯比例 K_p 的闭环控制,逐步加大 K_p,使控制过程出现临界振荡。如图 6.9 所示,由临界振荡求得临界振荡周期 T_u 和临界振荡增益 K_u,即临界振荡时的 K_p 值。

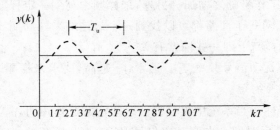

图 6.9　扩充临界比例度实验曲线

② 选择控制度。控制度的意义是数字调节器和模拟调节器所对应的过渡过程的误

差平方的积分之比,即

$$控制度 = \frac{\left[\min\int e^2 dt\right]_D}{\left[\min\int e^2 dt\right]_A} \tag{6.14}$$

实际应用中并不需要计算出两个误差平方积分,控制度仅表示控制效果的物理概念。例如,当控制度为 1.05 时,数字调节器的效果和模拟调节器相同,当控制度为 2 时,数字控制较模拟控制的质量差一倍。

③ 选择控制度后,按如表 6.2 所示求得 T, K_p, T_i, T_d 值。

④ 参数的整定只给出一个参考值,需再经过实际调整,直到获得满意的控制效果为止。

表 6.2　扩充临界比例度法整定计算表

控制度	控制规律	T/T_u	K_p/K_u	T_i/T_u	T_d/T_u
1.05	PI	0.03	0.55	0.88	—
	PID	0.014	0.63	0.49	0.14
1.2	PI	0.05	0.49	0.91	—
	PID	0.043	0.47	0.47	0.16
1.50	PI	0.41	0.42	0.99	—
	PID	0.09	0.34	0.43	0.20
2.0	PI	0.22	0.36	1.05	—
	PID	0.16	0.27	0.40	0.22
模拟调节器	PI	—	0.57	0.83	—
	PID		0.70	0.50	0.13

(2) 扩充响应曲线法

在上述方法中,不需要事先知道对象的动态特性,而是直接在闭环系统中进行整定。

如果已知系统的动态特性曲线,那么就可以与模拟调节方法一样,采用扩充响应曲线法进行整定。其步骤如下。

① 断开数字调节器,使系统在手动状态下工作。当系统在给定值处达到平衡后,给一阶跃输入。

② 用仪表记录下被调参数在此阶跃作用下的变化过程曲线(即广义对象的飞升特性曲线),如图 6.10 所示。

③ 在曲线最大斜率处,作切线求得滞后时间 τ,被控对象时间常数 T_τ,以及它的最陡斜率 $R = \dfrac{1}{T_\tau}$。

④ 根据所求得的 τ 和 R 的值,按照如表 6.3 所示,即可求出控制器的 T、K_p、T_i 和 T_d。

表 6.3　PID 参数整定计算表

	K_p	T_i	T_d
P	$1/(R\tau)$		
PI	$0.9/(R\tau)$	3τ	
PID	$1.2/(R\tau)$	2τ	0.5τ

例 6.1　已知某加热炉温度计算机控制系统的过渡过程曲线见图 6.10,其中 $\tau=30$ s,$T_g=180$ s,$T=10$ s,试求数字 PID 控制算法的参数,并求其差分方程。

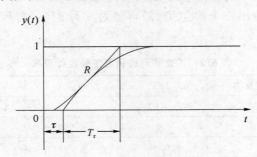

图 6.10　被控对象阶跃响应

解:

$R=\dfrac{1}{T_\tau}=\dfrac{1}{180}$,$R_\tau=\dfrac{1}{180}\times30=\dfrac{1}{6}$。根据表 6.3 有

$$K_p=\frac{1.2}{R_\tau}=7.2;T_i=2\tau=60;T_d=0.5\tau=15$$

$$K_i=K_p\frac{T}{T_i}=7.2\times\frac{10}{60}=1.2,K_d=K_p\frac{T_d}{T}=7.2\times\frac{15}{10}=10.8$$

因此,得到位置式 PID 算法如下。

$$u(k)=u(k-1)+K_p[e(k)-e(k-1)]+K_ie(k)+K_d[e(k)-2e(k-1)+e(k-2)]$$
$$=u(k-1)+7.2[e(k)-e(k-1)]+1.2e(k)+10.8[e(k)-2e(k-1)+e(k-2)]$$
$$=u(k-1)+9.2e(k)-28.8e(k-1)+10.8e(k-2)$$

（3）归一参数整定法

除了上面讲的一般的扩充临界比例度整定法以外,Roberts. P. D 在 1974 年提出一种简化扩充临界比例度整定法。由于该方法只需要整定一个参数即可,故称其为归一参数整定法。

已知增量型 PID 控制的公式为

$$\Delta u(k)=K_p[e(k)-e(k-1)]+K_ie(k)+K_d[e(k)-2e(k-1)+e(k-2)]$$

根据 Ziegler—Nichle 条件,如果令 $T=0.1T_k$、$T_i=0.5T_k$、$T_d=0.125T_k$。式中 T_k 为纯比例作用下的临界振荡周期。则

$$\Delta u(k)=K_p[2.45e(k)-3.5e(k-1)+0.125e(k-2)] \tag{6.15}$$

这样,整个问题便简化为只要整定一个参数 K_p。改变 K_p,观察控制效果,直到满意为止。该法为实现简易的自整定控制带来方便。

（4）变参数寻优法

在工业生产过程中,若用一组固定的参数来满足各种负荷或干扰时的控制性能的要求是很困难的,因此,必须设置多组 PID 参数。当工况发生变化时,能及时调整 PID 参数,使过程控制性能最佳。目前常用的参数调整方法如下。

① 对某些控制回路根据负荷不同,采用几组不同的 PID 参数,以提高控制质量。

② 时序控制。按照一定的时间顺序采用不同的给定值和 PID 参数。

③ 人工模型。把现场操作人员的操作方法及操作经验编制成程序,由计算机自动改变参数。

④ 自寻最优。编制自动寻优程序,当工况变化时,计算机自动寻找合适的参数,使系统保持最佳的状态。

6.2　计算机控制系统的离散化设计

前面介绍了计算机控制系统的模拟化设计方法。这种方法是以连续控制系统设计为基础,然后离散化控制器,变为能在数字计算机上实现的算法,进而构成计算机控制系统。这种设计方法的缺点是,系统的动态性能与采样频率的选择关系很大,若采样频率选得太低,则离散后失真较大,整个系统的性能显著降低,甚至不能达到要求。在这种情况下应采用离散化设计方法。

离散化设计方法是在 Z 平面上设计的方法,对象可以用离散模型表示。或者用离散化模型的连续对象,以采样控制理论为基础,以 Z 变换为工具,在 Z 域中直接设计出数字控制器 $D(Z)$。这种设计法也称直接设计法或 Z 域设计法。

由于直接设计法无须离散化,也就避免了离散化误差。又因为它是在采样频率给定的前提下进行设计的,可以保证系统性能在此采样频率下达到品质指标要求,所以采样频率不必选得太高。因此,离散化设计法比模拟设计法更具有一般意义。

6.2.1　数字控制器的离散化设计步骤

在如图 6.11 所示中,$D(z)$ 为数字控制器,$G_c(z)$ 为系统的闭环脉冲传递函数,$HG(z)$ 为广义对象的脉冲传递函数,$H_0(s)$ 为零阶保持器传递函数,$G(s)$ 为被控对象传递函数,$Y(z)$ 为系统输出信号的 Z 变换,$R(z)$ 为系统输入信号的 Z 变换。

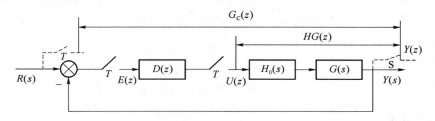

图 6.11　数字控制系统原理

广义对象的脉冲传递函数为

$$HG(z) = Z[H_0(s)G(s)]Z\left[\frac{1-e^{-Ts}}{s}G(s)\right] \tag{6.16}$$

可得到对应如图 6.11 所示的闭环脉冲传递函数为

$$G_c(z) = \frac{Y(z)}{R(z)} = \frac{D(z)HG(z)}{1+D(z)HG(z)} \tag{6.17}$$

误差脉冲传递函数为

$$G_e(z) = \frac{E(z)}{R(z)} = 1 - G_c(z) \tag{6.18}$$

$$D(z) = \frac{U(z)}{E(z)} = \frac{G_c(z)}{HG(z)[1-G_c(z)]} = \frac{G_c(z)}{HG(z)G_e(z)} \tag{6.19}$$

当 $G(s)$ 已知,并根据控制系统性能指标要求构造出 $G_c(z)$,则可由式(6.17)和式(6.19)求得 $D(z)$。由此可得出数字控制器的离散化设计步骤如下。

① 由 $H_0(s)$ 和 $G(s)$ 求取广义对象的脉冲传递函数 $HG(z)$。
② 根据控制系统的性能指标及实现的约束条件构造闭环脉冲传递函数 $G_c(z)$。
③ 根据式(6.19)确定数字控制器的脉冲传递函数 $D(z)$。
④ 由 $D(z)$ 确定控制算法并编制程序。

6.2.2　最少拍控制器设计

在数字随动系统中,通常要求系统输出能够尽快地、准确地跟踪给定值变化,最少拍控制就是适应这种要求的一种直接离散化设计法。

在数字控制系统中,通常把一个采样周期称为一拍。所谓最少拍控制,就是要求设计的数字调节器能使闭环系统在典型输入作用下,经过最少拍数达到输出无静差。显然这种系统对闭环脉冲传递函数的性能要求是快速性和准确性。实质上最少拍控制是时间最优控制,系统的性能指标是调节时间最短(或尽可能的短)。

1. 最少拍控制系统 $D(z)$ 的设计

设计最少拍控制系统的数字控制器 $D(z)$,最重要的就是要研究如何根据性能指标要求,构造一个理想的闭环脉冲传递函数。

由误差表达式

$$E(z) = G_e(z)R(z) = e_0 + e_1 z^{-1} + e_2 z^{-2} + \cdots \tag{6.20}$$

可知,要实现无静差、最小拍,$E(z)$ 应在最短时间内趋近于零,即 $E(z)$ 应为有限项多项式。因此,在输入 $R(z)$ 一定的情况下,必须对 $G_e(z)$ 提出要求。

典型输入的 Z 变换具有如下形式。

① 单位阶跃输入

$$R(t) = u(t), R(z) = \frac{1}{1-z^{-1}}$$

② 单位速度输入

$$R(t) = t, R(z) = \frac{Tz^{-1}}{(1-z^{-1})^2}$$

③ 单位加速度输入

$$R(t)=\frac{1}{2}t^2,R(z)=\frac{T^2z^{-1}(1+z^{-1})}{2(1-z^{-1})^3}$$

由此可得出调节器输入共同的 Z 变换形式

$$R(z)=\frac{A(z)}{(1-z^{-1})^m} \tag{6.21}$$

其中 $A(z)$ 是不含有 $(1-z^{-1})$ 因子的 z^{-1} 的多项式,根据 Z 变换的终值定理,系统的稳态误差

$$\lim_{t\to\infty}e(t)=\lim_{z\to1}(1-z^{-1})E(z)=\lim_{z\to1}(1-z^{-1})G_e(z)R(z)=$$

$$\lim_{z\to1}(1-z^{-1})G_e(z)\frac{A(z)}{(1-z^{-1})^m}=0$$

很明显,要使稳态误差为零,$G_e(z)$ 中必须含有 $(1-z^{-1})$ 因子,且其幂次不能低于 m,即

$$G_e(z)=(1-z^{-1})^M F(z) \qquad M\geqslant m \tag{6.22}$$

式中,$F(z)$ 是关于 z^{-1} 的有限多项式。

为了实现最少拍,要求 $G_e(z)$ 中关于 z^{-1} 的幂次尽可能低,令 $M=m$,$F(z)=1$,则所得 $G_e(z)$ 既可满足准确性,又可满足快速性要求,这样就有

$$G_e(z)=(1-z^{-1})^m \tag{6.23}$$

$$G_c(z)=1-(1-z^{-1})^m \tag{6.24}$$

2. 典型输入下的最少拍控制系统分析

(1) 单位阶跃输入时

$$G_e(z)=(1-z^{-1}),G_c(z)=1-(1-z^{-1})=z^{-1}$$

$$E(z)=R(z)G_e(z)=\frac{1}{1-z^{-1}}(1-z^{-1})=1$$

$$=1\times z^0+0\times z^{-1}+z^{-2}+\cdots$$

$$Y(z)=R(z)G_c(z)=\frac{1}{1-z^{-1}}z^{-1}=z^{-1}+z^{-2}+z^{-3}+\cdots$$

$e(0)=1,e(T)=e(2T)=\cdots=0$,这说明开始一个采样点上有偏差,经过一个采样周期后,系统在采样点上不再有偏差,这时过渡过程为一拍。

(2) 单位速度输入时

$$G_e(z)=(1-z^{-1})^2,G_c(z)=1-(1-z^{-1})^2=2z^{-1}-z^{-1}$$

$$E(z)=R(z)G_e(z)=\frac{Tz^{-1}}{(1-z^{-1})^2}(1-2z^{-1}+z^{-2})=Tz^{-1}$$

$$Y(z)=R(z)G_c(z)=2Tz^{-1}+3Tz^{-2}+4Tz^{-3}+\cdots$$

$e(0)=0,e(T)=T,e(2T)=e(3T)=\cdots=0$,这说明经过两拍后,偏差采样值达到并保持为零,过渡过程为两拍。

(3) 单位加速度输入

$$G_e(z)=(1-z^{-1})^3$$

$$G_e(z)=1-(1-z^{-1})^3=3z^{-1}-3z^{-2}+z^{-3}$$

$$E(z)=G_e(z)R(z)=(1-z^{-1})^3\frac{T^2z(1+z^{-1})}{2(1-z^{-1})^3}=\frac{T^2z^{-1}}{2}+\frac{T^2z^{-2}}{2}$$

$e(0)=0,e(T)=e(2T)=T^2/2,e(3T)=e(4T)=\cdots=0$，这说明经过三拍后，输出序列不会再有偏差，过渡过程为三拍。

例 6.2　计算机控制系统见图 6.11，对象的传递函数 $G(s)=\dfrac{2}{s(0.5s+1)}$，采样周期 $T=0.5\,\text{s}$ 系统输入为单位速度函数，试设计有限拍调节器 $D(z)$。

解：广义对象传递函数为

$$HG(z)=Z\Big[\frac{1-e^{-Ts}}{s}\cdot\frac{2}{s(0.5s+1)}\Big]=Z\Big[(1-e^{-Ts})\frac{4}{s^2(s+1)}\Big]$$

$$=(1-z^{-1})Z\Big[\frac{4}{s^2(s+1)}\Big]$$

$$=(1-z^{-1})Z\Big[\frac{2}{s^2}-\frac{1}{s}+\frac{1}{s+2}\Big]$$

$$=(1-z^{-1})\Big[\frac{2Tz^{-1}}{(1-z^{-1})^2}+\frac{1}{(1-z^{-1})}+\frac{1}{(1-e^{-2T}z^{-1})}\Big]$$

$$=\frac{0.368z^{-1}(1+0.718z^{-1})}{(1-z^{-1})(1-0.368z^{-1})}$$

由于 $r(t)=t$，得 $G_c(z)=(1-z^{-1})^2$，因而

$$G_e(z)=(1-z^{-1})^2$$

求得的控制器的脉冲传递函数

$$D(z)=\frac{G_c(z)}{HG(z)G_e(z)}=\frac{5.435(1-0.5z^{-1})(1-0.368z^{-1})}{(1-z^{-1})(1+0.718z^{-1})}$$

检验：

$$E(z)=G_e(z)R(z)=Tz^{-1}$$

由此可见

$$Y(z)=[1-G_e(z)]R(z)$$

$$=(2z^{-1}-z^{-2})\frac{Tz^{-1}}{(1-z^{-1})^2}$$

$$=2Tz^{-1}+3Tz^{-2}+4Tz^{-3}+\cdots$$

上式中各项系数，即为 $y(t)$ 在各个采样时刻的数值。

其输出响应曲线如图 6.12(a)所示。

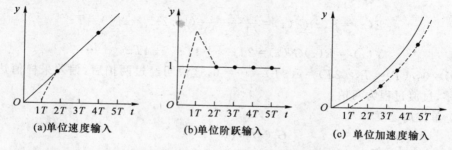

(a)单位速度输入　　　　(b)单位阶跃输入　　　　(c) 单位加速度输入

图 6.12　按单位速度输入设计的最小拍控制器对不同输入的响应曲线

由图中可知，当系统为单位速度输入时，经过两拍以后，输出量完全等于输入采样值，

即 $y(kT) = r(kT)$。但在各采样点之间还存在着一定的误差,即存在着一定的波纹。

下面再来看一下,当系统输入为其他函数值时,输出相应的情况。

输入为单位阶跃函数时,系统输出序列的 Z 变换为

$$Y(z)=G_c(z)R(z)$$

$$=(2z^{-1}-z^{-2})\frac{1}{1-z^{-1}}$$

$$=2z^{-1}+z^{-2}+z^{-3}+z^{-4}+\cdots$$

输出序列为

$$y(0)=0,y(T)=2,y(2T)=1,y(3T)=1,y(4T)=1,\cdots$$

若输入为单位加速度,输出量的 Z 变换为

$$Y(z)=G_c(z)R(z)$$

$$=(2z^{-1}-z^{-2})\frac{T^2z^{-1}(1+z^{-1})}{2(1-z^{-1})^3}$$

$$=T^2z^{-2}+3.5T^2z^{-3}+7T^2z^{-4}+11.5T^2z^{-5}+\cdots$$

输出序列为

$$y(0)=0,y(T)=0,y(2T)=T^2,y(3T)=3.5T^2,y(4T)=7T^2,\cdots$$

其输出响应曲线,如图 6.12(b)所示。由图中可见,按单位速度输入设计的最小拍系统,当为单位阶跃输入时,有 100% 的超调量,加速度输入时有静差。

由上述分析可知,按照某种典型输入设计的最小拍系统,当输入函数改变时,输出响应不理想,说明最小拍系统对输入信号的变化适应性较差。

3. 最少拍控制器设计的限制条件

最少拍控制器的设计必须考虑如下几个问题。

① 稳定性。闭环控制系统必须是稳定的,只有广义对象的脉冲传递函数 $HG(z)$ 是稳定的(即在 z 平面单位圆上或圆外没有零、极点),且不含有纯滞后环节时,所设计的最少拍系统才是正确的。如果 $HG(z)$ 不满足稳定条件,则需对设计原则作相应的限制。

由式(6.19)可导出系统闭环脉冲传递函数

$$G_c(z)=D(z)HG(z)G_e(z) \tag{6.25}$$

为保证闭环系统稳定,其闭环脉冲传递函数 $G_c(z)$ 的极点应全部在单位圆内。若广义对象的脉冲传递函数 $HG(z)$ 中有极点存在,则应用 $D(z)$ 或 $G_e(z)$ 的相同零点来抵消。但用 $D(z)$ 的零点去抵消 $HG(z)$ 的不稳定极点是不可靠的。因为 $D(z)$ 中的参数由于计算上的误差或漂移会造成抵消不完全的情况,这将引起系统不稳定,所以 $HG(z)$ 的不稳定极点通常由 $G_e(z)$ 来抵消。给 $G_e(z)$ 增加零点的后果是延迟了系统消除偏差的时间。$HG(z)$ 在单位圆上或圆外的零点,既不能用 $G_e(z)$ 中的极点来抵消,因为 $G_e(z)$ 已选定为 z^{-1} 的多项式,没有极点,也不能用增加 $D(z)$ 中的极点低消,因为 $D(z)$ 不允许有不稳定极点,这样会使数字控制器 $D(z)$ 不稳定。而对于 $HG(z)$ 中的纯滞后环节,也不能由 $D(z)$ 消除,因为这样将使计算机出现超前输出,这实际上是无法实现的。因此,广义对象 $HG(z)$ 中的单位圆外零点和 z^{-1} 因子,还必须包括在所设计的闭环脉冲传递函数 $G_c(z)$ 中,这将导致调整时间的延长。

② 准确性。控制系统对典型输入必须无稳态误差。仅在采样点上无稳态误差称最少拍有纹波系统;在采样点和采样点之间都无稳态误差的系统称最少拍无纹波系统。

③ 快速性。过渡过程应尽快结束,即调整时间是有限的,拍数是最少的。

④ 物理可实现性。设计出的 $D(z)$ 必须在物理上是可实现的。

根据上面的分析,设计最小拍系统时,考虑到控制器的可实现性和系统的稳定性,对闭环脉冲传递函数 $G_c(z)$、误差传递函数 $G_e(z)$ 的选择必须有一定的限制。

① 数字控制器 $D(z)$ 在物理上应是可实现的有理多项式。即

$$D(z) = \frac{b_0 + b_1 z^{-1} + b_2 z^{-2} + \cdots + b_m z^{-m}}{1 + a_1 z^{-1} + a_2 z^{-2} + \cdots + a_n z^{-n}} \tag{6.26}$$

式中,$a_i(i=1,2,3,\cdots,n)$ 和 $b_i(i=1,2,3,\cdots,m)$ 为常系数,且 $n > m$。

② $HG(z)$ 的所有不稳定极点都由 $G_e(z)$ 的零点来抵消。

③ $HG(z)$ 的所有不稳定零点和滞后因子均应包含在闭环脉冲传递函数 $G_c(z)$ 中。

④ $G_c(z) = 1 - G_e(z)$ 应为 z^{-1} 的展开式,且其方次应与 $HG(z)$ 中分子的 z^{-1} 因子的方次相等。

例 6.3　设最少拍系统如图 6.11 所示,$G(s) = \dfrac{10}{s(s+1)}$,采样周期 $T = 1$ s,试设计单位速度输入时的最少拍数字控制器。

解　首先求取广义对象的脉冲传递函数

$$
\begin{aligned}
HG(z) &= Z\left[\frac{1 - \mathrm{e}^{-sT}}{s} \frac{10}{s(s+1)}\right] \\
&= 10(1 - z^{-1}) Z\left[\frac{1}{s^2} + \frac{1}{s+1} - \frac{1}{s}\right] \\
&= \frac{1 - z^{-1}}{9}\left[\frac{T z^{-1}}{(1 - z^{-1})^2} + \frac{1}{1 - \mathrm{e}^{-T} z^{-1}} - \frac{1}{1 - z^{-1}}\right] \\
&= \frac{3.68 z^{-1}(1 + 0.718 z^{-1})}{(1 - z^{-1})(1 - 0.368 z^{-1})}
\end{aligned}
$$

$HG(z)$ 式中包含有 z^{-1},为满足限制条件③和④,要求闭环脉冲传递函数 $G_c(z)$ 中含有 z^{-1} 因子;用 $G_e(z)$ 来平衡 z^{-1} 的幂次,故可得

$$
\begin{cases}
G_c(z) = 1 - G_e(z) = z^{-1}(a + b z^{-1}) \\
G_e(z) = (1 - z^{-1})^2
\end{cases}
$$

式中 a,b 为待定系数。

由上述方程组可得

$$
\begin{cases}
a = 2 \\
b = -1
\end{cases}
$$

代入方程组,则

$$
\begin{cases}
G_c(z) = z^{-1}(2 - z^{-1}) \\
G_e(z) = (1 - z^{-1})^2
\end{cases}
$$

由此可求出数字控制器的脉冲传递函数

$$D(z) = \frac{1 - G_e(z)}{G_e(z) HG(z)} = \frac{0.543(1 - 0.5 z^{-1})(1 - 0.368 z^{-1})}{(1 - z^{-1})(1 + 0.718 z^{-1})}$$

进一步求得

$$Y(z) = R(z)G_c(z) = \frac{Tz^{-1}}{(1-z^{-1})^2}z^{-1}(2-z^{-1}) = 2z^{-2} + 3z^{-3} + 4z^{-4} + \cdots$$

输出序列为

$$y(0) = 0, y(T) = 0, y(2T) = 2, y(3T) = 3, y(4) = 4, \cdots$$

其输出响应曲线如图 6.13(a)所示。

$$U(z) = E(z)D(z) = z^{-1}\frac{0.543(1-0.5z^{-1})(1-0.368z^{-1})}{(1-z^{-1})(1+0.718z^{-1})}$$
$$= 0.54z^{-1} - 0.32z^{-2} + 0.4z^{-3} - 0.12z^{-4} + 0.25z^{-5} + \cdots$$

输出序列为

$$u(0) = 0.54, u(T) = -0.32, u(2T) = 0.4, u(3T) = -0.12, u(4T) = 0.25, \cdots$$

其输出响应曲线如图 6.13(b)所示

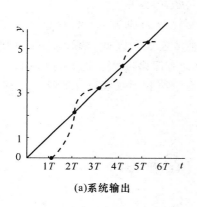
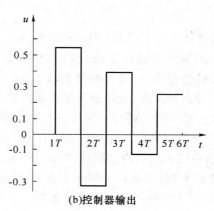

(a)系统输出 　　　　　　　　 (b)控制器输出

图 6.13　输出序列波形

6.2.3　最少拍无纹波控制器设计

有限拍无纹波设计的要求是系统在典型的输入作用下,经过尽可能少的采样周期后,系统达到稳定。并且在采样点之间没有纹波。

1. 纹波产生的原因

由例 6.3 可知

$$E(z) = G_e(z)R(z) = (1-z^{-1})^2\frac{Tz^{-1}}{(1-z^{-1})^2} = z^{-1}$$

即一拍进行跟踪,无稳态误差。

控制量输出为

$$U(z) = 0.54z^{-1} - 0.32z^{-2} + 0.4z^{-3} - 0.12z^{-4} + 0.25z^{-5} + \cdots$$

可见,控制量在一拍后并未进入稳态,而是在不停地波动,从而使连续部分的输出在多样点之间存在纹波,见图 6.13(a)。

该例题说明:最少拍有纹波设计可以使得在有限拍后采样点上的偏差为零,但数字调节器的输出并不一定达到稳定值,而是上下波动的。这个波动的控制量作用在保持器的输入端,保持器的输出也必然波动,于是系统的输出也出现了波纹。

控制量波动的原因是,由于其 z 变换 $u(z)$ 含有左半单位圆的极点,根据 z 平面上的极点分布与瞬态响应的关系,左半单位圆内极点虽然是稳定的,但对应的时间域应是振荡的。而 $U(z)$ 的这种极点是由 $G(z)$ 的相应零点引起的。

2. 消除纹波的附加条件

由上面分析可知,产生纹波的原因是控制量 $u(k)$ 并没有成为恒值(常数或零)。因此,使 $y(k)$ 在有限拍内达到稳定,就必须设计出一个 $D(z)$,使 $u(k)$ 也能在有限拍内达到稳定。

$$U(z)=D(z)E(z)=D(z)G_e(z)R(z) \tag{6.27}$$

根据式(6.27)可以证明,只要 $D(z)$ 是关于 z^{-1} 的有限多项式,那么,在确定的典型输入作用下经过有限拍以后,$U(z)$ 达到相对稳定,从而保证系统输出无纹波。

$$D(z)G_e(z)=\frac{1-G_e(z)}{HG(z)}=\frac{G_c(z)}{HG(z)}$$

由上面的式子可知,$HG(z)$ 的极点不会影响 $D(z)G_e(z)$ 成为 z^{-1} 的有限多项式,而 $HG(z)$ 的零点可能使 $D(z)G_e(z)$ 成为 z^{-1} 的无穷项多项式。因此,如让 $G_c(z)$ 中包含 $HG(z)$ 的全部零点,则可确保 $D(z)G_e(z)$ 是关于 z^{-1} 的有限多项式。因此,使 $G_c(z)$ 包含 $HG(z)$ 圆内的零点,就是消除纹波的附加条件,也是有纹波和无纹波设计的唯一区别。

确定最少拍(有限拍)无纹波 $G_c(z)$ 的方法如下。

① 先按有纹波设计方法确定 $G_c(z)$;

② 再按无纹波附加条件确定 $G_c(z)$。

例 6.4 已知条件如例 6.3 所示,试设计无纹波 $D(z)$ 并检查 $U(z)$。

解: 广义对象的脉冲传递函数为

$$HG(z)=\frac{3.68z^{-1}(1+0.718z^{-1})}{(1-z^{-1})(1-0.368z^{-1})}$$

由上式可知,$HG(z)$ 式中包含有 z^{-1} 因子,一个圆内零点 $(z=-0.718)$ 和单位圆上极点。根据前面的分析,闭环脉冲传递函数 $G_c(z)$ 应包含 z^{-1} 因子和 $HG(z)$ 的全部零点。$G_e(z)$ 应由输入形式、$HG(z)$ 的不稳定极点和 $G_c(z)$ 的阶次决定。故可得

$$\begin{cases} G_c(z)=az^{-1}(1+0.718z^{-1}) \\ G_e(z)=(1-z^{-1})(1+f_1z^{-1}) \end{cases}$$

利用 $G_c(z)=1-G_e(z)$,可求得 $a=0.582, f_1=0.418$,则

$$D(z)=\frac{G_c(z)}{HG(z)G_e(z)}=\frac{0.158(1-0.368z^{-1})}{1+0.418z^{-1}}$$

$$U(z)=D(z)G_e(z)R(z)=0.158-0.058z^{-1}$$

$$Y(z)=R(z)G_c(z)=\frac{1}{1-z^{-1}}(0.582z^{-1}+0.418z^{-2})=0.582z^{-1}+z^{-2}+z^{-3}+\cdots$$

由此可知,从第二拍起,$u(k)$ 恒为零,因此输出量稳定在稳态值,而不会有纹波了。无纹波比有纹波设计的调节时间延长了一拍,也就是说无纹波是靠牺牲时间来换取的,如图 6.14 所示。

有限拍无纹波设计能消除系统采样点之间的纹波,而且还在一定程度上减少了控制

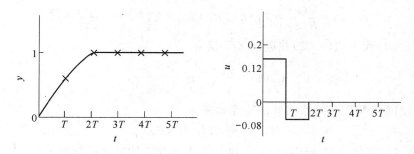

图 6.14　输出序列波形

能量,降低了对参数的灵敏度。但它仍然是针对某一特定输入设计的,对其他输入的适应性仍然不好。

6.3　纯滞后控制技术

6.3.1　大林算法

1968 年 IBM 公司的大林提出了一种针对工业过程中含有纯滞后的对象的控制算法,获得良好的效果。

1. 大林算法的基本形式

假设带有纯滞后对象的计算机控制系统(见图 6.11)是一个负反馈控制系统。纯滞后对象的特性为 $G(s)$,$H_0(s)$ 为零阶保持器,$D(z)$ 为数字控制器。

大林算法是用来解决含有纯滞后对象的控制问题,其适用于被控对象具有带纯滞后的一阶或二阶惯性环节,它们的传递函数分别为

$$G(s) = \frac{Ke^{-\tau s}}{T_1 s + 1} \tag{6.28}$$

$$G(s) = \frac{Ke^{-\tau s}}{(T_1 s + 1)(T_2 s + 1)} \tag{6.29}$$

式中,K 为放大系数,T_1 和 T_2 是对象的时间常数,τ 为被控对象的纯滞后时间,一般假定它们是采样周期 T 的整数倍。

(1)大林算法设计目标

大林算法的设计目标是:设计合适的数字控制器 $D(z)$,使整个计算机控制系统等效的闭环传递函数期望为一个纯滞后环节和一阶惯性环节相串联,并期望闭环系统的纯滞后时间等于被控对象的纯滞后时间,即闭环传递函数为

$$G_c(s) = \frac{Ke^{-\tau s}}{T_\tau s + 1} \tag{6.30}$$

式中,T_τ 为要求的等效惯性时间常数,τ 为对象的纯滞后时间常数,其与采样周期 T 有整数倍关系,即

$$\tau = NT \quad (N = 1, 2, 3 \cdots) \tag{6.31}$$

用脉冲传递函数近似法求得与 $G_c(s)$ 对应闭环脉冲传递函数

$$G_c(z) = \frac{Y(z)}{R(z)} = Z[H_0(s)G_c(s)] = Z\left[\frac{1-e^{-Ts}}{s}\frac{e^{-\tau s}}{T_\tau s+1}\right] \tag{6.32}$$

将式(6.31)代入式(6.32)并进行 Z 变换得

$$G_c(z) = \frac{(1-e^{-\frac{T}{T_\tau}})z^{-(N+1)}}{1-e^{-\frac{T}{T_\tau}}z^{-1}} \tag{6.33}$$

由图 6.11 可知广义对象的脉冲传递函数为

$$HG(z) = Z[H_0(s)G(s)] \tag{6.34}$$

由图 6.11、式(6.33)及式(6.34)可推导出大林算法的数字控制器 $D(z)$ 为

$$D(z) = \frac{1}{HG(z)}\frac{G_c(z)}{1-G_c(z)} = \frac{1}{HG(z)}\frac{(1-e^{-\frac{T}{T_\tau}})z^{-N-1}}{1-e^{-\frac{T}{T_\tau}}z^{-1}-(1-e^{-\frac{T}{T_\tau}})z^{-N-1}} \tag{6.35}$$

若已知被控对象的脉冲传递函数 $HG(z)$，就可以利用式(6.35)求出数字控制器的脉冲传递函数的 $D(z)$。

（2）带纯滞后一阶惯性对象的大林算法

设对象特性为

$$G(s) = \frac{Ke^{-\tau s}}{T_1 s+1} \tag{6.36}$$

将式(6.31)代入式(6.36)并进行 Z 变换得

$$HG(z) = Z\left[\frac{1-e^{-Ts}}{s}\frac{Ke^{-\tau s}}{T_1 s+1}\right] = Kz^{-N-1}\frac{1-e^{-\frac{T}{T_1}}}{1-e^{-\frac{T}{T_1}}z^{-1}} \tag{6.37}$$

将式(6.37)代入式(6.35)得出数字控制器的算式为

$$D(z) = \frac{1}{HG(z)}\frac{G_c(z)}{1-G_c(z)} = \frac{(1-e^{-\frac{T}{T_\tau}})(1-e^{-\frac{T}{T_1}}z^{-1})}{K(1-e^{-\frac{T}{T_1}})[1-e^{-\frac{T}{T_\tau}}z^{-1}-(1-e^{-\frac{T}{T_\tau}})z^{-N-1}]} \tag{6.38}$$

（3）带纯滞后二阶惯性对象的大林算法

设对象特性为

$$G(s) = \frac{Ke^{-\tau s}}{(T_1 s+1)(T_2 s+1)} \tag{6.39}$$

将式(6.31)代入式(6.39)并进行 Z 变换得

$$HG(z) = Z\left[\frac{1-e^{-Ts}}{s}\frac{Ke^{-\tau s}}{(T_1 s+1)(T_2 s+1)}\right] = \frac{K(c_1+c_2 z^{-1})z^{-N-1}}{(1-e^{-\frac{T}{T_1}}z^{-1})(1-e^{-\frac{T}{T_2}}z^{-1})} \tag{6.40}$$

式中，

$$c_1 = 1 + \frac{1}{T_2-T_1}(T_1 e^{-T/T_1} - T_2 e^{-T/T_2})$$

$$c_2 = e^{-T(1/T_1+1/T_2)} + \frac{1}{T_2-T_1}(T_1 e^{-T/T_2} - T_2 e^{-T/T_1})$$

将式(6.40)代入式(6.35)得出数字控制器的算式为

$$D(z) = \frac{1}{HG(z)}\frac{G_c(z)}{1-G_c(z)} = \frac{(1-e^{-\frac{T}{T_\tau}})(1-e^{-\frac{T}{T_1}}z^{-1})(1-e^{-\frac{T}{T_2}}z^{-1})}{K(c_1+c_2 z^{-1})[1-e^{-\frac{T}{T_\tau}}z^{-1}-(1-e^{-\frac{T}{T_\tau}})z^{-N-1}]} \tag{6.41}$$

2. 振铃现象及其消除方法

所谓振铃(Ringing)现象，是指数字控制器的输出 $u(kT)$ 以 1/2 采样频率的大幅度衰

减的振荡。这与前面介绍的最少拍有纹波系统中的纹波是不一样的。最少拍有纹波系统中是由于系统输出达到给定值后,控制器还存在振荡,影响到系统的输出有纹波,而振铃现象中的振荡是衰减的。由于被控对象中惯性环节的低通特性,使得这种振荡对系统的输出几乎无任何影响,但是振荡现象却会增加执行机构的磨损;在存在耦合的多回路控制系统中,还有可能影响到系统的稳定性。

（1）振铃幅度 RA(Ringing Amplitude)

振铃幅度 RA 是用来衡量振铃强烈的程度,RA 定义为数字控制器在单位阶跃输入作用下,第 0 拍输出与第 1 拍输出之差,即

$$RA = u(0) - u(T) \tag{6.42}$$

式中 RA≤0,则无振铃现象;RA>0,则存在振铃现象,且 RA 值越大,振铃现象越严重。

（2）振铃现象的分析

大林算法的数字控制器的 $D(z)$ 写成一般形式为

$$D(z) = A z^{-L} \frac{1 + b_1 z^{-1} + b_2 z^{-2} + \cdots}{1 + a_1 z^{-1} + a_2 z^{-2} + \cdots} = A z^{-L} Q(z) \tag{6.43}$$

式中 $Q(z) = (1 + b_1 z^{-1} + b_2 z^{-2} + \cdots)/(1 + a_1 z^{-1} + a_2 z^{-2} + \cdots)$,$A$ 为常数,z^{-L} 表示延迟。

从式（6.43）看出,数字控制器的单位阶跃响应输出序列幅度的变化仅与 $Q(z)$ 有关,因为 $A z^{-L}$ 只是将输出序列延时和比例放大或缩小。因此,只需分析单位阶跃作用下 $Q(z)$ 的输出序列即可。

$$u(z) = Q(z) R(z) = \frac{1 + b_1 z^{-1} + b_2 z^{-2} + \cdots}{1 + a_1 z^{-1} + a_2 z^{-2} + \cdots} \frac{1}{1 - z^{-1}} = 1 + (b_1 - a_1 + 1) z^{-1} + \cdots \tag{6.44}$$

根据 RA 定义,从式（6.44）中可得

$$RA = u(0) - u(T) = 1 - (b_1 - a_1 + 1) = a_1 - b_1 \tag{6.45}$$

例 6.5　设数字控制器 $D(z) = \dfrac{1}{1 + z^{-1}}$,试求 RA。

解:在单位阶跃输入作用下,控制器输出的 Z 变换为

$$U(z) = \frac{1}{1 + z^{-1}} \frac{1}{1 - z^{-1}} = 1 + z^{-2} + z^{-4} + \cdots$$

$$RA = u(0) - u(T) = 1 - 0 = 1$$

例 6.6　设数字控制器 $D(z) = \dfrac{1}{1 + 0.5 z^{-1}}$,试求 RA。

解:在单位阶跃输入作用下,控制器输出的 Z 变换为

$$U(z) = \frac{1}{1 + 0.5 z^{-1}} \frac{1}{1 - z^{-1}} = 1 + 0.5 z^{-1} + 0.75 z^{-2} + 0.625 z^{-3} + \cdots$$

$$RA = u(0) - u(T) = 1 - 0.5 = 0.5$$

例 6.7　设数字控制器 $D(z) = \dfrac{1}{(1 + 0.5 z^{-1})(1 - 0.2 z^{-1})}$,试求 RA。

解:在单位阶跃输入作用下,控制器输出的 Z 变换为

$$U(z) = \frac{1}{(1+0.5z^{-1})(1-0.2z^{-1})} \frac{1}{1-z^{-1}} = 1+0.7z^{-1}+0.89z^{-2}+0.803z^{-3}+\cdots$$

$$\text{RA} = u(0) - u(T) = 1 - 0.7 = 0.3$$

例 6.8　设数字控制器 $D(z) = \dfrac{1-0.5z^{-1}}{(1+0.5z^{-1})(1-0.2z^{-1})}$，试求 RA。

解：在单位阶跃输入作用下，控制器输出的 Z 变换为

$$U(z) = \frac{1-0.5z^{-1}}{(1+0.5z^{-1})(1-0.2z^{-1})} \frac{1}{1-z^{-1}} = 1+0.2z^{-1}+0.5z^{-2}+0.37z^{-3}+\cdots$$

$$\text{RA} = u(0) - u(T) = 1 - 0.2 = 0.8$$

产生振铃的原因是数字控制器中含有左半平面上的极点。由例 6.5～例 6.8 可知，$Q(z)$ 的极点位置在 $z = -1$ 时，振铃现象最严重；$Q(z)$ 在单位圆内中的左半平面极点位置离 -1 越远，振铃现象越弱(见例 6.5 和例 6.8)；$Q(z)$ 在单位圆内右半平面有极点或左半平面有零点时，会减轻振铃现象(见例 6.7)；$Q(z)$ 在单位圆内右半平面有零点时，会增加振铃幅度(见例 6.8)。

下面分析带纯滞后的一阶或二阶惯性环节系统中的振铃现象。

① 带纯滞后的一阶惯性对象。将式(6.38)化成一般形式为

$$D(z) = \frac{(1-e^{-\frac{T}{T_\tau}})}{K(1-e^{-\frac{T}{T_\tau}})} \cdot \frac{(1-e^{-\frac{T}{T_1}}z^{-1})}{[1-e^{-\frac{T}{T_\tau}}z^{-1}-(1-e^{-\frac{T}{T_\tau}})z^{-N-1}]} \tag{6.46}$$

由式(6.45)可看出式(6.46)振铃幅值为

$$\text{RA} = a_1 - b_1 = -e^{-T/T_\tau} - (-e^{-T/T_1}) = e^{-T/T_1} - e^{-T/T_\tau} \tag{6.47}$$

式中 T_1 为被控对象时间常数，T_τ 为闭环传递函数的时间常数。

如果 $T_\tau \geqslant T_1$，则 $\text{RA} \leqslant 0$，无振铃现象；如果 $T_\tau < T_1$，$\text{RA} > 0$，则有振铃现象。$D(z)$ 可进一步化为

$$D(z) = \frac{(1-e^{-\frac{T}{T_\tau}})}{K(1-e^{-\frac{T}{T_1}})} \cdot \frac{(1-e^{-\frac{T}{T_1}}z^{-1})}{(1-z^{-1})[1+(1-e^{-\frac{T}{T_\tau}})(z^{-1}+z^{-2}+\cdots+z^{-N})]} \tag{6.48}$$

在 $z = 1$ 处的极点不产生振铃现象，可能引起振铃现象的是因子

$$[1+(1-e^{-\frac{T}{T_\tau}})(z^{-1}+z^{-2}+\cdots+z^{-N})]$$

分析该极点因子可见：

- 当 $N = 0$ 时，对象无纯滞后特性，不存在振铃因子，不会产生振铃现象。
- 当 $N = 1$ 时，有一个极点 $z = -(1-e^{-T/T_\tau})$。当 T_τ 远远小于 T 时，$z \to -1$，即产生严重的振铃现象。
- 当 $N = 2$ 时，极点为

$$z = -\frac{1}{2}(1-e^{-T/T_\tau}) \pm \frac{1}{2}j\sqrt{4(1-e^{-T/T_\tau})-(1-e^{-T/T_\tau})^2}$$

若 T_τ 远远小于 T 时，$z \approx -\frac{1}{2} \pm j\frac{\sqrt{3}}{2}$，$|z| \to 1$，同样有严重的振铃现象。

由上述分析得到启发，在选择 $T_\tau < T_1$ 条件下，若采样周期 T 的选择与期望闭环系统时间常数 T_τ 的数量级相同，将有利于削弱振铃现象。

② 带纯滞后的二阶惯性对象。将式(6.41)化为

$$D(z)=\frac{(1-e^{-\frac{T}{T_\tau}})}{Kc_1} \cdot \frac{[1-(e^{-\frac{T}{T_1}}+e^{-\frac{T}{T_2}})z^{-1}+\cdots]}{[1+\left(\frac{c_2}{c_1}-e^{-\frac{T}{T_\tau}}\right)z^{-1}+\cdots]} \tag{6.49}$$

由式(6.49)可见,$D(z)$存在一个极点 $z=-\frac{c_2}{c_1}$。在 $T{\to}0$ 时,$\lim\limits_{T{\to}0}\frac{c_2}{c_1}=1$,所以系统在 $z=-1$ 处存在强烈的振铃现象。由式(6.45)及式(6.49)可得振铃幅度

$$\mathrm{RA}=\frac{c_2}{c_1}-e^{-T/T_\tau}+e^{-T/T_1}+e^{-T/T_2} \tag{6.50}$$

当 $T{\to}0$ 时,$\mathrm{RA}{\approx}2$。

(3) 消除振铃的方法

消除振铃的方法是消除 $D(z)$ 中的左半平面的极点。具体方法是先找出引起振铃现象的极点,然后令这些极点 $z=1$,于是消除了产生振铃的极点。根据终值定理,这样处理不会影响数字控制器的稳态输出。另外从保证闭环系统的特性出发,选择合适的采样周期 T 及系统闭环时间常数 T_τ,使得数字控制器的输出避免产生强烈的振铃现象。

(4) 大林算法的设计步骤

用直接设计法设计具有纯滞后系统的数字控制器,主要考虑的性能指标是控制系统无超调或超调很小,为了保证系统稳定,允许有较长的调节时间。设计中应注意的问题是振铃现象。下面是考虑振铃现象影响时设计数字控制器的一般步骤。

① 根据系统性能,确定闭环系统的参数 T_τ,给出振铃幅度 RA 的指标。

② 由 RA 与采样周期的关系,解出给定振铃幅度下对应的采样周期,如果 T 有多解,则选择较大的采样周期。

③ 确定纯滞后时间 τ 与采样周期 T 之比的最大整数 N。

④ 求广义对象的脉冲传递函数 $HG(z)$ 及闭环系统的脉冲传递函数 $G_c(z)$。

⑤ 求数字控制器的脉冲传递函数 $D(z)$。

6.3.2　Smith 预估控制

在炼油、化工生产过程中,有很多被控对象有严重的纯滞后时间。其一阶近似的传递函数为

$$G_p(s)=K_p\frac{e^{-\tau s}}{T_1s+1} \tag{6.51}$$

通常用 τ/T_1 值来度量纯滞后对系统的影响程度,对于大纯滞后的系统,很难下一个绝对的定义,一般认为 τ 在对象整个反应时间里起主导作用($\tau/T{\geqslant}0.5$ 时),则在设计控制系统中就应该认真对待。对大纯滞后对象,常规 PID 控制很难获得良好的控制品质。

1. Smith 预估控制原理

Smith 提出了一种纯滞后补偿模型,但由于模拟仪表不能实现这种补偿,致使这种方法在工程中无法实现,而今天利用计算机可以方便地实现纯滞后补偿。

具有大纯滞后被控对象的传递函数为

$$G_{pc}(s)=G_P(s)e^{-\tau s} \tag{6.52}$$

式中,$G_P(s)$ 为对象传递函数中不包括纯滞后项的部分。

调节器的传递函数为 $G_c(s)$,则相应的单回路反馈系统如图 6.15 所示。

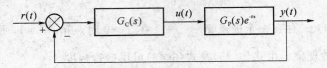

图 6.15　带纯滞后环节的反馈系统

Smith 预估控制原理:在控制回路内部引入一个补偿环节 G_τ 与被控对象并联,用来补偿被控对象的纯滞后部分,该环节称为 Smith 预估补偿器。带 Smith 预估补偿器的控制框图如图 6.16(a)所示。

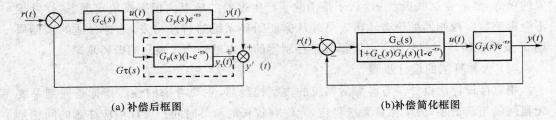

(a) 补偿后框图　　　　　　　　　　　(b)补偿简化框图

图 6.16　带 Smith 预估补偿器的控制系统

由如图 6.16(a)所示可知

$$\frac{Y'(s)}{U(s)} = G_p(s)e^{-\tau s} + G_\tau(s) \tag{6.53}$$

为了补偿对象的纯滞后,要求

$$\frac{Y'(s)}{U(s)} = G_p(s)e^{-\tau s} + G_\tau(s) = G_p(s) \tag{6.54}$$

由此可得

$$G_\tau(s) = G_p(s)[1 - e^{-\tau s}] \tag{6.55}$$

如果我们将如图 6.16(a)所示中的控制算式部分合起来表示,则图 6.16(a)可简化为如图 6.16(b)所示形式。

由图 6.16(b)可知,控制系统的闭环传递函数为

$$\frac{Y(s)}{R(s)} = \frac{\dfrac{G_c(s)G_p(s)e^{-\tau s}}{1 + G_c(s)G_c(s)(1 - e^{-\tau s})}}{1 + \dfrac{G_c(s)G_p(s)e^{-\tau s}}{G_c(s)G_p(s)(1 - e^{-\tau s})}} = \left[\frac{G_c(s)G_p(s)}{1 + G_c(s)G_p(s)}\right]e^{-\tau s} \tag{6.56}$$

由式(6.56)可知,经过上述补偿后,已消除了纯滞后项对控制系统的影响。由拉氏变换的位移定理可以证明式(6.56)中的 $e^{-\tau s}$ 仅仅相当于将控制过程在时间坐标上推移了一个时间 τ,其过渡过程形状及其他所有品质与对象特性为 $G_p(s)$,不存在纯滞后项时完全相同。

2. 具有纯滞后补偿的数字控制器的实现

采用计算机控制时,数字 Smith 预估纯滞后补偿控制系统结构如图 6.17 所示。

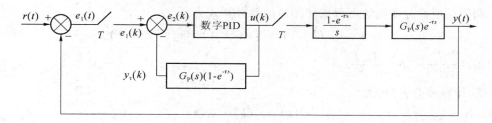

图 6.17 具有纯滞后补偿的控制系统

由图 6.17 可见,纯滞后补偿的数字控制器由两部分组成,即一部分是数字 PID;另一部分是 Smith 预估器。

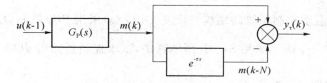

图 6.18 Smith 预估器

(1) Smith 预估器

滞后环节使信号延迟,为此在内存中专门设定 N 个单元作为存放信号 $m(k)$ 的历史数据,存储单元的个数由 $N=\dfrac{\tau}{T}$(整数)确定,式中 T 为采样周期,τ 为纯滞后时间。

Smith 预估器的输出可按图 6.18 计算,在此取 PID 控制器前一个采样时刻的输出 $u(k-1)$ 作为预估器的输入。在每个采样周期,把第 $N-1$ 个单元移入第 N 个单元,第 $N-2$ 个单元移入第 $N-1$ 个单元,依次类推,直到把第 1 个单元移入第 2 个单元。最后将 $m(k)$ 移入第 1 个单元。从单元 N 输出的信号,就是滞后 N 个采样周期的 $m(k-N)$ 信号。图 6.18 中,$u(k-1)$ 是 PID 控制器上一个采样(控制)周期的输出,$y_r(k)$ 是 Smith 预估器的输出。从图中可知,必须先计算传递函数 $G_P(s)$ 的输出 $m(k)$ 后,才能计算预估器的输出。即

$$y_r(k)=m(k)-m(k-n)$$

设被控对象的传递函数为 $G_{pc}=G_p(s)e^{-\tau s}=\dfrac{K_p}{T_1s+1}e^{-\tau s}$,$T_1$ 为被控对象的时间常数,τ 为纯滞后时间,K_P 为被控对象的放大系数。

则预估器的传递函数为

$$G_\tau(s)=G(s)(1-e^{-\tau s})=\dfrac{K_p}{1+T_1s}(1-e^{-\tau s})$$

(2) 纯滞后补偿器控制算法步骤

① 计算反馈回路的偏差 $e_1(k)$ 为

$$e_1(k)=r(k)-y(k)$$

② 计算纯滞后补偿器的输出 $y_\tau(k)$ 为

$$G_\tau(s)=\dfrac{K_p}{T_1s+1}(1-e^{-\tau s})=\dfrac{y_\tau(s)}{u(s)} \tag{6.57}$$

利用后项差分变换法可得式(6.57)的差分算式为

$$y_\tau(k) = ay_\tau(k-1) + b[u(k-1) - u(k-N-1)] \qquad (6.58)$$

其中, $a = \dfrac{T_1}{T+T_1}$, $b = \dfrac{K_p T}{T_1 + T}$ 。

③ 计算偏差 $e_2(k)$ 为

$$e_2(k) = e_1(k) - y_\tau(k)$$

④ 计算控制器输出 $u(k)$ 。当控制器采用 PID 控制算法时,则

$$u(k) = u(k-1) + \Delta u(k)$$
$$= u(k-1) + K_p[e_2(k) - e_2(k-1)] + K_i e_2(k) + K_d[e_2(k) - 2e_2(k-1) + e_2(k-2)]$$
$$(6.59)$$

例 6.10　　一温度控制系统的结构见图 6.18, $G_c(s)$ 采用 PID 控制,控制对象的传递函数为 $G_p(s) = \dfrac{1}{40S+1}e^{-120s}$,采用 Smith 预估算法,试求控制器输出 $u(k)$ 。

解:设采样周期 $T = 20$ s,则 $L = \dfrac{\tau}{T} = \dfrac{120}{20} = 6$

① 计算反馈回路的偏差 $e_1(k)$ 。

$$e_1(k) = r(k) - y(k)$$

② 计算纯滞后补偿器的输出 $y_\tau(k)$ 。由式(6.58)可得

$$y_\tau(k) = ay_\tau(k-1) + b[u(k-1) - u(k-L-1)] = 0.833y_\tau(k-1) + 0.167[u(k-1) - u(k-7)]$$

③ 计算偏差 $e_2(k)$ 。

$$e_2(k) = e_1(k) - y_\tau(k)$$

④ 计算控制器输出 $u(k)$ 。

$$u(k) = u(k-1) + \Delta u(k)$$
$$= u(k-1) + K_p[e_2(k) - e_2(k-1)] + K_i e_2(k) + K_d[e_2(k) - 2e_2(k-1) + e_2(k-2)]$$

6.4　串级控制技术

串级控制是在单参数、单回路 PID 调节基础上首先发展起来的一种控制方式。它可以解决几个因素影响同一个被控变量的相关问题。

6.4.1　串级控制的结构和原理

原料气加热炉出口温度控制系统如图 6.19 所示。原料气出口温度是通过控制燃油调节阀的开度(也就是控制燃料油流量 f_b)来实现的,即系统被控量(原料气出口温度)是通过控制燃料油流量(被控的物理量)来实现的,实际工程中,即使燃油流量 f_b 保持恒定,但由于燃料油压力以及其热值的变化,也将影响原料气出口温度的恒定,也就是说,可以将燃料油压力及其热值的变化看作是施加到加热炉上的干扰 $N_2(s)$ 。通过分析可知, N_2 (s) 扰动和 $N_1(s)$ 的影响一样,反馈调节器要经历相当长的时间才能纠正由扰动 $N_2(s)$ 引

起的被调量偏离给定值状态。为了及时纠正由 $N_2(s)$ 引起的被调量偏差,最好的办法是对燃油压力这一被调量进行调节。这样就构成了如图 6.20 所示的串级控制系统。计算机串级控制系统的结构图如图 6.20 所示。

由图中可知,串级控制系统中有内、外两个闭环回路。其中由 $D_2(z)$ 副控调节器和 $G_2(s)$ 副控对象[$Y_2(s)$ 为副控被调量]组成的内闭环称为副回路;由 $D_1(z)$ 主控调节器和 $G_1(s)$ 主控对象[$Y_1(s)$ 为主控被调量]形成的外闭环称为主回路。由于主、副控制器串联,副回路串联在主回路之中,故称为串级控制系统。

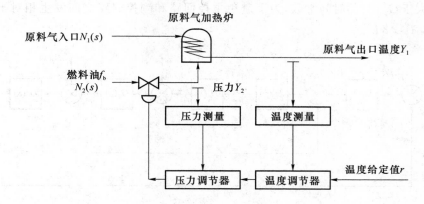

图 6.19　出口原料气串级控制系统

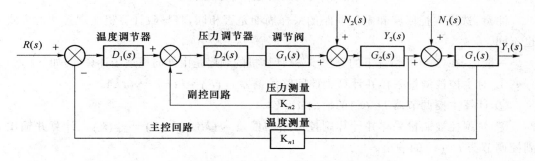

图 6.20　计算机串级控制系统结构

在串级控制控制系统中引入副回路后,由于副回路的快速响应作用,有效地克服了副回路的扰动影响,系统的动态特性得到了改善,从而提高了系统的控制性能。

为了使串级控制系统的性能得到发挥,在设计时必须注意以下几点。

① 必须正确确定一个可测、可控的中间变量作为副控被调量(该中间变量也必须是控制主控对象的控制量)。

② 系统中的主要扰动应包含在副控回路中,使得该扰动在影响主控被调量前得到有效的抑制。

③ 副控回路应尽可能包含积分环节,以便减少该积分环节引起的相位滞后,有利于改善系统的调节品质。

6.4.2　数字串级控制算法

主控制器 $D_1(z)$ 通常应该选择数字 PID 算法,使系统具有高控制精度和反映灵敏的性能;副控制器 $D_2(z)$,一般选用比例控制或数字 PI 算法,使副控回路具有快速反应的性能。计算机串级控制系统的原理如图 6.21 所示。

最后讨论 T' 和 T'' 的选择。一般地,若 $G_2(s)$ 和 $G_1(s)$ 的传递函数均为一阶惯性环节,且时间常数可以比较,则可在采样频率 $w_s > 10w_c$ 前提下选择 $T' = T''$。若 $G_1(s)$ 的时间常数远大于 $G_2(s)$ 的时间常数,为了避免主控回路和副控回路之间发生相对干扰或共振,应选择 $T' \geqslant 3T''$。

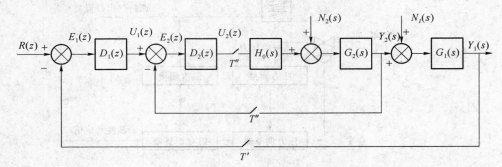

图 6.21　计算机串级控制系统原理

注意:选择主控回路和副控回路的采样周期是否相同,将导致计算机实现算法的方式也不同。

一般地,在 $T' = T''$ 情况下的算法步骤(计算机的顺序是由外向里逐步计算的)如下。

① 对主控被调量采样并计算主控回路的偏差 $e_1(k) = r(k) - y_1(k)$。

② 计算主控调节器 $D_1(z)$ 的输出 $u_1(k)$。

③ 对副控被调量采样并计算副控回路的偏差 $e_2(k) = u_1(k) - y_2(k)$。计算并输出副控调节器 $D_2(z)$ 的输出。

6.5　前馈—反馈控制算法

一个反馈控制系统,在干扰的作用下,被控量偏离给定值,即出现系统偏差时,通过控制器的控制作用(即改变受控对象的控制量)来抵消干扰的影响。如果干扰一直存在,则系统总是跟在干扰作用后面波动。特别在系统滞后严重时,波动更加厉害。前馈控制就是针对这个问题提出的,其基本观点是建立按扰动量进行补偿的开环控制,即当影响系统的扰动出现时,按照扰动量的大小直接产生相应的校正,抵消扰动的影响。在控制方法和参数选择得当时,可以使系统达到很高的控制精度。前馈补偿器是以"不变性"原理为理论基础的一种控制方法。

6.5.1 前馈—反馈控制结构

前馈—反馈控制系统如图 6.22 所示。原料气加热炉前馈—反馈控制系统如图 6.23所示。虽然受控对象是双输入单输出的工业装置,但在建立该装置的数学模型时,考虑到原料气入口流量基本恒定(但有波动),影响原料气出口温度的主要因素是送入加热炉中的燃油流量。因此,所建立的受控对象数学模型 $G_o(s)$ 理应反映加热炉的燃油流量输入和原料气出口温度这一输入输出关系,这时原料气入口流量的波动量 N 对原料气出口温度的影响,就看作是施加到该装置上的扰动 $N(s)$[通过扰动通道 $G_n(s)$ 对被控量的影响]。

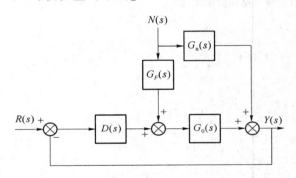

图 6.22 前馈—反馈控制系统的结构

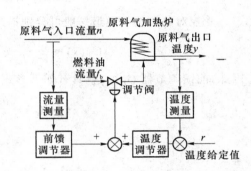

图 6.23 原料气加热炉前馈—反馈控制系统

扰动量 $N(s)$ 和被控量 $Y(s)$ 之间的传递函数为

$$Y(s) = G_n(s)N(s) + G_F(s)G_o(s)N(s) \tag{6.60}$$

或

$$\frac{Y(s)}{N(s)} = G_n(s) + G_F(s)G_o(s) \tag{6.61}$$

根据前馈控制的不变性原理,应使式(6.61)等于 0,即

$$G_n(s) = -G_F(s)G_o(s)$$

那么前馈补偿器 $G_F(s)$ 的传递函数为

$$G_F(s) = -G_n(s)/G_o(s) \tag{6.62}$$

式中,$G_F(s)$ 为扰动通道的传递函数,$G_o(s)$ 为控制通道的传递函数。式(6.62)属于动态前馈补偿器,补偿效果取决于传递函数的准确度,称为动态前馈补偿。实际工程中也采用一种代数式来作为前馈补偿器,保证系统在稳态下补偿扰动作用,称为静态前馈补偿。

前馈补偿器属于开环控制,因而不能单独使用,必须附着反馈控制回路上,如单回路、串级控制回路等,构成前馈—反馈控制系统。

6.5.2 数字前馈—反馈控制算法

如图 6.22 中所示的反馈调节器 $D(S)$、前馈调节器 $G_F(s)$ 可采用 PID 调节器,也可按照离散等效原理、由连续时间系统的综合方法进行设计。采用计算机控制的前馈—反馈控制系统原理图如图 6.24 所示。

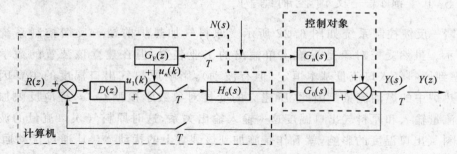

图 6.24　计算机前馈—反馈控制原理

受控对象和扰动通道一般可分别描述为

$$G_0(s) = \frac{k_2}{1+T_2 s} e^{-\tau_2 s},\quad G_n(s) = \frac{k_1}{1+T_1 s} e^{-\tau_1 s}$$

因此,前馈调节器 $G_F(s)$ 就具有如下形式:

$$
\begin{aligned}
G_F(s) &= \frac{u_n(s)}{N(s)} = -G_n(s)/G_0(s) \\
&= -\frac{k_1}{k_2} \frac{1+T_2 s}{1+T_1 s} e^{-(\tau_1-\tau_2)s} \\
&= k_F \frac{1+T_2 s}{1+T_1 s} e^{-\tau s}
\end{aligned}
\tag{6.63}
$$

式中,$k_F = -k_1/k_2$;$\tau = \tau_1 - \tau_2$。

由式(6.63)可得前馈调节器的微分方程

$$\frac{\mathrm{d}u_n(t)}{\mathrm{d}t} + \frac{1}{T_1} u_n(t) = k_F \left[\frac{\mathrm{d}n(t-\tau)}{\mathrm{d}t} + \frac{1}{T_2} n(t-\tau) \right] \tag{6.64}$$

假如选择采样频率 f_s 足够高,即采样周期 $T = \dfrac{1}{f_s}$ 足够短,可对微分离散化,得到差分方程。设纯滞后时间 τ 是采样周期 T 的整数倍,$\tau = LT$,离散化时,令

$$u_n(t) \approx u_n(k)$$

$$n(t-\tau) \approx n(k-L)$$

$$\mathrm{d}t \approx T$$

$$\frac{\mathrm{d}u_n(t)}{\mathrm{d}t} \approx \frac{n(k-m) - n(k-m-1)}{T}$$

由式(6.63)和式(6.64)可得到差分方程为

$$u'(k) = au'(k-1) + b_1 n(k-L) + b_2 n(k-L-1) \tag{6.65}$$

式中,$a = T_1/(T_1+T)$;$b_1 = k_F(T+T_2)/(T_1+T)$;$b_2 = -k_F T_2/(T_1+T)$;$k_F = -k_1/k_2$。

根据差分方程式(6.65),便可编制出相应的程序,由计算机实现前馈控制。

计算机前馈—反馈控制算法步骤如下。

① 计算反馈控制的偏差 $e(k)$。即

$$e(k) = r(k) - y(k)$$

② 计算反馈控制器(PID)的输出 $u_1(k)$。即

$$u_1(k) = u_1(k-1) + \Delta u_1(k)$$
$$= u_1(k-1) + K_p \Delta e(k) + K_i e(k) + K_d [\Delta e(k) - \Delta e(k-1)]$$

③ 计算前馈控制器 $G_F(s)$ 的输出 $u_n(k)$。即

$$\Delta u'(k) = a \Delta u'(k-1) + b_1 \Delta n(k-L) + b_2 \Delta n(k-L-1)$$
$$u'(k) = u'(k-1) + \Delta u'(k)$$

④ 计算前馈—反馈控制器的输出 $u(k)$。即

$$u(k) = u_1(k) + u'(k)$$

6.6　解耦控制技术

具有多个输入量或输出量的系统称多变量系统,又称多输入多输出系统。在多变量控制系统中,被控对象、测量元件、控制器和执行元件都有可能具有一个以上的输入变量或一个以上的输出变量。例如汽轮机的蒸汽压力和转速控制,石油化工生产中精馏塔的塔顶温度和塔底温度控制,涡轮螺旋桨发动机转速和涡轮进气温度的控制等,都是多变量系统的控制问题。多变量系统不同于单变量系统,它的每个输出量通常都同时受到几个输入量的控制和影响,这种现象称为耦合和关联。耦合的存在使多变量系统很可能成为一种条件稳定系统。在多变量控制系统的设计中,对于耦合的处理,常采用解耦控制,即通过引入适当的解耦补偿控制器,实现一个输入只控制一个输出。

6.6.1　解耦控制原理

具有关联影响的双入双出系统方框图如图 6.25 所示。

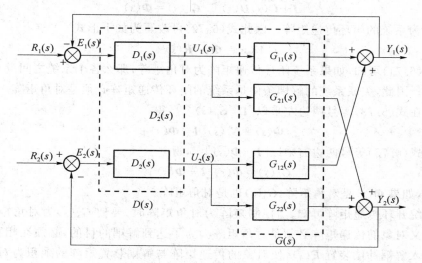

图 6.25　双入双出关联系统

由图中可知,控制器 $D_1(s)$ 的输出 $U_1(s)$ 不仅通过传递函数 $G_{11}(s)$ 影响 Y_1,而且还通

过交叉通道 $G_{21}(s)$ 影响 Y_2。同样,控制器 $D_2(s)$ 的输出 $U_2(s)$ 不仅通过传递函数 $G_{22}(s)$ 影响 Y_2,而且还通过交叉通道 $G_{12}(s)$ 影响 Y_1。

上述关系可用数学关系式表达为

$$\boldsymbol{Y}(s)=\begin{pmatrix}Y_1(s)\\Y_2(s)\end{pmatrix}=\begin{pmatrix}G_{11}(s)&G_{12}(s)\\G_{21}(s)&G_{22}(s)\end{pmatrix}\begin{pmatrix}U_1(s)\\U_2(s)\end{pmatrix}=\boldsymbol{G}(s)\boldsymbol{D}(s) \tag{6.66}$$

式中,$\boldsymbol{G}(s)=\begin{pmatrix}G_{11}(s)&G_{12}(s)\\G_{21}(s)&G_{22}(s)\end{pmatrix}$ 为被控对象传输矩阵;$\boldsymbol{D}(s)=\begin{pmatrix}D_1(s)&0\\0&D_2(s)\end{pmatrix}$ 为控制矩阵;$\boldsymbol{Y}(s)=\begin{pmatrix}Y_1(s)\\Y_2(s)\end{pmatrix}$ 为输出矩阵。

$$\begin{pmatrix}U_1(s)\\U_2(s)\end{pmatrix}=\begin{pmatrix}D_1(s)&0\\0&D_2(s)\end{pmatrix}\begin{pmatrix}E_1(s)\\E_2(s)\end{pmatrix}=\boldsymbol{D}(s)\begin{pmatrix}E_1(s)\\E_2(s)\end{pmatrix} \tag{6.67}$$

所谓解耦控制,就是设计一个控制系统,使之能够消除系统之间的耦合关系,而使各个系统变成相互独立的控制回路。对于双入双出系统来说,就是设计一个控制系统,能够消除两个系统之间的耦合关系,而使该双入双出系统成为相互独立的两个控制系统。

由图 6.25 所示双入双出系统方框图可以求得系统的输出为

$$\boldsymbol{Y}(s)=\boldsymbol{G}(s)\boldsymbol{D}(s)\boldsymbol{E}(s) \tag{6.68}$$

$$\boldsymbol{E}(s)=\boldsymbol{R}(s)-\boldsymbol{Y}(s) \tag{6.69}$$

将式(6.69)代入式(6.68)并整理可得

$$\boldsymbol{Y}(s)=[\boldsymbol{I}+\boldsymbol{G}(s)\boldsymbol{D}(s)]^{-1}\boldsymbol{G}(s)\boldsymbol{D}(s)\boldsymbol{R}(s) \tag{6.70}$$

$$\boldsymbol{G}_{\circ}(s)=\boldsymbol{G}(s)\boldsymbol{D}(s) \tag{6.71}$$

$\boldsymbol{G}_{\circ}(s)$ 为系统的开环传递矩阵。因此,式(6.70)可写成下面形式

$$\boldsymbol{Y}(s)=[\boldsymbol{I}+\boldsymbol{G}(s)\boldsymbol{D}(s)]^{-1}\boldsymbol{G}_{\circ}(s)\boldsymbol{R}(s) \tag{6.72}$$

$$[\boldsymbol{I}+\boldsymbol{G}(s)\boldsymbol{D}(s)]^{-1}\boldsymbol{G}_{\circ}(s)=\boldsymbol{\Phi}(s) \tag{6.73}$$

$\boldsymbol{\Phi}(s)$ 为系统的闭环传递矩阵。因此式(6.72)可改写为如下形式

$$\boldsymbol{Y}(s)=\boldsymbol{\Phi}(s)\boldsymbol{R}(s) \tag{6.74}$$

由式(6.74)可知,如果系统闭环传递矩阵为对角矩阵,那么各个系统之间没有关联而相互独立。因此,关联系统的解耦条件是系统的闭环传递矩阵必须是对角矩阵。

如果在式(6.73)等号两边左乘以 $[\boldsymbol{I}+\boldsymbol{G}_{\circ}(s)]^{-1}$,得

$$\boldsymbol{\Phi}(s)=\boldsymbol{G}_{\circ}(s)[\boldsymbol{I}-\boldsymbol{\Phi}(s)] \tag{6.75}$$

再在式(6.75)等号两边右乘以 $[\boldsymbol{I}-\boldsymbol{\Phi}(s)]^{-1}$,得

$$\boldsymbol{G}_{\circ}(s)=\boldsymbol{\Phi}(s)[\boldsymbol{I}-\boldsymbol{\Phi}(s)]^{-1} \tag{6.76}$$

由此可得,如果 $\boldsymbol{\Phi}(s)$ 是对角矩阵,$\boldsymbol{G}_{\circ}(s)$ 也是对角矩阵。

由系统开环传递矩阵可知,当控制矩阵为对角矩阵时,要使 $\boldsymbol{G}_{\circ}(s)$ 为对角矩阵,先决条件是广义对象的传递矩阵必须是对角矩阵。为了达到解耦的目的,必须在相互关联的系统中引入解耦补偿装置 $F(s)$,使对象的传递矩阵与解耦装置矩阵的乘积为对角矩阵。双入双出解耦控制系统方框图如图 6.26 所示。

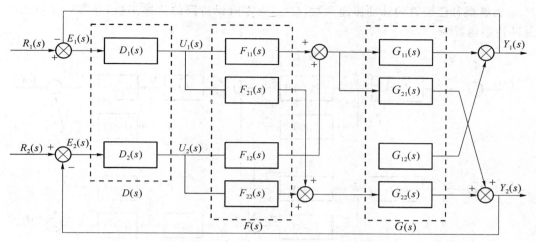

图 6.26　双入双出解耦控制系统方框图

引入解耦补偿装置后,系统的开环传递矩阵变为

$$G_o(s) = G(s)F(s)D(s) \tag{6.77}$$

式中,$F(s) = \begin{pmatrix} F_{11}(s) & F_{12}(s) \\ F_{21}(s) & F_{22}(s) \end{pmatrix}$ 为解耦补偿矩阵。

由前述条件可知,只要使 $G(s)$ 与 $F(s)$ 的乘积为对角矩阵,就可使 $\Phi(s)$ 为对角矩阵。即

$$\begin{pmatrix} G_{11}(s) & G_{12}(s) \\ G_{21}(s) & G_{22}(s) \end{pmatrix} \begin{pmatrix} F_{11}(s) & F_{12}(s) \\ F_{21}(s) & F_{22}(s) \end{pmatrix} = \begin{pmatrix} G_{11}(s) & 0 \\ 0 & G_{22}(s) \end{pmatrix}$$

因而,解耦补偿矩阵 $F(s)$ 为

$$\begin{pmatrix} F_{11}(s) & F_{12}(s) \\ F_{21}(s) & F_{22}(s) \end{pmatrix} = \begin{pmatrix} G_{11}(s) & G_{12}(s) \\ G_{21}(s) & G_{22}(s) \end{pmatrix}^{-1} \begin{pmatrix} G_{11}(s) & 0 \\ 0 & G_{22}(s) \end{pmatrix} \tag{6.78}$$

采用对角矩阵综合方法,解耦之后的两个回路相互独立,如图 6.27 所示。

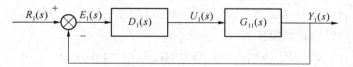

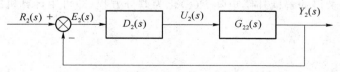

图 6.27　双入双出解耦控制系统等效方框图

6.6.2　数字解耦控制算法

当采用计算机控制时,图 6.26 所对应的离散化形式如图 6.28 所示。图 6.28 中 $D_1(z)$、$D_2(z)$ 分别为回路 1 和回路 2 的控制器脉冲传递函数,$F_{11}(z)$、$F_{12}(z)$、$F_{21}(z)$、

$F_{22(z)}$ 为解耦补偿装置的脉冲传递函数，$H(s)$ 为零阶保持器的传递函数，并有广义对象的脉冲传递函数为

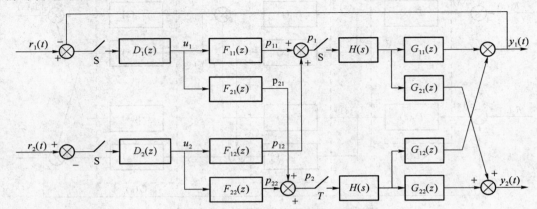

图 6.28　计算机解耦控制系统框图

$$G_{11}(z)=Z[H(s)G_{11}(s)], G_{12}(z)=Z[H(s)G_{12}(s)]$$
$$G_{21}(z)=Z[H(s)G_{21}(s)], G_{22}(z)=Z[H(s)G_{22}(s)]$$

由图 6.28 可得

$$\binom{Y_1(z)}{Y_2(z)}=\begin{pmatrix}G_{11}(z) & G_{12}(z)\\ G_{21}(z) & G_{22}(z)\end{pmatrix}\binom{P_1(z)}{P_2(z)} \tag{6.79}$$

$$\binom{P_1(z)}{P_2(z)}=\begin{pmatrix}F_{11}(z) & F_{12}(z)\\ F_{21}(z) & F_{22}(z)\end{pmatrix}\binom{U_1(z)}{U_2(z)} \tag{6.80}$$

由式(6.79)和(6.80)可得

$$\binom{Y_1(z)}{Y_2(z)}=\begin{pmatrix}G_{11}(z) & G_{12}(z)\\ G_{21}(z) & G_{22}(z)\end{pmatrix}\begin{pmatrix}F_{11}(z) & F_{12}(z)\\ F_{21}(z) & F_{22}(z)\end{pmatrix}\binom{U_1(z)}{U_2(z)} \tag{6.81}$$

根据解耦控制的条件,知

$$\begin{pmatrix}G_{11}(z) & G_{12}(z)\\ G_{21}(z) & G_{22}(z)\end{pmatrix}\begin{pmatrix}F_{11}(z) & F_{12}(z)\\ F_{21}(z) & F_{22}(z)\end{pmatrix}=\begin{pmatrix}G_{11}(z) & 0\\ 0 & G_{22}(z)\end{pmatrix} \tag{6.82}$$

由此,可求的解耦补偿矩阵为

$$\begin{pmatrix}F_{11}(z) & F_{12}(z)\\ F_{21}(z) & F_{22}(z)\end{pmatrix}=\begin{pmatrix}G_{11}(z) & G_{12}(z)\\ G_{21}(z) & G_{22}(z)\end{pmatrix}^{-1}\begin{pmatrix}G_{11}(z) & 0\\ 0 & G_{22}(z)\end{pmatrix} \tag{6.83}$$

将式(6.83)求得的解耦补偿矩阵 $F(z)$ 化为差分方程,即可用计算机编程来实现。

习题 6

1. 数字控制器模拟化设计方法的步骤有几步？

2. 写出数字 PID 控制器的位置算式、增量算式,并比较它们的特点。

3. 已知模拟调节器的传递函数为

$$D(s)=\frac{U(s)}{E(s)}=\frac{1+0.17s}{0.085s}$$

写出相应数字控制器的位置型和增量型控制算式,设采样周期 $T=0.2\,s$。

4. 简述扩充临界比例度法、过渡过程法选择 PID 参数的步骤。

5. 采样周期的选择需要考虑哪些因素?

6. 简述离散化设计方法的设计步骤。

7. 设有限拍系统如图 6.29 所示,试设计分别在单位阶跃输入及单位速度输入作用下,不同采样周期的有限拍无纹波的 $D(z)$,并计算输出响应 $y(k)$、控制信号 $u(k)$ 和误差 $e(k)$,画出它们对时间变化的波形。

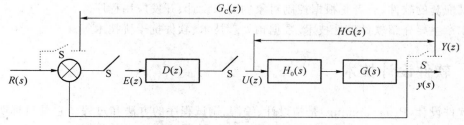

图 6.29 最少拍系统原理图

已知条件:

(1) 采样周期分别为

① $T=1\,s$　　②$T=0.5\,s$

(2) 对象模型为

$$G(s)=\frac{10}{s(0.1s+1)}$$

(3) 保持器模型为

$$H_0(s)=\frac{1-e^{-Ts}}{s}$$

8. 已知被控对象传递函数为 $G(s)=\dfrac{e^{-s}}{(s+1)}$,采样周期 $T=1\,s$。

(1) 试用大林算法设计 $D(z)$,判断是否会出现振铃现象? 如何消除?

(2) 采用 Smith 预估控制,求取控制器输出 $u(k)$。

9. 设数字控制器 $D(z)=\dfrac{1}{(1+0.4z^{-1})}$,试求 RA。

10. 画出串级控制系统的方框图,并简单叙述串级控制的工作原理。

11. 简单叙述前馈控制的工作原理,前馈调节器的控制规律。

12. 多变量控制系统解耦的条件是什么?

第 7 章 计算机控制系统软件设计技术

计算机控制系统由硬件系统和软件系统两部分组成,只有两者有机地结合才能构成完整的系统。计算机控制系统的软件分为系统软件和应用软件。前者主要是选择操作系统及其配套的软件,后者是根据控制对象的要求设计、开发应用程序。

本章主要介绍软件设计技术、数据预处理技术、软件抗干扰技术等。

7.1 软件设计技术

软件设计(Programming)是指设计、编制、调试程序的方法和过程。它是目标明确的智力活动。由于程序是软件的本体,软件的质量主要通过程序的质量来体现,因而程序设计的工作非常重要。程序设计内容涉及有关的基本概念、工具、方法及方法学等。程序设计通常分为问题建摸、算法设计、编写代码、编译调试和整理并写出文档资料 5 个阶段。

7.1.1 软件设计的方法

软件的设计原则是用较少的资源开销和较短的时间设计出功能正确、易于阅读及便于修改的程序。为了能达到这几项要求,必须采取科学的软件设计方法,常用的软件设计方法有模块化程序设计、结构化程序设计方法、集成化设计法。

1. 模块化程序设计

模块化程序设计是把一个较长的、复杂的程序分成若干个功能模块或子程序,每个功能模块执行单一的功能。每个模块单独设计、编程、调试后最终组合在一起,连结成整个系统的程序。程序模块通常按功能划分。

模块程序设计技术的优点是单个模块的程序要比一个完整程序更容易编写、查错和调试,并能为其他程序所用;其缺点是在把模块组合成一个大程序时,要对各模块进行连接,以完成模块之间的信息传送,其次使用模块程序设计占用的内存容量较多。

模块化程序设计可以按照自底向上和自顶向下两种思路进行设计。

(1) 自底向上

首先对最低层进行编程、测试,这些模块工作正常后,再用它们开发较高层次的模块。例如,在编写主程序之前,先开发各个子程序,然后,用一个测试用的主程序来测试每一个子程序。这是汇编语言程序设计常用的方法。自底向上程序设计的缺点是高层模块设计中的根本错误也许会很晚才会发现。

(2) 自顶向下

自顶向下程序设计是在程序设计时,先从系统一级的管理程序(或者主程序)开始设计,从属的程序或者子程序用一些程序标志来代替,如编写一些空函数等。当系统一级程序编好后,再将各标志扩展成从属程序或子程序,最后完成整个系统的设计。程序设计过程大致分为以下几步。

①　写出管理程序并进行测试。尚未确定的子程序用程序标志来代替，但必须在特定的测试条件下（如人为设置标志或给定数据等）产生与原定程序相同的结果。

②　对每个程序标志进行程序设计，使它成为实际的工作程序。这个过程是和设计与查错同时进行的。

③　对最后的整个程序进行测试。

自顶向下程序设计的优点是设计、测试和连接按同一个线索进行，矛盾和问题可以及早发现和解决。而且，测试能够完全按真实的系统环境来进行，不需要依赖于测试程序。它是将程序设计、编写程序和测试几步结合在一起的设计方法。自顶向下程序设计的缺点主要是上一级的错误将对整个程序产生严重的影响，一处修改有可能牵动全局，引起对整个程序的修改。

实际设计时，必须较好地规划和组织软件的结构，最好是两种方法结合进来，先开发高层模块和底层关键性模块。

2. 结构化程序设计方法

结构化程序设计的概念最早由 Dijkstra E W 提出。1965 年他在一次会议上指出："可以从高级语言中取消 GOTO 语句"，"程序的质量与程序中所包含的 GOTO 语句的数量成反比。"1966 年，Bohm C 和 Jacopini G 证明了只用 3 种基本的结构就能实现任何单入口单出口的程序。这 3 种基本的控制结构是"顺序"、"选择"和"循环"。

软件的结构化设计法的基本原理是：首先将复杂的软件纵向分解成多层结构，然后将每层横向分解成多个模块，如图 7.1 所示，纵向分为 4 层，横向最多分为 5 个模块。这种自上向下的层次结构和从左到右的模块结构的设计法，其目的是将复杂的软件分解成既彼此独立又互相联系的多个层和多个模块，再将这些模块按照一定的调用关系连接起来。层次结构的关系实际上是一种从属关系，呈树状结构。即上层模块调用下层模块，而且只能调用本分支的下层模块。模块的内部结构对外界而言如同一个"黑匣子"，其内部结构的变化并不影响模块的外部接口。

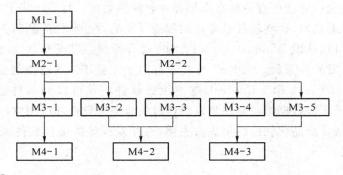

图 7.1　软件的层次结构化设计

这种层次结构化设计法的特点是先分解后连接，既彼此独立又互相联系；优点是软件的开发工程化，可以以层为单元或以模块为单位进行开发，软件的层次关系十分明确，模块的执行流程一目了然。

上述层次结构化分解的模块可能不是最小单位,依据模块的功能还可以继续分解成更小的模块或更为具体的编程模块。这些模块之间的连接关系有3种基本方式即顺序型、分支型和循环型,如图7.2所示。

① 顺序型结构方式。从第一个模块开始顺序执行,直到最后一个模块为止,每个模块有一个输入口和一个输出口。

② 分支型结构方式。执行过程中伴随有逻辑判断,由判断结果决定下一步应执行的模块。逻辑判断有真或假(是或非)两种结果,自然也就有两个执行分支。

③ 循环型结构方式。循环执行一个或几个模块,可分为条件循环和计数循环两种。如果条件满足,则循环;否则,不循环。计数循环是累加循环次数,如果达到预定次数,则停止循环;否则,继续循环。

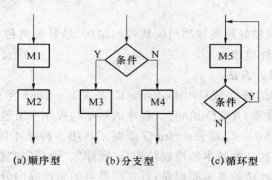

(a)顺序型   (b)分支型   (c)循环型

图 7.2　软件模块的连接方式

3. 软件的集成化设计法

软件的集成化设计法有两种含义,一种是设计者集成软件模块,另一种是用户集成功能模块。前者是按上述层次结构化设计法分解成多个软件模块,再逐个模块开发,最后将这些模块集成在一起,构成完整的软件系统。后者是按控制系统的设计原理,选取所得的功能模块进行集成或组态,构成完整的控制方案,满足被控对象的控制要求。

软件的集成化设计法还有一种含义是多种软件的集成。目前市场上有多种商品化软件可供软件集成者选取,这些软件是专业软件商开发的,性能更好,品质更优。例如,工业PC 的系统软件可以选取 Windows98/NT/2000 操作系统及其配套软件,控制软件设计者决不会再自行开发操作系统。另外市场上还有用于工业 PC 的监控组态软件,如 Wonderware 公司的 InTouch 和 InControl,这些组态软件不仅可以和多种输入输出设备连接,而且可以形成实时数据库。软件集成者通过集成系统软件和应用软件,就可以形成完整的软件系统,或者商品化软件的集成占主体,再开发少量的接口软件或特殊软件,也就满足了设计要求。

7.1.2　计算机控制系统软件设计

计算机控制系统应用软件主要包括以下主要几个软件:系统输入输出软件、运算控制软件、操作显示软件等。

随着应用范围的不断扩大,软件技术也得到了很大的发展。在工业过程控制系统中,最常用的软件设计语言有汇编语言、C 语言、Delphi 语言及工业控制组态软件。汇编语言编程灵活,实时性好,便于实现控制,是一种功能很强的语言;Visual C 是一种面向对象的语言,用它编写程序非常方便,而且它还能很方便地与汇编语言进行接口;Delphi 语言具有编译、执行速度快的特点;工业控制组态软件是专门为工业过程控制开发的软件,工业控制组态软件采用模块化的设计方法,给程序设计者带来极大的方便。通常,在智能化仪器或小型控制系统中大多数都采用汇编语言,在使用工业计算机的大型控制系统中多使用 Visual C 和 Delphi 语言开发;在某些专用大型工业控制系统中,常常采用工业控制组态软件。

1. 系统输入输出软件设计

计算机控制系统的输入输出单元由各种类型的 I/O 模板或模块组成。它是主控单元与生产过程之间 I/O 信号连接的通道。与输入输出单元配套的输入输出软件有 I/O 接口程序、I/O 驱动程序和实时数据库(Real-Time Data Base,RTDB),如图 7.3 所示。

(1) I/O 接口程序

I/O 接口程序是针对 I/O 模板或模块编写的程序。常用的 I/O 模板有 AI 板、AO 板、DI 板和 DO 板,每类模板中按照信号类型又可以分为几种信号模板。例如,AI 模板中又分成大信号(0～10 mA/4 mA～20 mA/0～5 V)、小信号(mV)、热电偶和热电阻模板。不同信号类型的 I/O 模板所对应的 I/O 接口程序不一样,即使是同一种信号类型的模板所选用的元器件及结构原理不同,它所对应的 I/O 接口程序也不一样。I/O 接口程序是用汇编语言或指令编写的、最初级的程序,位于 I/O 单元内。

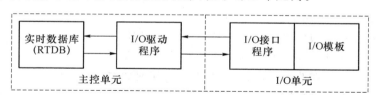

图 7.3 输入输出软件结构

(2) I/O 驱动程序

I/O 驱动程序是针对 I/O 单元与主控单元之间的数据交换或通信而编写的程序,位于主控单元内。I/O 驱动程序的主要功能有以下 3 点。

① 接收来自 I/O 单元的原始数据,并对数据进行有效性检查(如有无超出测量上、下限),再将数据转换成实时数据库(RTDB)所需要的数据格式或数据类型(如实型、整型、字符型)。

② 向 I/O 单元发送控制命令或操作参数,发送之前必须将其转换成 I/O 单元可以接收的数据格式。

③ 与实时数据库(RTDB)进行无缝连接,两者之间一般采用进程间通信、直接内存映像、动态数据交换(Dynamic Data Exchange,DDE)、对象链接嵌入 (Object Link Embedding,OLE)方式。

I/O 单元与主控单元之间的通信方式主要有板卡方式、串行通信方式、OPC(OLE for Process Control,用于过程控制的 OLE)方式等。

（3）实时数据库

实时数据库（RTDB）的数据基于既有时间性也有时限性，所谓时间性是某时刻的数据值，所谓的时限性是数据值在一定的时间内有效。

I/O 驱动程序接收来自 I/O 单元的原始数据，进行有效性检查及处理后，再送到实时数据库建立数据点，每个数据点有多个点参数，读写方式为"点名.点参数"。另外还有量程下限、量程上限、工程单位和采样时间等点参数。I/O 单元的原始数据没有实用价值，即使可用也十分麻烦。只有变换成实时数据库的数据，其他程序或软件才能方便地使用数据。

实时数据库中不仅有来自 I/O 单元的数据，也有发送到 I/O 单元的数据，如控制命令或操作参数。这些数据都是运算控制的结果，如 PID 控制器的控制量、逻辑运算的开关量。

历史数据库的数据来自实时数据库的过时数据，随着时间的推移历史数据库中的数据逐渐增多。按用户需要选择存储时间，例如 1 小时、8 小时、1 天、1 周、1 月或 1 年。历史数据存于硬盘，历史数据的数量及存储时间取决于主控单元的硬盘空间。

实时数据库位于主控单元内，它的主要功能是建立数据点、输入处理、输出处理、报警处理、累计处理、统计处理、历史数据存储、数据服务请求和开放的数据库连接（Open Data Base Connectivity，ODBC）。

（4）输入输出变量名和功能块

输入输出单元的数据经过上述输入输出软件的处理之后，呈现在用户面前的方式有变量名和功能块两种方式。

① 变量名方式。用户的读写方式是"点名.点参数"，这种变量名方式便于编程语言使用，如用 Visual C++编写程序时调用实时参数。

② 功能块方式。在监控组态软件的支持下，实时数据点用功能块图形方式显示在显示器屏幕上，I/O 单元中的每个数据点对应一个功能块，并有相应的输出端或输入端供用户组态连线。

2. 系统的运算控制软件

运算控制软件包括连续控制、逻辑控制、顺序控制和批量控制等。软件设计者的任务就是在计算机上实现这些算法，并给用户提供使用算法的界面。软件设计者在一定的硬件和软件环境或平台（如工业 PC）上开发算法软件，常用的工业 PC 的系统软件、算法语言及配套的开发软件很多，为设计者提供了各种开发手段。

3. 系统的操作显示软件

系统的操作显示单元的主要硬件是显示器、键盘、鼠标和打印饥，这些是人机接口的工具。人机接口的主要界面是显示画面，图文并茂、形象直观的画面为操作员提供了简便的操作显示环境。另外，还有各种打印报表和打印文档，因此，必须有相应的操作显示软件的支持，才会有这样友好的操作显示环境。

7.1.3　监控组态软件

组态的概念最早来自英文 Configuration，它的含义是使用工具软件对计算机及软件的各种资源进行配置,使计算机或软件自动执行特定的任务。

　　监控组态软件是数据采集与过程控制的专用软件,在自动控制系统监控层一级的软件平台和开发环境,能以灵活多样的组态方式(而不是编程方式)提供良好的用户开发界面,其预设置的各种软件模块可以非常容易地实现和完成监控层的各项功能,并能同时支持各种硬件厂家的计算机和 I/O 产品,与工控计算机和网络系统结合,可向控制层和管理层提供软、硬件的全部接口,进行系统集成。

　　目前世界上的组态软件有近百种之多。国际上知名的工控组态软件有美国商业组态软件公司 Wonderware 公司的 Intouch、Intellution 公司的 FIX、Nema Soft 公司的 Paragon、Rock-Well 公司的 Rsview32、德国西门子公司的 WinCC 等。国内的组态软件起步也比较早,目前实际工业过程中运行可靠的有北京昆仑通态自动化软件科技有限公司的 MCGS、北京三维力控科技有限公司的力控、北京亚控科技发展有限公司的组态王,以及台湾研华的 GENIE 等。

1. 监控组态软件的基本组成

　　监控组态软件包括组态环境和运行环境两个部分,组态环境相当于一套完整的工具软件,用户可以利用它设计和开发自己的应用系统。用户组态生成的结果是一个数据库文件,即组态结果数据库。运行环境是一个独立的运行系统,它按照组态结果数据库中用户指定的方式进行各种处理,完成用户组态设计的目标和功能,组态环境和运行环境互相独立,又密切相关,如图 7.4 所示。

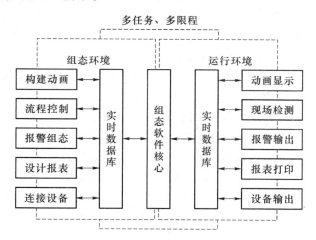

图 7.4　组态环境和运行环境的关系

2. 组态软件的功能

组态软件的功能如下。

　　① 强大的画面显示组态功能。目前,工控组态软件大都运行于 Windows 环境下,充分利用 Windows 的图表功能完备、界面美观的特点,提供给用户丰富的作图工具,可随心所欲地绘制出各种工业画面,并可任意编辑,从而将开发人员从繁重的画面设计中解放出来,丰富的动画连接方式,如隐含、闪烁、移动等,使画面生动、形象、直观。

　　② 良好的开放性。社会化的大生产,使得系统构成的全部硬件不可能出自一家公司

的产品,"异构"是当今控制系统的主要特点之一。开放性指组态软件能与多种通信协议互连,支持多种硬件设备。开放性是衡量一个组态软件好坏的重要指标。组态软件向下应能与底层的数据设备通信,向上能与管理层通信,实现上位机与下位机的双向通信。

利用组态软件,用户只需要通过简单的组态就可构造自己的应用系统,从而将用户从繁琐的编程中解脱出来,使用户在编程时更加得心应手。

③ 丰富的功能模块。提供丰富的控制功能库,满足用户的测控要求和现场要求。利用各种功能模块,完成实时监控、产生报表、显示历史曲线、实时曲线、提供报警等功能,使系统具有良好的人机界面、易于操作。

④ 强大的数据库。配有实时数据库,可存储各种数据,如模拟型、字符型等,实现与外部设备的数据交换。

⑤ 可编程的命令语言。有可编程的命令语言,一般称为脚本语言。使用户可根据自己的需要编写程序,增强图形界面。

⑥ 周密的系统安全防范。对不同的操作者,赋予不同的操作权限,保证整个系统的安全、可靠运行。

⑦ 仿真功能。提供强大的仿真功能,使系统并行设计,从而缩短开发周期。

3. MCGS 组态软件

MCGS(Monitor and Control Generated System)组态软件是北京昆仑通态自动化软件科技有限公司研发的一套基于 Windows 平台的、用于快速构造和生成上位机监控系统的组态软件系统,以下简称 MCGS。MCGS 可运行于 Microsoft Windows 95/98/Me/NT/2000 等操作系统。具有功能完善、操作简便、可视性好、可维护性强的特点。用户只需要通过简单的模块化组态就可构造自己的应用系统。

MCGS 软件系统由主控窗口、设备窗口、用户窗口、实时数据库和运行策略组成,每一部分分别进行组态,完成不同的工作。

① 主控窗口。它是工程的主窗口,负责调度和管理这些窗口的打开或关闭。

② 设备窗口。它是连接和驱动外部设备的工作环境。在本窗口内配置数据采集和控制输出设备;注册设备驱动程序;定义连接与驱动设备用的数据变量。

③ 用户窗口。它主要用于设置工程中人机交互的界面,如系统流程图、曲线图、动画等。

④ 实时数据库。它是工程各个部分数据交换和处理的中心,它将 MCGS 工程的各个部分连成有机的整体。

⑤ 运行策略。它主要完成工程运行流程的控制,如编写控制程序、选用各种功能构件等。

4. 工程的组建过程

(1) 工程项目系统分析

首先要了解整个工程的系统构成和工艺流程,弄清测控对象的特征,明确主要的监控要求和技术要求等问题。在此基础上,拟定组建工程的总体规划和设想,主要包括系统应实现哪些功能,控制流程如何实现,需要什么样的用户窗口界面,实现何种动画效果,以及如何在实时数据库中定义数据变量等环节,同时还要分析工程中设备的采集及输出通道与实时数据库中定义的变量的对应关系,分清哪些变量是要求与设备连接的,哪些变量是软件内部用来传递数据及用于实现动画显示的。在此基础上,再建立工程,构造实时数据库。做好工程的整体规划,在项目的组态过程中能够尽量避免一些无谓的劳动,快速、有效地完成工程项目。

（2）设计用户操作菜单

在系统运行的过程中,为了便于画面的切换和变量的提取,通常用户要建立自己的菜单,第一步是建立菜单的框架,第二步是对菜单进行功能组态。在组态过程中,用户可以根据实际的需要,随时对菜单的内容进行增加和删减,最终确定菜单。

（3）制作动态监控画面

制作动态监控画面是组态软件的最终目的,一般的设计过程是先建立静态画面,所谓静态画面就是利用系统提供的绘图工具来画出效果图,也可以是一些通过数码相机、扫描仪、专用绘图软件等手段创建的图片,然后对一些图形或图片进行动画设计,如颜色的变化、形状大小的变化、位置的变化等。所有的动画效果均应和数据库变量一一对应,实现内外结合的效果。

（4）编写控制流程程序

在动态画面制作过程中,除了一些简单的动画是由图形语言定义外,大部分较复杂的动画效果和数据之间的链接（即连接）,都是通过一些程序命令来实现的,MCGS 软件为用户提供了大量的系统内部命令。其语句的形式兼容于 Visual Basic、Visual C 语言的格式。另外 MCGS 软件还为用户提供了编程用的功能构件（称之为脚本程序）,这样就可以通过简单的编程语言来编写工程控制程序。

（5）完善菜单按钮功能

虽然用户在工程中建立了自己的操作菜单,但对于一些功能比较强大、关连比较多的控制系统,有时还要通过制定一些按钮或文字来链接其他的变量和画面,按钮的作用既可以用来执行某些命令,还可以输入数据给某些变量。当和外部的一些智能仪表、可编程控制器、工业总线单元、计算机 PCI 接口进行连接时,会大大增加其数据传输的简捷性。

（6）编写程序调试工程

工程中的用户程序编写好后,要进行在线的调试。在进行现场的调试过程中,可以先借助于一些模拟的手段来进行初调,MCGS 软件为用户提供了较好的模拟手段。调试的目的是对现场的数据进行模拟,检查动画效果和控制流程是否正确,从而达到和外部设备进行可靠的连接。

（7）连接设备驱动程序

利用 MCGS 组态软件编写好的程序,最后要实现和外部设备的连接,在进行连通之前,装入正确的驱动程序和定义通信协议是很重要的。有时不能与设备进行可靠的连接,往往就是通信协议的设置有问题而造成的。另外合理地指定内部变量和外部变量之间的隶属关系也很重要,此项工作在设备窗口中进行。

（8）工程完工综合测试

经过上述的分步调试后,就可以对系统进行整体的连续调试了,一个好的工程必须要能够经得起考验,验收合格后就可以进行交工。

7.2　测量数据预处理技术

测量数据预处理技术应用在许多控制系统及智能化仪器中。

7.2.1　系统误差的自动校准

系统误差是指在相同条件下,经过多次测量,误差的数值(包括大小、符号)保持恒定,或按某种已知规律变化的误差。这种误差的特点是,在一定的测量条件下,其变化规律是可以掌握的,产生误差的原因一般也是知道的。因此,原则上讲,系统误差是可以通过适当的技术途径来确定并加以校正的。在系统的输入测量通道中,一般均存在零点偏移和漂移,放大电路的增益误差及器件参数的不稳定等现象,它们会影响测量数据的准确性。这些误差都属于系统误差。有时须对这些系统误差进行校准,实际中一般通过全自动校准和人工自动校准两种方法实现。

1. 全自动校准

全自动校准的特点是由系统自动完成,不需要人的介入,可以实现零点和量程的自动校准。全自动校准结构如图 7.5 所示。

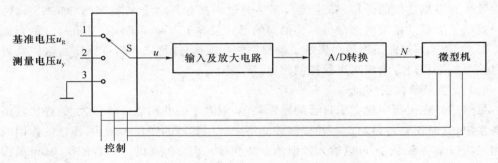

图 7.5　全自动校准结构

系统由多路转换开关(可以用 CD4051 实现)、输入及放大电路、A/D 转换电路、计算机组成。可以在刚通电或每隔一定时间,自动进行一次校准,找到 A/D 输出 N 与输入测量电压 u_y 之间的关系,以后再求测量电压时则按照该修正后的公式计算。校准步骤如下。

① 微机控制多路开关使 S 与 3 接通,则输入电压 $u=0$,测出此时的 A/D 值 N_0。

② 微机控制多路开关使 S 与 1 接通,则输入电压 $u=u_R$,测出此时的 A/D 值 N_R。

设测量电压与 u 与 N 之间为线性关系,表达式为 $u = aN + b$,则上述测量结果满足

$$\begin{cases} u_R = aN_R + b \\ 0 = aN_0 + b \end{cases} \tag{7.1}$$

联立求解上式,得

$$\begin{cases} a = \dfrac{u_R}{N_R - N_0} \\ b = \dfrac{u_R N_0}{N_0 - N_R} \end{cases} \tag{7.2}$$

从而,得到校正后的公式为

$$u = \frac{u_R}{N_R - N_0}N + \frac{u_R N_0}{N_0 - N_R} = \frac{u_R}{N_R - N_0}(N - N_0) = k(N - N_0) \qquad (7.3)$$

这时的 u 与放大器的漂移和增益变化无关,与 u_R 的精度也无关,可大大提高测量精度,降低对电路器件的要求。

程序设计时,每次校准后根据 u_R、N_R、N_0 计算出 k,将 k 与 N_0 放在内存单元中,按式(7.3),则可以计算出 u 值。

如果只校准零点时,实际的测量值则为 $u = a(N - N_0) + b$。

2. 人工自动校准

上述校准只适合于基准参数是电信号的场合,且不能校正由传感器引入的误差,为此,可采用人工校准的方法。人工自动校准不是自动定时校准,而是由人工在需要时接入标准的参数进行校准测量,并将测量的参数存储起来以备以后使用。人工校准一般只测一个标准输入信号 y_R,零信号的补偿由数字调零来完成。设数字调零(即 $N_0 = 0$)后,输入 y_R,输出为 N_R,输入 y,输出为 N,则可得

$$y = \frac{y_R}{N_R}N \qquad (7.4)$$

计算 $\frac{y_R}{N_R}$ 的比值,并将其输入计算机中,则实现了人工自动校准。

当校准信号不容易得到时,可采用当前的输入信号。校准时,给系统加上输入信号,计算机测出对应的 N_i,操作者再采用其他的高精度仪器测出这时的 y_i,把此时的 y_i 当成标准信号,则式(7.4)变为

$$y = \frac{y_i}{N_i}N \qquad (7.5)$$

人工自动校准特别适合于传感器特性随时间会发生变化的场合。如电容式湿敏传感器,一般一年以上其特性会超过精度允许值,这时可采用人工自动校准。即每隔一段时间(一个月或三个月)用高精度的仪器测出当前的湿度值,然后把它作为校准值输入计算机测量系统,以后测量时,就可以自动用该值来校准测量值。

7.2.2 线性化处理

许多常见的测温元件,其输出与被测量之间呈现非线性关系,因而需要线性化处理和非线性补偿。

1. 铂热电阻的阻值与温度的关系

Pt100 铂热电阻适用于测量 $-200℃ \sim 850℃$ 全部或部分范围测温,其主要特性是测温精度高,稳定性好。Pt100 阻值与温度的关系分为两段:$-200℃ \sim 0℃$ 和 $0℃ \sim 800℃$,其对应关系如下。

① $-200 \sim 0℃$ 范围内,有

$$R_T = R_0[1 + AT + BT^2 + C(T - 100)T^3] \qquad (7.6)$$

② $0 \sim 800℃$ 范围内,有

$$R_T = R_0[1 + AT + BT^2] \qquad (7.7)$$

其中,$A = 3.908\ 02 \times 10^{-3}℃^{-1}$,$B = -5.802 \times 10^{-7}℃^{-2}$,$C = -4.273\ 50 \times 10^{-12}℃^{-4}$,$R_0 = 100\ \Omega$(0 ℃时的电阻值),$R_T$ 为对应测量温度的电阻值,T 为检测温度。

若已知铂热电阻的阻值(一般通过加恒流源测量电压得到),可以按照式(6.6)和(6.7)计算温度 T,但由于涉及平方运算,计算量较大。一般,先根据公式,离线计算出所测量温度范围内温度与铂热电阻的对应关系表即分度表,然后将分度表输入计算机中,利用查表的方法实现;或者根据式(7.6)和(7.7)画出对应的曲线,然后分段进行线性化,即用多段折线代替曲线。线性化过程见第 7.2.4 小节介绍的插值算法。

2. 热电偶热电势与温度的关系

热电偶热电势与温度之间的关系也是非线性关系。先介绍几种热电偶的热电势与温度的关系,然后找到通用公式进行线性化。

(1)铜—康铜热电偶

以 T 表示检测温度,E 表示热电偶产生的热电势(下同),则 T—E 关系如下。

$$T = a_8 E^8 + a_7 E^7 + a_6 E^6 + a_5 E^5 + a_4 E^4 + a_3 E^3 + a_2 E^2 + a_1 E \tag{7.8}$$

其中,$a_1 = 3.874\ 077\ 384\ 0 \times 10^{-2}$,$a_2 = 3.319\ 019\ 809\ 2 \times 10^{-5}$,$a_3 = 2.071\ 418\ 364\ 5 \times 10^{-7}$,$a_4 = -2.194\ 583\ 482\ 3 \times 10^{-9}$,$a_5 = 1.103\ 190\ 055\ 0 \times 10^{-11}$,$a_6 = -3.092\ 758\ 189\ 0 \times 10^{-4}$,$a_7 = 4.565\ 333\ 716\ 0 \times 10^{-17}$,$a_8 = -2.761\ 687\ 804\ 0 \times 10^{-20}$。

当误差规定小于± 0.2 ℃时,在 0~400 ℃范围内仅取如下 4 项计算温度。

$$T = b_4 E^4 + b_3 E^3 + b_2 E^2 + b_1 E \tag{7.9}$$

其中,$b_1 = 2.566\ 129\ 7 \times 10$,$b_2 = -6.195\ 486\ 9 \times 10^{-1}$,$b_3 = 2.218\ 164\ 4 \times 10^{-2}$,$b_4 = -3.550\ 090\ 0 \times 10^{-4}$。

(2)铁—康铜热电偶

当误差规定小于± 1℃时,在 0℃~400℃范围内,按下式计算温度。

$$T = b_4 E^4 + b_3 E^3 + b_2 E^2 + b_1 E \tag{7.10}$$

其中,$b_1 = 1.975\ 095\ 3 \times 10$,$b_2 = -1.854\ 260\ 0 \times 10^{-1}$,$b_3 = 8.368\ 395\ 8 \times 10^{-3}$,$b_4 = -1.328\ 568\ 0 \times 10^{-4}$。

(3)镍铬—镍铝热电偶

在 400 ℃~1 000 ℃范围内,按下式计算温度。

$$T = b_4 E^4 + b_3 E^3 + b_2 E^2 + b_1 E + b_0 \tag{7.11}$$

其中,$b_0 = -2.470\ 711\ 2 \times 10$,$b_1 = 2.946\ 563\ 3 \times 10$,$b_2 = -3.133\ 262\ 0 \times 10^{-1}$,$b_3 = 6.507\ 571\ 7 \times 10^{-3}$,$b_4 = -3.966\ 383\ 4 \times 10^{-5}$。

综上所述,常见的 T—E 关系可以用下式表示

$$T = c_4 E^4 + c_3 E^3 + c_2 E^2 + c_1 E + c_0 \tag{7.12}$$

式(7.12)可化为下式:

$$T = (((c_4 E + c_3)E + c_2)E + c_1)E + c_0 \tag{7.13}$$

编程时利用式(7.13)计算,较式(7.12)省去了四次方、三次方、平方等运算,简化了计算过程,也可以如热电阻处理所述,利用查表或线性化处理的方法。

7.2.3　标度变换

生产中的各个参数都有着不同的量纲,如测温元件用热电偶或热电阻,温度单位为摄

氏度。又如测量压力用的弹性元件膜片、膜盒及弹簧管等，其压力范围从几帕到几十兆帕。而测量流量则用节流装置，其单位为 m³/h 等。在测量过程中，所有这些参数都经过变送器或传感器再利用相应的信号调理电路，将非电量转换成电量并进一步转换成 A/D 转换器所能接收的统一电压信号，又由 A/D 转换器将其转换成数字量送到计算机进行显示、打印等相关的操作。而 A/D 转换后的这些数字量并不一定等于原来带量纲的参数值，它仅仅与被测参数的幅值有一定的函数关系，所以必须把这些数字量转换为带有量纲的数据，以便显示、记录、打印、报警及操作人员对生产过程进行监视和管理。将 A/D 转换后的数字量转换成与实际被测量相同量纲的过程称为标度变换，也称为工程量转换。如热电偶测温，其标度变换说明如图 7.6 所示，要求显示被测温度值。其电压输出与温度之间的关系表示为 $u_1 = f(T)$，温度与电压值存在一一对应的关系；经过放大倍数为 k_1 的线性放大处理后，$u_2 = k_1 u_1 = k_1 f(T)$，再经过 A/D 转换后输出为数字量 D_1，D_1 数字量与模拟量成正比，其系数为 k_2，则 $D_1 = k_1 k_2 f(T)$，这即为计算机接收到的数据，该数据只是与被测温度有一定函数关系的数字量，并不是被测温度，所以不能显示该数值。要显示的被测温度值需要利用计算机对其进行标度变换。即需推导出 T 与 D_1 的关系，再经过计算得到实际温度值。

标度变换有各种不同类型，它主要取决于被测参数测量传感器的类型，设计时应根据实际情况选择适当的标度变换方法。

1. 线性参数标度变换

线性参数标度变换是最常用的标度变换，其前提条件是被测参数值与 A/D 转换结果为线性关系。设 A/D 转换结果 N 与被测参数 A 之间的关系如图 7.7 所示，则得到其线性标度变换的公式如下。

$$A_x = \frac{A_{\max} - A_{\min}}{N_{\max} - N_{\min}}(N_x - N_{\min}) + A_{\min} \tag{7.14}$$

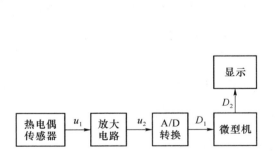

图 7.6　热电偶测温中的标度变换

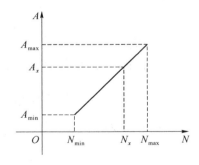

图 7.7　输入、输出线性关系

其中：$A_{\min}$ 为被测参数量程的最小值，$A_{\max}$ 为被测参数量程的最大值，A_x 为被测参数值，$N_{\max}$ 为 $A_{\max}$ 对应的 A/D 转换后的数值，$N_{\min}$ 为 $A_{\min}$ 对应的 A/D 转换后的数值，N_x 为被测量 A_x 对应的 A/D 转换后的数值。

当 $N_{\min} = 0$ 时，式（7.14）可以写成

$$A_x = \frac{A_{\max} - A_{\min}}{N_{\max}} N_x + A_{\min} \tag{7.15}$$

在许多测量系统中,被测参数量程的最小值 $A_{min}=0$,对应 $N_{min}=0$,则式(7.14)可以写成

$$A_x = \frac{A_{max}}{N_{max}} N_x \tag{7.16}$$

根据上述公式编写的程序称为标度变换程序。编写标度变换程序时,A_{min}、A_{max}、N_{max}、N_{min} 为已知值,可将式(7.14) 变换为 $A_x = A(N_x - N_{min}) + A_{min}$,事先计算出 A 值,则计算过程包括一次减法、一次乘法和一次加法。相对于按式(7.14)直接计算要简单。

2. 非线性参数标度变换

前面的标度变换公式,只适用于 A/D 转换结果与被测量为线性关系的系统。但实际中有些传感器测得的数据与被测物理量之间不是线性关系,存在着由传感器测量方法所决定的函数关系,并且这些函数关系可以用解析式表示,一般而言,非线性参数的变化规律各不相同,故其标度变换公式亦需根据各自的具体情况建立。这时我们可以采用直接解析式计算。

(1) 公式变换法

例如,在流量测量中,流量与差压间的关系式为

$$Q = K \sqrt{\Delta P} \tag{7.15}$$

式中,Q 为流量,K 为刻度系数,与流体的性质及节流装置的尺寸相关,ΔP 为节流装置的差压。

可见,流体的流量与被测流体流过节流装置前后产生的差压的平方根成正比。如果后续的信号处理及 A/D 转换后为线性转换,则 A/D 数字量输出与差压信号成正比,所以流量值与 A/D 转换后的结果成正比。

根据式(7.15)及式(7.14)可以推导出流量计算时的标度变换公式为

$$Q_x = \frac{Q_{max} - Q_{min}}{\sqrt{N_{max}} - \sqrt{N_{min}}} (\sqrt{N_x} - \sqrt{N_{min}}) + Q_{min} \tag{7.16}$$

式中,Q_{min} 为被测流量量程的最小值,Q_{max} 为被测流量量程的最大值,Q_x 为被测流体流量值。

实际测量中,一般流量量程的最小值为 0,所以,式(7.16)可以化简为

$$Q_x = \frac{Q_{max}}{\sqrt{N_{max}} - \sqrt{N_{min}}} (\sqrt{N_x} - \sqrt{N_{min}}) \tag{7.17}$$

若流量量程的最小值对应的数字量 $N_{min}=0$,则式(7.17) 进一步简化为

$$Q_x = Q_{max} \frac{\sqrt{N_x}}{\sqrt{N_{max}}} = \frac{Q_{max}}{\sqrt{N_{max}}} \sqrt{N_x} \tag{7.18}$$

根据上述公式编写标度变换程序时,Q_{min}、Q_{max}、N_{max}、N_{min} 为已知值,可将式(7.16)~(7.18)变换为

$$Q_x = A_1 (\sqrt{N_x} - \sqrt{N_{min}}) + Q_{min} \tag{7.19}$$

$$Q_x = A_2 (\sqrt{N_x} - \sqrt{N_{min}}) \tag{7.20}$$

$$Q_x = A_3 \sqrt{N_x} \tag{7.21}$$

式(7.19)~(7.21)为常用的不同条件下的流量计算公式。编程时先计算出 A_1、A_2、

A_3 值,再按上述公式计算。

（2）其他标度变换法

许多非线性传感器并不像上面讲的流量传感器那样,可以写出一个简单的公式,或者虽然能够写出,但计算相当困难,这时可采用多项式插值法,也可以用线性插值法或查表法进行标度变换。

7.2.4　插值算法

实际系统中,一些被测参数往往是非线性参数,常常不便于计算和处理,有时甚至很难找出明确的数学表达式,需要根据实际检测值或采用一些特殊的方法来确定其与自变量之间的函数值;在某些时候,即使有较明显的解析表达式,但计算起来也相当麻烦。例如,在温度测量中,热电阻及热电偶与温度之间的关系,即为非线性关系,很难用一个简单的解析式来表达;而在流量测量中,流量孔板的差压信号与流量之间也是非线性关系。即使能够用公式 $Q = K \sqrt{\Delta P}$ 计算,但开方运算不但复杂,而且误差也比较大。另外,在一些精度及实时性要求比较高的仪表及测量系统中,传感器的分散性、温度的漂移,以及机械滞后等引起的误差在很大程度上都是不能允许的。诸如此类的问题,在模拟仪表及测量系统中,解决起来相当麻烦,甚至是不可能的。而在实际测量和控制系统中,都允许有一定范围的误差。因此,在实际系统中可以采用计算机处理,用软件补偿的办法进行校正。这样,不仅能节省大量的硬件开支,而且精度也大为提高。

1. 线性插值算法

计算机处理非线性函数应用最多的方法是线性插值法。线性插值法是代数插值法中最简单的形式。假设变量 y 和自变量 x 的关系如图 7.8 所示。为了计算出现自变量 x 所对应的变量 y 的数值,用直线 $\overline{AB}$ 代替弧线 $\overset{\frown}{AB}$,由此可得直线方程

$$f(x) = ax + b \tag{7.22}$$

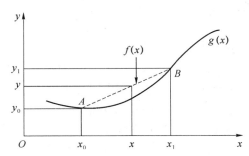

图 7.8　线性插值法示意

根据插值条件,应满足

$$\begin{cases} y_0 = ax_0 + b \\ y_1 = ax_1 + b \end{cases} \tag{7.23}$$

解方程组(7.23),可求出直线方程的参数,得到直线方程的表达式为

$$f(x) = \frac{y_1 - y_0}{x_1 - x_0}(x - x_0) + y_0 = k(x - x_0) + y_0 \tag{7.24}$$

由图 7.8 可以看出,插值点 x_0 与 x_1 之间的间距越小,则在这一区间内 $f(x)$ 与 $g(x)$ 之间的误差越小。利用式(7.24)可以编写程序,只需进行一次减法、一次乘法和一次加法运算即可。因此,在实际应用中,为了提高精度,经常采用几条直线来代替曲线,此方法称为分段插值算法。

2. 分段插值算法

分段插值算法的基本思想是将被逼近的函数(或测量结果)根据其变化情况分成几段,为了提高精度及缩短运算时间,各段可根据精度要求采用不同的逼近公式。最常用的是线性插值和抛物线插值。分段插值的分段点的选取可按实际曲线的情况及精度的要求灵活决定。

分段插值算法程序设计步骤如下。

① 用实验法测量出传感器的输出变化曲线 $y = g(x)$(或各插值节点的值 (x_i, y_i),$i = 0, 1, 2, \cdots, n$)。为使测量结果更接近实际值,要反复进行测量,以便求出一个比较精确的输入输出曲线。

② 将上述曲线进行分段,选取各插值基点。曲线分段的方法主要有两种,即等距分段法和非等距分段法。

- 等距分段法即沿 x 轴等距离地选取插值基点。这种方法的主要优点是 $x_{i+1} - x_i$ 为常数,简化计算过程。但是,当函数的曲率和斜率变化比较大时,将会产生一定的误差,要想减小误差,必须把基点分得很细,这样,势必占用更多的内存,并使计算机的计算量加大。

- 非等距分段方法的特点是函数基点的分段不是等距的,而是根据函数曲线形状的变化率的大小来修正插值间的距离,曲率变化大的,插值距离小一点。也可以使常用刻度范围插值距离小一点,而曲线比较平缓和非常用刻度区域距离取大一点。所以非等距插值基点的选取相对于等距分段法麻烦。

③ 根据各插值基点的 (x_i, y_i) 值,使用相应的插值公式,求出实际曲线 $g(x)$ 每一段的近似表达式 $f_n(x)$。

④ 根据 $f_n(x)$ 编写出应用程序。

编写程序时,必须首先判断输入值 x 处于哪一段,即将 x 与各插值基点的数值 x_i 进行比较,以便判断出该点所在的区间。然后,根据对应段的近似公式进行计算。

值得说明的是,分段插值算法总的来讲光滑度都不太高,这对于某些应用是存有缺陷的。但是,就大多数工程要求而言,也能基本满足需要。在这种局部化的方法中,要提高光滑度,就得采用更高阶的导数值,多项式的次数亦需相应增高。为了只用函数值本身,并在尽可能低的次数下达到较高的精度,可以采用样条插值法。

7.2.5 越限报警处理

在计算机控制系统中,被测参数经上述数据处理后,参数送显示。但为了安全生产,对于一些重要的参数要判断是否超出了规定工艺参数的范围,如果超越了规定的数值,要进行报警处理,以便操作人员及时采取相应的措施。

越限报警是工业控制过程常见而又实用的一种报警形式,它分为上限报警、下限报警和上下限报警。如果需要判断的报警参数是 x_n ,该参数的上下限约束值分别为 x_{max} 和 x_{min} ,则上下限报警的物理意义如下。

①上限报警。若 $x_n > x_{max}$,则上限报警,否则执行原定操作。②下限报警。若 $x_n < x_{min}$,则下限报警,否则执行原定操作;③上下限报警。若 $x_n > x_{max}$,则上限报警,否则继续判断 $x_n < x_{min}$ 是否成立,若成立,则下限报警;否则继续执行原定操作。

根据上述规定,编写程序可以实现对被控参数、偏差、控制量等进行上下限报警。

7.3　软件抗干扰技术

软件抗干扰技术是当系统受干扰后使系统恢复正常运行或输入信号受干扰后去伪求真的一种辅助方法。所以软件抗干扰是被动措施,而硬件抗干扰是主动措施。但由于软件设计灵活,节省硬件资源,所以软件抗干扰技术越来越引起人们的重视。在微机测控系统中,只要认真分析系统所处环境的干扰来源及传播途径,采用硬件、软件相结合的抗干扰措施,就能保证长期系统稳定可靠地运行。

软件抗干扰技术研究的内容,其一是采取软件的方法抑制叠加在模拟输入信号上噪声的影响,如数字滤波技术;其二是由于干扰而使运行程序发生混乱,导致程序乱飞或陷入死循环时,采取使程序纳入正规的措施,如软件冗余、软件陷阱技术等。

7.3.1　数字滤波技术

在工业过程控制系统中,由于被控对象所处环境比较恶劣,常存在干扰,如环境温度、电场、磁场等,使采样值偏离真实值。噪音有两大类,周期性和不规则的。周期性的如 50 Hz 的工频干扰。而不规则的噪音为随机信号。对于各种随机出现的干扰信号,可以通过数字滤波的方法加以削弱或滤除,从而保证系统工作的可靠性。所谓数字滤波,就是通过一定的计算程序或判断程序减少干扰在有用信号中的比重。数字滤波器与模拟滤波器相比,具有如下优点。

① 由于数字滤波采用程序实现,所以无需增加任何硬设备,可以实现多个通道共享一个数字滤波程序,从而降低了成本。

② 由于数字滤波器不需增加硬设备,所以系统可靠性高、稳定性好,各回路间不存在阻抗匹配问题。

③ 可以对频率很低(如 0.01 Hz)的信号实现滤波,克服了模拟滤波器的缺陷。

④ 可根据需要选择不同的滤波方法,或改变滤波器的参数。较改变模拟滤波器的硬件电路或元件参数灵活、方便。

正因为数字滤波器具有上述优点,所以数字滤波器受到相当地重视,并得到了广泛的应用。数字滤波的方法有很多种,可以根据不同的测量参数进行选择。下而介绍几种常用的数字滤波方法及如何用 C 语言来实现相应的程序设计。

1. 平均值滤波

(1)算术平均值滤波

算术平均值滤波是要寻找一个 Y,使该值与各采样值间误差的平方和为最小,即

$$E = \min\Big[\sum_{i=1}^{N} e_i^2\Big] = \min\Big[\sum_{i=1}^{N}(Y - x_i)^2\Big] \qquad (7.25)$$

由一元函数求极值原理，得

$$Y = \frac{1}{N}\sum_{i=1}^{N} x_i \qquad (7.26)$$

式中，Y 为 N 个采样值的算术平均值，x_i 为第 i 次采样值，N 为采样次数。

式(7.26)是算术平均值法数字滤波公式。由此可见，算术平均值法滤波的实质即把 N 次采样值相加，然后再除以采样次数 N，得到接近于真值的采样值，其程序设计较简单。用 C 语言编写的算术平均值滤波程序如下。

```
int comp(int num)
{
    unsigned int result,I;
    result = 0
    for(i = 0;i<num;i ++ )
    result = result + val[i];        /*计算平均值,val[ ]内为采样值*/
    return (result/num);             /*返回平均结果值*/
}
```

算术平均值滤波主要用于对压力、流量等周期脉动的参数采样值进行平滑加工，这种信号的特点是有一个平均值，信号在某一数值范围附近做上下波动，这种情况下取一个采样值作依据显然是准确的。但算术平均值滤波对脉冲性干扰的平滑作用尚不理想，因而它不适用于脉冲性干扰比较严重的场合。采样次数 N，取决于对参数平滑度和灵敏度的要求。随着 N 值的增大，平滑度将提高，灵敏度降低；N 较小时，平滑度低，但灵敏度高。应视具体情况选取 N，以使既少占用计算时间，又达到最好效果。通常对流量参数滤波时 $N = 12$，对压力 $N = 4$。

（2）加权算术平均值滤波

由式(7.27)可以看出，算术平均值法对每次采样值给出相同的加权系数，即 $1/N$，但实际上有些场合各采样值对结果的贡献不同，有时为了提高滤波效果，提高系统对当前所受干扰的灵敏度，将各采样值取不同的比例，然后再相加，此方法称为加权平均值滤波法。N 次采样的加权平均公式为

$$Y = a_0 x_0 + a_1 x_1 + \cdots + a_N x_N \qquad (7.27)$$

式中 a_0、a_1、$a_2 \cdots a_N$ 为各次采样值的系数，它体现了各次采样值在平均值中所占的比例，可根据具体情况决定。一般采样次数愈靠后，取的比例愈大，这样可增加新的采样值在平均值中的比例。这种滤波方法可以根据需要突出信号的某一部分，抑制信号的另一部分。

（3）滑动平均值滤波

不管是算术平均值滤波，还是加权算术平均值滤波，都需连续采样 N 个数据，然后求算术平均值。这种方法适合于有脉动式干扰的场合。但由于必须采样 N 次，需要时间较长，故检测速度慢，这对采样速度较慢而又要求快速计算结果的实时系统就无法应用。为了克服这一缺点，可采用滑动平均值滤波。

滑动平均值滤波与算术平均值滤波和加权算术平均值滤波一样,首先采样 N 个数据放在内存的连续单元中组成采样队列,计算其算术平均值或加权算术平均值做为第 1 次采样值;接下来将采集队列向队首移动,将最早采集的那个数据丢掉,新采样的数据放在队尾,而后计算包括新采样数据在内的 N 个数据的算术平均值或加权平均值。这样,每进行一次采样,就可计算出一个新的平均值,从而大大加快了数据处理的速度。

滑动平均值滤波程序设计的关键是,每采样一次,移动一次数据块,然后求出新一组数据之和,再求平均值。值得说明的是,在滑动平均值滤波中开始时要先把数据采样 N 次,再实现滑动滤波。

2. 中值滤波

中值滤波就是对某一个被测参数连续采样 N 次,然后把 N 次的采样值从大到小(或从小到大)排队,再取中间值为本次采样值。用 C 语言编写的、利用“冒泡”程序设计计算法来实现中值滤波的程序如下。

```
int comp( int num)
{
  unsigned int temp,I,j;
  for( i = 0;i＜num − 1;i + + )
  for( j = 0;j＜num − 1;j + + )
  if ( val[j]＜val[j + 1]              /* 比较 A/D 值大小 */

  {
  temp = val[j];                      /* 反序则做"冒泡"处理 */
  val[j] = val[j + 1];
  val[j + 1] = temp;
  }
      return ( val[num/2] );          /* 返回中值结果 */
}
```

中值滤波对于去掉偶然因素引起的波动或传感器不稳定而造成的误差所引起的脉冲干扰比较有效。对缓慢变化的过程变量采用中值滤波效果比较好,但对快速变化的过程变量,如流量,则不宜采用。中值滤波对于采样点多于 3 次的情况不宜采用。

3. RC 低通数字滤波

常用的一阶低通 RC 模拟滤波器电路如图 7.9 所示。在模拟电路常用其滤掉较高频率信号,保留较低频率信号。当要实现低频干扰的滤波时,即通频带进一步变窄,则需要增加电路的时间常数。而时间常数越大,必然要求 R 值或 C 值增大,C 值增大其漏电流也随之增大,从而使 RC 网络的误差增大。为了提高滤波效果,可以仿照 RC 低通滤波器,用数字形式实现低通滤波。

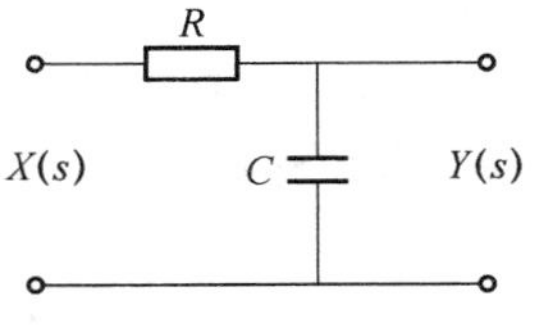

图 7.9 RC 低通滤波器

由图 7.9 不难写出模拟低通滤波器的传递函数,即

$$G(s) = \frac{Y(s)}{X(s)} = \frac{1}{T_f s + 1} \tag{7.28}$$

其中，T_f 为 RC 滤波器的时间常数，$T_f = RC$。由公式(7.28)可以看出，RC 低通滤波器实际上是一个一阶惯性环节，所以 RC 低通数字滤波也称为惯性滤波法。

为了将式(7.28)的算法利用计算机实现，须将其转换成离散的表达式。首先将式(7.28)转换成微分方程的形式，再利用后向差分法将微分方程离散化，过程如下：

$$\frac{\mathrm{d}y(t)}{\mathrm{d}t} T_f + y(t) = x(t) \tag{7.29}$$

$$\frac{y(k) - y(k-1)}{T} T_f + y(k) = x(k) \tag{7.30}$$

式中，$x(k)$ 为第 k 次输入值，$y(k-1)$ 为第 $k-1$ 次滤波结果输出值，$y(k)$ 为第 k 次滤波结果输出值，T 为采样周期。

式(7.30)整理得

$$y(k) = \frac{T}{T + T_f} x(k) + \frac{T_f}{T + T_f} y(k-1) = (1-\alpha)x(k) + \alpha y(k-1) \tag{7.31}$$

式中，$\alpha = \dfrac{T_f}{T + T_f}$ 为滤波平滑系数，且 $0 < \alpha < 1$。

RC 低通数字滤波对周期性干扰具有良好的抑制作用，适用于波动频率较高参数的滤波。其不足之处是引入了相位滞后，灵敏度低。滞后程度取决于 α 值的大小。同时，它不能滤除掉频率高于采样频率二分之一(称为香农频率)以上的干扰信号。如，采样频率为 100 Hz，则它不能滤去 50 Hz 以上的干扰信号。对于高于香农频率的干扰信号，应采用模拟滤波器。

4. 复合数字滤波

为了进一步提高滤波效果，有时可以把两种或两种以上不同滤波功能的数字滤波器组合起来，组成复合数字滤波器，或称多级数字滤波器。例如，前边讲的算术平均滤波或加权平均滤波，都只能对周期性的脉动采样值进行平滑加工，但对于随机的脉冲干扰，如电网的波动、变送器的临时故障等，则无法消除。然而，中值滤波却可以解决这个问题。因此，我们可以将二者组合起来，形成多功能的复合滤波。即把采样值先按从小到大的顺序排列起来，然后将最大值和最小值去掉，再把余下的部分求和并取其平均值。这种滤波方法的原理可由下式表示：

若 $x(1) \leqslant x(2) \leqslant \cdots \leqslant x(N)$，$3 \leqslant N \leqslant 14$，则

$$y(k) = \frac{[x(2) + x(3) + \cdots + x(N-1)]}{N-2} = \frac{1}{N-2} \sum_{i=2}^{N-1} x(i) \tag{7.32}$$

式(7.32)也称作防脉冲干扰平均值滤波。该方法兼容了算术平均值滤波和中值滤波的优点，当采样点数不多时，它的优点尚不够明显，但在快、慢速系统中，它却都能削弱干扰，提高控制质量。当采样点数为 3 时，则为中值滤波。

5. 各种数字滤波性能的比较

以上介绍了数字滤波方法，每种滤波程序都有其各自的特点，可根据具体的测量参数进行合理的选用。

（1）滤波效果

一般来说,对于变化比较慢的参数,如温度,可选用程序判断滤波及一阶滞后滤波方法。对那些变化比较快的脉冲参数,如压力、流量等,则可选择算术平均值滤波和加权算术平均值滤波法。特别是加权算术平均值滤波法更好。至于要求比较高的系统,需要用复合滤波法。在算术平均值滤波和加权算术平均值滤波中,其滤波效果与所选择的采样次数 N 有关。N 越大,则滤波效果越好,但花费的时间也愈长。高通及低通滤波程序是比较特殊的滤波程序,使用时一定要根据其特点选用。

（2）滤波时间

在考虑滤波效果的前提下,应尽量采用执行时间比较短的程序,若计算机时间允许,采用效果更好的复合滤波程序。

注意,数字滤波在热工和化工过程控制系统中并非一定需要,需根据具体情况,经过分析、实验加以选用。不适当地应用数字滤波(例如,可能将待控制的波滤掉),反而会降低控制效果,以至失控,因此必须给予注意。

7.3.2　输入输出数字量的软件抗干扰技术

1. 输入数字量的软件抗干扰技术

干扰信号多呈毛刺状,作用时间短,利用这一特点,对于输入的数字信号,可以通过重复采集的方法,将随机干扰引起的虚假输入状态信号滤除掉。若多次数据采集后,信号总是变化不定,则停止数据采集并报警;或者在一定采集时间内计算出现高电平、低电平的次数,将出现次数高的电平做为实际采集数据。对每次采集的最高次数限额或连续采样次数可按照实际情况适当调整。

2. 输出数字量的软件抗干扰技术

当系统受到干扰后,往往使可编程的输出端口状态发生变化,因此可以通过反复对这些端口定期重写控制字、输出状态字,来维持既定的输出端口状态。只要可能,其重复周期尽可能短,外部设备受到一个被干扰的错误信息后,还来不及作出有效的反应,一个正确的输出信息又来到了,就可及时防止错误动作的发生。对于重要的输出设备,最好建立反馈检测通道,CPU 通过检测输出信号来确定输出结果的正确性,如果检测到错误及时修正。

7.3.3　指令冗余技术

微机的指令系统中,有单字节指令、双字节指令、三字节指令等,CPU 的取指过程是先取操作码,后取操作数。当 CPU 受到干扰后,程序便会脱离正常运行轨道,而出现"飞车"现象,出现操作数数值改变,以及将操作数当作操作码的错误。因单字节指令中仅含有操作码,其中隐含有操作数,所以当程序跑飞到单字节指令时,便自动纳入轨道。但当跑飞到某一双字节指令时,有可能落在操作数上,从而继续出错。当程序跑飞到三字节指令时,因其有两个操作数,继续出错的机会就更大。

为了使跑飞的程序在程序区内迅速纳入正轨,应该多用单字节指令,并在关键地方人为地插入一些单字节指令如 NOP,或将有效单字节指令重复书写,称之为指令冗余。指令冗余显然会降低系统的效率,但随着科技的进步,指令的执行时间越来越短,所以一般对系统的影响可以不必考虑,因此该方法得到了广泛的应用。具体编程时,可从以下两方面考虑进行指令冗余。

在一些对程序流向起决定作用的指令和某些对工作状态起重要作用的指令之前插入两条 NOP 指令,以保证跑飞的程序能迅速纳入正常轨道。

在一些对程序流向起决定作用的指令和某些对工作状态起重要作用的指令的后面重复书写这些指令,以确保这些指令的正确执行。

由以上可以看出,指令冗余技术可以减少程序跑飞的次数,使其很快纳入正常程序轨道。但采用指令冗余技术使程序纳入正常轨道的条件是:跑飞的程序必须在程序运行区,并且必须能执行到冗余指令。

7.3.4　软件陷阱技术

当跑飞程序进入非程序区(如 EPROM 未使用的空间)或表格区时,采用指令冗余技术使程序回归正常轨道的条件便不能满足,此时就不能再采用指令冗余技术,但可以利用软件陷阱技术拦截跑飞程序。

软件陷阱技术就是一条软件引导指令,强行将捕获的程序引向一个指定的地址,在那里有一段专门对程序出错进行处理的程序。如果把出错处理程序的入口地址标记为 ERR 的话,软件陷阱即为一条无条件转移指令,为了加强其捕获效果,一般还在无条件转移指令前面加两条 NOP 指令,因此真正的软件陷阱程序如下

```
NOP
NOP
JMP ERR
```

软件陷阱一般安排在以下 5 种地方。

① 未使用的中断向量区。

② 未使用的大片 ROM 区。

③ 表格。

④ 运行程序区。

⑤ 中断服务程序区。

由于软件陷阱都安排在正常程序执行不到的地方,故不影响程序执行效率,在 EPROM 容量允许的情况下,多多益善。

7.4　数字 PID 控制器的工程实现

数字 PID 控制器由于具有参数整定方便、结构改变灵活(如 PI、PD、PID 结构)、控制效果较佳的优点,而获得广泛的应用。数字 PID 控制器就是按 PID 控制算法编制一段应用程序,在设计 PID 控制程序时,必须考虑各种工程实际情况,并含有一些必要的功能以便用户选择。数字 PID 控制器算法的工程实现可分为 6 个部分,如图 7.10 所示。

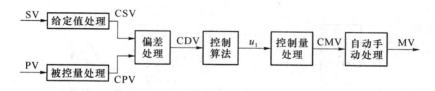

图 7.10　数字 PID 控制器的控制模块

7.4.1　给定值处理

给定值包括选择给定值 SV 和给定值变化率限制 SR 两部分,如图 7.11 所示。通过选择软开关 CL/CR,可构成内给定状态或外给定状态;通过选择软开关 CAS/SCC 可以构成串级控制或监督控制(SCC)。

1. 内给定状态

当软开关 CL/CR 切向 CL 位置时,选择本级控制回路设量的给定位 SVL。这时系统处于单回路控制的内部给定状态,利用给定值键可以修改给定值。

2. 外给定状态

当软开关 CL/CR 切向 CR 位置时,给定值来自上位计算机、主回路或运算模块,系统处于外给定状态。在此状态下,可以实现以下两种控制方式。

① SCC 控制,当软开关 CAS/SCC 切向 SCC 位置时,接收来自上位计算机的给定值 SVS,以便实现二级计算机控制。

② 串级控制,当软开关 CAS/SCC 切向 CAS 位置时,给定值 SVS 来自主调节模块,实现串级控制。

3. 给定值变化率限制

为了减少给定值突变对控制系统的扰动,防止比例、积分饱和,以实现平稳控制,需要对给定值的变化率 SR 加以限制。变化率的选取要适中,过小会使响应变慢,过大则达不到限制的目的。

综上所述,在给定位处理如图 7.11 所示中,有 3 个输入量(SVL、SVC、SVS),2 个输出量(SV、CSV),2 个开关量(CL/CR、CAS/SCC),1 个变化率(SR)。为了便于 PID 控制程序调用这些参数,需要给这些参数在计算机内存分配存储单元。

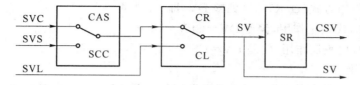

图 7.11　给定值处理

7.4.2　被控量处理

为了安全运行,需要对被控量 PV 进行上下限报警处理,其原理如图 7.12 所示,当 PV>PH(上限值)时,则上限报警状态(PHA)为"1";

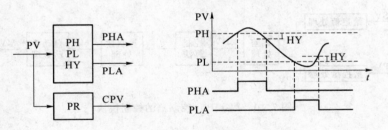

图 7.12　被控量处理

当 PV<PH(下限值)时,则下限报警状态(PLA)为"1"。

当出现上、下限报警状态(PHA、PLA)时,它们通过驱动电路发出声光报警,以便提醒操作员注意。为了不使 PHA/PLA 的状态频繁改变,可以设置一定的报警死区(HY)。

为了实现平稳控制,需要对参与控制的被控量的变化率 PR 加以限制。变化率的选取要适中,过小会使响应变慢,过大则达不到限制的目的。

被控量处理数据区存放 1 个输入量 PV,3 个输出量 PHA、PLA 和 CPV,4 个参数 PH、PL、HY 和 PR。

7.4.3　偏差处理

偏差处理分为计算偏差、偏差报警、非线性特性和输入补偿等四部分,如图 7.13 所示。

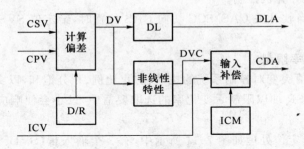

图 7.13　偏差处理

1. 计算偏差

根据正反作用方式(D/R)计算偏差 DV,即

当 D/R=0,代表正作用,偏差 DV=CPV−CSV;

当 D/R=1,代表反作用,偏差 DV=CSV−CPV。

2. 偏差报警

对于控制要求较高的对象,不仅要设置被控制量 PV 的上、下限报警,而且要设置偏差报警,当偏差绝对值大于某个极限值 DL 时,则偏差报警状态 DLA 为"1"。

3. 输入补偿

根据输入补偿方式 ICM 状态,决定偏差 DVC 与输入补偿 ICV 之间的关系,即

当 ICM=0 时,代表无补偿,此时 CDV=DVC;

当 ICM=1 时,代表加补偿,此时 CDV=ICV+DVC;

4．非线性特性

为了实现非线性 PID 控制或带死区的 PID 控制，设置了非线性区－A 至＋A 和非线性增益 K，非线性特性如图 7.14 所示，即当 $K=0$ 时，则为带死区的 PID 控制；当 $10 \ll K$ 时，则为非线性 PID 控制。

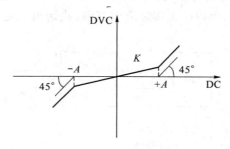

图 7.14　非线性特性

7.5.4　控制算法的实现

在自动状态下，需要进行控制计算，即按照 PID 控制的各种差分方程，计算控制量 U，并进行上、下限限幅处理，如图 7.15 所示。

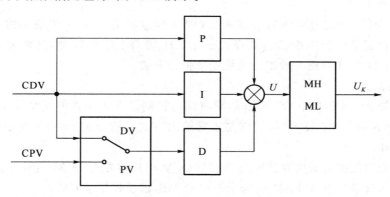

图 7.15　PID 计算

当软开关 DV/PV 切向 DV 时，则选用偏差微分方式；当软开关 DV/PV 切向 PV 时，则选用测量（即被控量）微分方式。

在 PID 计算数据区，不仅要存放 PID 参数（K_p、T_i、T_d）和采样周期 T，还要存放微分方式 DV/PV、积分分离阈值 ε、控制量上限限制值 MH 和下限限制值 ML，以及控制量 U_K。为了进行递推运算，还应保存历史数据 $e(k-1)$、$e(k-2)$ 和 $u(k-1)$。

7.4.5　控制量处理

一般情况下，在输出控制量 U_K 以前，还应经过如图 7.16 所示的各项处理，以便扩展控制功能，实现安全平稳操作。

1．输出补偿

根据输出补偿方式 OCM 的状态，决定控制量 U_K 与输出补偿量 OCV 之间的关系，即

当 OCM=0 时,代表无补偿,此时 $U_C=U_K$;

当 OCM=1 时,代表加补偿,此时 $U_C=U_K+\mathrm{OCV}$;

当 OCM=2 时,代表减补偿,此时 $U_C=U_K-\mathrm{OCV}$;

当 OCM=3 时,代表置换补偿,此时 $U_C=\mathrm{OCV}$。

利用输出和输入补偿,可以扩大实际应用范围,灵活组成复杂的数字控制器,以便组成复杂的自动控制系统。

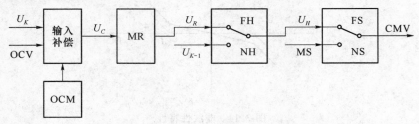

图 7.16　控制量处理

2. 变化率限制

为了平稳操作,需要对控制量的变化率 MR 加以限制。变化率的选取要适中,过小会使操作变慢,过大则达不到限制的目的。

3. 输出保持

当软开关 FH/NH 切向 NH 位置时,现时刻的控制量 $u(k)$ 等于前一时刻的控制量 $u(k-1)$,即控制量保持不变。当软开关 FH/NH 切向 FH 位置时,又恢复正常输出方式。软开关 FH/NH 状态一般来自系统安全报警开关。

4. 安全输出

当软开关 FS/NS 切向 NS 位置时,现时刻的控制量等于预置的安全输出量 MS。当软开关 FS/NS 切向 FS 位置时,又恢复正常输出方式。软开关 FS/NS 状态一般来自系统安全报警开关。

控制量处理数据区需要存放输出补偿量 OCV 和补偿方式 OCM、变化率限制值 MR、软开关 FH/NH 和软开关 FS/NS、安全输出量 MS,以及控制量 CMV。

7.4.6　自动手动切换

在正常运行时,系统处于自动状态;而在调试阶段或出现故障时,系统处于手动状态。如图 7.17 所示为自动/手动切换处理。

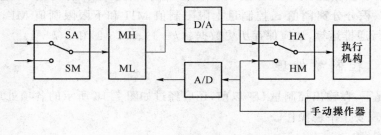

图 7.17　自动/手动切换

1. 软自动/软手动

当软开关 SA/SM 切向 SA 位置时,系统处于正常的自动状态,称为软自动(SA);反之,切向 SM 位置时,控制量来自操作键盘或上位计算机,此时系统处于计算机手动状态,称为软手动(SM)。一般在调试阶段,采用软手动(SM)方式。

2. 控制量限幅

为了保证执行机构工作在有效范围内,需要对控制量 U_K 进行上、下限限幅处理,使得 ML≤MV≤MH,再经 D/A 转换器输出 0~10 mA(DC)或 4~20 mA(DC)。

3. 自动/手动

对于一般的计算机控制系统,可采用手动操作器作为计算机的后援操作。当切换开关处于 HA 位置时,控制量 MV 通过 D/A 输出,此时系统处于正常的计算机控制方式,称为自动状态(HA 状态);反之,若切向 HM 位置,则计算机不再承担控制任务,由操作人员通过手动操作器输出 0~10 mA(DC)或 4~20 mA(DC)信号,对执行机构进行远方操作,这称为手动状态(HM 状态)。

4. 无扰动切换

无扰动切换是指在进行手动到自动或自动到手动的切换之前,不必由人工进行手动输出控制信号与自动输出控制信号之间的对位平衡操作,就可以保证切换时不会对执行机构的现有位置产生扰动。为此,应采取以下措施:

为了实现从手动到自动的无扰动切换,在手动(SM 或 HM)状态下,尽管并不进行 PID 计算,但应使给定值(CSV)跟踪被控量(CPV),同时也要把历史数据,如 $e(k-1)$、$e(k-2)$ 清零,还要使 $u(k-1)$ 跟踪手动控制量(MV 或 VM)。这样,一旦切向自动(SA 或 HA)状态时,由于 CSV=CPV,因而偏差 $e(k)=0$ 而 $u(k-1)$ 又等于切换瞬间的手动控制量,这就保证了 PID 控制量的连续性。当然,这一切要有相应的硬件电路配合。

当从自动(SA 或 HA)切向软手动(SM)时,只要计算机应用程序工作正常,就能自动保证无扰动切换。当从自动(SA 或 HA)切向硬手动(HM)时,通过手动操作器电路,也能保证无扰动切换。

从自动(SA 或 HA)切向软手动(SM)时,只要计算机应用程序工作正常,就能自动保证无扰动切换。当从自动(SA 或 HA)切向硬手动(HM)时,通过手动操作器电路,也能保证无扰动切换。

从输出保持状态或安全输出状态切向正常的自动工作状态时,同样需要进行无扰动切换,为此可采取类似的措施。

自动手动切换数据区需要存放软手动控制量 SMV、软开关 SA/SM 状态、控制量上限限值(MH)和下限限值(ML)、控制量 MV、切换开关 HA/HM 状态,以及手动操作器输出 VM。

以上讨论了 PID 控制程序的各部分功能及相应的数据区。完整的 PID 控制模块数据区除了上述各部分外,还有被控量量程上限 RH 和量程下限 RL、工程单位代码、采样(控制)周期等。该数据区是 PID 控制模块存在的标志,可把它看成是数字 PID 控制器的实体。只有正确填写 PID 数据区后,才能实现 PID 控制系统。

采用上述 PID 控制模块,不仅可以组成单回路控制系统,而且还可以组成串级、前馈、纯滞后补偿（Smith）等复杂控制系统。对于前馈、纯滞后补偿（Smith）控制系统，还应增加补偿运算模块。利用 PID 控制模块和各种功能运算模块的组合，可以实现各种控制系统来满足生产过程控制的要求。

习题 7

1. 什么是模块化程序设计和结构化程序设计？

2. 什么是组态？常用的工控组态软件有哪些？工控组态软件有哪些功能？

3. 测量数据预处理技术包含哪些技术？

4. 系统误差如何产生？如何实现系统误差的全自动校准？

5. 标度变换在工程上有什么意义？在什么情况下使用标度变换？说明热电偶测量、显示温度时，实现标度变换的过程。

6. 某压力测量仪表的量程为 $400 \sim 1\,200$ Pa，采用 8 位 A/D 转换器，设某采样周期计算机中经采样及数字滤波后的数字量为 ABH，求此时的压力值。

7. 某电阻炉温度变化范围为 $0\,℃ \sim 1\,600\,℃$，经温度变送器输出电压为 $1 \sim 5$ V，再经 AD574A 转换，AD574A 输入电压范围为 $0 \sim 5$ V，计算当采样值为 D5H 时，电阻炉温度是多少？

8. 某炉温度变化范围为 $0\,℃ \sim 1\,500\,℃$，要求分辨率为 $3\,℃$，温度变送器输出范围为 $0 \sim 5$ V。若 A/D 转换器的输入范围也为 $0 \sim 5$ V，则求 A/D 转换器的位数应为多少位？若 A/D 不变，现在通过变送器零点迁移而将信号零点迁移到 $600\,℃$，此时系统对炉温的分辨率为多少？

9. 说明分段插值算法实现的步骤并利用高级编写其程序。

10. 什么是越限报警处理？

11. 数字滤波与模拟滤波相比有哪些优点？常用的数字滤波技术有哪些？

12. 编制一个能完成复合数字滤波子程序，每个采样值为 12 位二进制数。

13. 如何实现对输入数字量和输出数字量的软件抗干扰？

14. 什么是指令冗余？如何实现？

15. 什么是软件陷阱技术？如何实现？

第8章　先进控制技术

先进控制主要用来处理那些采用常规控制效果不好,甚至无法控制的复杂工业过程控制的问题,内涵丰富,同时带有较强的时代特征。

本章主要介绍先进控制技术中的模糊控制技术、神经网络控制技术和预测控制技术。

8.1　模糊控制技术

模糊控制是以模糊集合论、模糊语言变量及模糊逻辑推理为基础的一种计算机智能控制。从 1956 年美国著名控制论学者 L. A. Zadeh 发表开创性论文,首次提出一种完全不同于传统数学与控制理论的模糊集合理论,到 1986 年世界上第一块基于模糊逻辑的人工智能芯片在贝尔实验室研制成功,再到日本第一台模糊控制洗衣机的投入使用,模糊控制表现出了强劲的发展动力,越来越受到工程技术人员和学者的青睐,已经为将人的控制经验以及推理过程纳入自动控制策略之中提供了一条简捷的途径。

8.1.1　模糊控制的数学基础

1. 模糊集合

集合是具有某种特定属性的对象的全体。被讨论的全体对象叫论域。普通集合的论域中的任何事物,要么属于某个集合,要么不属于该集合,不允许有含糊不清的说法。但在现实生活中却有许多模糊事物和模糊概念,如温度不太高、年纪偏大等,没有明确的边界,我们把这类集合叫做模糊(Fuzzy)集合。模糊集合在论域上的元素符合某个特定概念的程度不是绝对的"1"和"0",而是介于"0"和"1"之间的一个实数。因此,在描述一个模糊集合时,在普通集合的基础上把特征函数的概念进行拓广,取值范围从{0,1}扩大到[0,1]闭区间上连续取值。为了区别于普通集合,把模糊集合的特征函数称为隶属度函数,它是模糊数学中最基本和最重要的概念。

特征函数定义:用于描述模糊集合,并在[0,1]闭区间连续取值的特征函数叫隶属函数,用 $\mu_A(x)$ 表示,其中 A 表示模糊集合,而 x 是 A 的元素,$\mu_A(x)$ 的大小反映了元素 x 对于模糊集合的隶属程度。

模糊集合一般表示为

$$A = \sum_{i=1}^{n} \frac{\mu_A(x_i)}{x_i} = \frac{\mu_A(x_1)}{x_1} + \frac{\mu_A(x_2)}{x_2} + \cdots + \frac{\mu_A(x_n)}{x_n} \tag{8.1}$$

其中,$\mu_A(x_i)$($i=1,2,\cdots,n$)是元素 x_i 的隶属度。

注意,与普通集合一样,上式不是分式求和,仅是一种表示法的符号,其分母表示论域 U 中的元素,分子表示相应元素的隶属度。

例 8.1　在整数 $1,2,\cdots,10$ 组成的论域中,"大数"和"小数"的模糊集分别为

$$\text{“大数”} = \frac{0.2}{5} + \frac{0.4}{6} + \frac{0.7}{7} + \frac{0.9}{8} + \frac{1}{9} + \frac{1}{10}$$

$$\text{“小数”} = \frac{1}{1} + \frac{0.9}{2} + \frac{0.8}{3} + \frac{0.6}{4} + \frac{0.5}{5}$$

例 8.2　若以年龄为论域,设 $X = [0,100]$,并设 A 表示模糊集合"年老",B 表示模糊集合"年青",则两者的隶属度函数分别为

$$\mu_A(x) = \begin{cases} 0 & 0 \leqslant x \leqslant 50 \\ \dfrac{1}{1 + \left(\dfrac{5}{x-50}\right)^2} & 50 < x \leqslant 100 \end{cases}$$

$$\mu_B(x) = \begin{cases} 0 & 0 \leqslant x \leqslant 25 \\ \dfrac{1}{1 + \left(\dfrac{x-25}{5}\right)^2} & 25 < x \leqslant 100 \end{cases}$$

2. 模糊集合的运算

对于给定论域 U 上的模糊集合 A、B、C,可以由隶属函数决定其基本运算。

① 并集　$\forall x \in U$,都有 $\mu_C(x) = \max[\mu_A(x), \mu_B(x)] = \mu_A(x) \vee \mu_B(x)$,则称 C 是 A 和 B 的并集,记作 $C = A \cup B$。

② 交集 $\forall x \in U$,都有 $\mu_C(x) = \min\{[\mu_A(x), \mu_B(x)]\} = \mu_A(x) \wedge \mu_B(x)$,则称 C 是 A 和 B 的交集,记作 $C = A \cap B$。

③ 补集　$\forall x \in U$,都有 $\mu_B(x) = 1 - \mu_A(x)$,则称 B 是 A 的补集,记作 $B = \overline{A}$。

3. 模糊关系

(1) 集合的直积

两个非空集合 U 与 V 之间直积 $U \times V$ 定义为

$$U \times V = \{[u,v] \mid u \in U, v \in V\}$$

表示在集合 U, V 中分别取一个元素 u, v 组成序偶 $<u, v>$,以此为元素构成一个新的集合即为 U 与 V 的直积 $U \times V$,也称为笛卡尔积或叉积。

(2) 模糊关系

两个非空集合 U 与 V 之间直积中一个模糊子集 R 被称为 U 到 V 的模糊关系,又称二元模糊关系。

$$\mu_R(u,v): U \times V \to [0,1], U \times V = \{<u,v> \mid u \in U, v \in V\}$$

隶属函数 $\mu_R(u,v)$ 表述序偶 $<u,v>$ 隶属于模糊关系 R 的程度。

二元模糊关系通常可用模糊矩阵来表示:当 $X = \{x_i \mid i = 1, 2, \cdots, m\}$ 和 $Y = \{y_j \mid j = 1, 2, \cdots, n\}$ 是有限集合时,则 $X \times Y$ 的模糊关系可以用下列 $m \times n$ 阶矩阵 $\boldsymbol{R}$ 来表示:

$$\boldsymbol{R} = \begin{pmatrix} r_{11} & r_{12} & \cdots & r_{1j} & \cdots & r_{1n} \\ r_{21} & r_{22} & \cdots & r_{2j} & \cdots & r_{2n} \\ \vdots & \vdots & & \vdots & & \vdots \\ r_{i1} & r_{i2} & \cdots & r_{ij} & \cdots & r_{in} \\ \vdots & \vdots & & \vdots & & \vdots \\ r_{m1} & r_{m2} & \cdots & r_{mj} & \cdots & r_{mn} \end{pmatrix} \tag{8.2}$$

式中,元素 $r_{ij} = \mu_R(x_i, y_j) \in [0, 1]$,由此表示模糊关系的矩阵,称为模糊矩阵。

（3）模糊矩阵运算

两个模糊矩阵的运算包括矩阵的并、交、补以及合成运算等。设 $m \times n$ 阶模糊矩阵 $\boldsymbol{R}$ 和 $\boldsymbol{Q}$,则

① 模糊矩阵交：$\boldsymbol{R} \cap \boldsymbol{Q} = [r_{ij} \wedge q_{ij}]_{m \times n}$

② 模糊矩阵并：$\boldsymbol{R} \cup \boldsymbol{Q} = [r_{ij} \vee q_{ij}]_{m \times n} \cup$

③ 模糊矩阵补：$\boldsymbol{R}^c = [1 - r_{ij}]_{m \times n}$

④ 模糊矩阵的合成：设两个模糊矩阵 $\boldsymbol{P} = [p_{ij}]_{m \times n}$,$\boldsymbol{Q} = [q_{jk}]_{n \times l}$,则合成运算 $\boldsymbol{P} \cdot \boldsymbol{Q} = \boldsymbol{R}$,$\boldsymbol{R}$ 也为模糊矩阵,且 $\boldsymbol{R} = [r_{ik}]_{m \times l}$,$r_{ik} = \bigvee_{j=1}^{n}(p_{ij} \wedge q_{jk})$ $(i = 1, 2, \cdots, m; k = 1, 2, \cdots, l)$,即模糊矩阵 $\boldsymbol{R}$ 的第 i 行第 k 列元素 r_{ik} 等于 $\boldsymbol{P}$ 矩阵的第 i 行元素与 $\boldsymbol{Q}$ 矩阵的第 k 列元素两两取小,而后再在所得到的 j 个元素中取大。模糊矩阵的合成运算,与线性代数中的矩阵乘极为相似,只是将普通矩阵运算中对应元素间相乘用取小运算"$\wedge$"来代替,而元素间相加用取大"$\vee$"来代替。

8.1.2　模糊控制基础理论

1. 模糊控制中的知识表示

（1）模糊命题

模糊命题指含有模糊概念或带有模糊性的陈述句。模糊命题 A 的一般形式是："A:e 是 F",其中 e 是模糊变量,F 是某一个模糊概念所对应的模糊集合,模糊命题的真值,由该变量对模糊集合的隶属度来表示,如 $A = \mu_A(e)$。模糊命题也称为模糊陈述句。

（2）模糊变量

一个模糊变量的形式可以由三维组 $\{x, E, R(x, e)\}$ 来表示。x 是模糊变量名;E 是论域(有限或无限集合);e 是论域 E 中一个模糊集合所有元素的单一名称;$R(x, e)$ 是 E 的一个模糊子集。

（3）语言变量

语言变量指一个取值域不是数值,而由语言词来定义的变量。一个语言变量可以由一个五维组 $\{X, L(X), U, G, M\}$ 来表示,X 是语言变量名;$L(X)$ 是语言变量 X 的词集,常用语言值 NB(负大)、NM(负中)、NS(负小)、ZO(零)、PS(正小)、PM(正中)和 PB(正大)等来表示;G 是语法规则;M 是论域 U 上的一个模糊子集。用来给每一个 x 规定含义的词义规则。

（4）模糊判断句

模糊判断句是模糊逻辑推理中最基本的语句。表示型式为"e 是 a",其中 e 是论域 E 中的元素,表示任何一个特定的对象,称作语言变元;a 是表示模糊概念的一个词;模糊判断句的真值是由 e 对模糊集合 A 的隶属度来给出。

（5）模糊推理句

模糊推理句也称模糊条件判断句,它是以条件为前提决定结论隶属于真的程度。语句型式为"若 e 是 a,则 e 是 b",其前提部"e 是 a"和结论部"e 是 b"均由判断句给出,因此,

它们真值也是由隶属度来决定。

2. 模糊推理

模糊推理是一种近似推理。模糊推理是以模糊条件为基础,它是模糊决策的前提,也是模糊控制规则生成的理论依据。

假言推理的基本规则是如果已知命题 A(即可以分辨真假的陈述句)蕴含 B,即 $A \rightarrow B$(若 A 则 B),则可得结论为 B,这里命题 A、命题 B 都是指精确事件而言。但在模糊情况下,如果命题 A、B 为模糊命题,代表模糊事件时,就不能再应用传统的形式逻辑中的假言推理方法进行推理。对此,L. A. Zadeh 提出了下述近似推理理论。

设 X 与 Y 是两个各自具有基础变量 x 和 y 的论域,其中模糊集合 $A \in X$ 及 $B \in Y$ 的隶属度函数分别为 $\mu_A(x)$ 及 $\mu_B(y)$。又设 $R_{A \rightarrow B}$ 是 $X \times Y$ 论域上描述模糊语句"若 A 则 B"的模糊关系,其隶属度函数为

$$\mu_{A \rightarrow B}(x,y) = [\mu_A(x) \wedge \mu_B(y)] \vee [1 - \mu_A(x)] \tag{8.3}$$

通过模糊关系矩阵,模糊关系 $\mu_{A \rightarrow B}(x,y)$ 可写成

$$\mu_{A \rightarrow B}(x,y) = [A \times B] \cup [\overline{A} \times E]$$

其中 E 为代表全域的全称矩阵。

8.1.3　模糊控制的基本原理

1. 模糊控制器的基本结构

模糊控制器是模糊控制系统的核心。一个模糊控制系统的性能优劣,主要取决于模糊控制器的结构、所给出的模糊规则和采用的合成推理算法以及模糊决策方法等因素。模糊控制器的组成主要包括输入量模糊化接口、知识库、推理机和输出解模糊接口等4个部分,如图 8.1 所示。

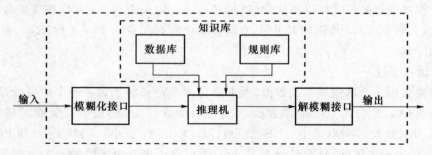

图 8.1　模糊控制器的基本结构

2. 模糊化接口

模糊控制器的输入量必须通过模糊化才能用于模糊控制输出量的求解,因此模糊化接口的主要作用是将真实的确定量输入转换成一个模糊矢量。

通常把系统输出反馈与给定值之间的误差 e 和误差变化率 $\dot{e}$ 作为模糊控制器输入语言变量 E 和 E_c,其语言值实际上是一个模糊子集,是通过隶属函数来描述的。语言值隶属函数又称为语言值的语义规则,它可以以连续函数或离散量化等级形式出现,它们各有特色,前者比较准确,后者简洁直观。常见的隶属函数类型有三角型和高斯型等。

3. 知识库

知识库由数据库和规则库两部分组成。

数据库所存放的是所有输入输出变量全部模糊子集的隶属度矢量值,若论域为连续域,则为隶属度函数。在规则推理的模糊关系方程求解过程中,向推理机提供数据。

规则库就是用来存放全部模糊规则的,在推理时为"推理机"提供控制规则。模糊控制器的规则是基于专家知识或熟练操作人员的长期经验积累建立的,它是按人的知识推理的一种语言表示形式。模糊规则由一系列"如果…则…"型的模糊条件语句组成。规则中的前提部和结论部就是模糊控制器的输入和输出语言变量,它们的选择要根据实际要求来确定,不同的选择方法产生不同类型的模糊控制系统。如果某模糊控制器的输入变量为 e,它相应的语言变量为 E。对于控制变量 U,给出下述一组模糊规则。

$$\text{If } E = NB \text{ then } U = PB$$
$$\text{If } E = NS \text{ then } U = PS$$
$$\text{If } E = ZO \text{ then } U = ZO$$
$$\text{If } E = PS \text{ then } U = NS$$
$$\text{If } E = PB \text{ then } U = NB$$

4. 推理机

推理机根据输入模糊量和知识库完成模糊推理,并求解模糊关系方程,从而获得模糊控制量。模糊控制规则,实质上是将操作者在控制过程中的实践经验(即手动控制策略)加以总结而得到的一条条模糊条件语句的集合。模糊控制规则的形式是由模糊控制器的输入输出结构决定的,常见的模糊控制规则有以下几种。

(1) 单输入单输出模糊控制器控制规则形式

if A then B

其中,模糊集合 A 为属于论域 X 的输入,模糊集合 B 为属于论域 Y 的输出。

if A then B else C

其中,模糊集合 A 为属于论域 X 的输入,模糊集合 B 为属于论域 Y 的输出,模糊集合 C 为属于论域 Z 的输出。

(2) 双输入单输出模糊控制器控制规则形式

if A and B then C

其中,模糊集合 A 为属于论域 X 的输入,模糊集合 B 为属于论域 Y 的输入,模糊集合 C 为属于论域 Z 的输出。

(3) 多输入单输出模糊控制器控制规则形式

if A and B and … and N then U

其中,多维输入模糊集合 $A,B,\cdots,N$ 和一维输出模糊集合 U 分别属于论域 $X,Y,\cdots$ W 和 V。

确定一个模糊控制器的模糊规则就是要求得模糊关系 R,而模糊关系 R 的求得又取决于控制的模糊语言。

5. 输出解模糊接口

模糊推理得到的是一个模糊集合,它反映了控制语言的不同取值的一种组合。而被控对象只能接受一个确定的控制量,因此必须将模糊量再转换成精确量,作为控制器的输出。解模糊化运算,又称去模糊化、清晰化运算等,常用的方法有下列几种。

① 最大隶属度法。若输出模糊集合的隶属度函数只有一个峰值,则选取隶属函数最大值对应元素作为解模糊化的结果。如果输出模糊集合的隶属度函数有多个峰值,则取它们对应元素的平均值作为解模糊化的结果。该方法计算量最小,但控制性能略差。

② 取中位数法。为充分利用输出模糊集合所包含的信息,可将描述输出模糊集合的隶属函数曲线与横坐标围成的面积的均分点对应的论域元素作为解模糊化的结果。

③ 加权平均法。取输出模糊集合隶属度函数的加权平均值作为结果。设输出量 x 的模糊集合为 U,则加权平均法的去模糊化结果 x_0 为

$$x_0 = \frac{\int x\mu_U(x)\,\mathrm{d}x}{\int \mu_U(x)\,\mathrm{d}x} \tag{8.4}$$

它类似于重心计算,因此也称为重心法。该方法计算量较大,但控制的性能较好。

8.1.4　模糊控制器的设计

模糊控制器的设计包括以下几项内容:根据系统的输入/输出变量数确定控制器的结构、选取模糊控制规则、确定模糊化和解模糊化方法、确定控制器参数、编写模糊控制算法程序等。下面以双输入单输出模糊控制器为例介绍模糊控制器的设计方法。

1. 双输入单输出模糊控制器的结构

采用双输入单输出模糊控制器的闭环控制系统的框图如图 8.2 所示。

图中,e 为实际偏差,α_e 为偏差比例因子;E_C 为实际偏差变化率,α_c 为偏差变化率比例因子,u 为控制量,α_u 为控制量的比例因子。

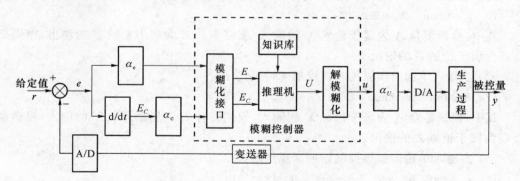

图 8.2　双输入单输出模糊控制结构

2. 精确量的模糊化

众所周知,任何系统的信号都是有界的。在模糊控制系统中,这个有限界称为该变量的基本论域,它是实际系统的变化范围。在双输入单输出模糊控制器中,设定误差的基本论域为 $(-|e_{max}|,|e_{max}|)$,误差变换率的基本论域为 $(-|e_{cmax}|,|e_{cmax}|)$,控制量的基本论域为 $(-|u_{max}|,|u_{max}|)$。类似地,设误差的模糊论域为

$$E = \{-l, -(l-1), \cdots, 0, 1, 2, \cdots, l\}$$

误差变化率的模糊论域为

$$E_c = \{-m, -(m-1), \cdots, 0, 1, 2, \cdots, m\}$$

控制量所取的模糊论域为

$$U_c = \{-m, -(m-1), \cdots, 0, 1, 2, \cdots, n\}$$

若用 α_e、α_c、α_u 分别表示误差、误差变化率和控制量的比例因子,则有

$$\alpha_e = \frac{l}{|e_{max}|} \tag{8.5}$$

$$\alpha_c = \frac{m}{|e_{cmax}|} \tag{8.6}$$

$$\alpha_u = \frac{n}{|u_{max}|} \tag{8.7}$$

预置常数 α_e、α_c、α_u,如果偏差 $e \in (-|e_{max}|, |e_{max}|)$,且 $i=6$,则由式(8.5)可知误差的比例因子为 $\alpha_e = \dfrac{6}{|e_{max}|}$,这样就有

$$E = \alpha_e e$$

采用就近取整的原则,得 E 的论域为

$$\{-6, -5, -4, -3, -2, -1, 0, +1, +2, +3, +4, +5, +6\}$$

利用"负大"(NB)、"负中"(NM)、"负小"(NS)、"负零"(NO)、"正零"(PO)、正小(PS)、"正中"(PM)、"正大"(PB)这 8 个语言变量来描述变量 E,那么 E 的赋值如表 8.1 所示。

若采用"负大"(NB)、"负中"(NM)、"负小"(NS)、"零"(0)、正小(PS)、"正中"(PM)、"正大"(PB)这 7 个语言变量来描述变量 E_c,那么 E_c 的赋值如表 8.2 所示。

若采用"负大"(NB)、"负中"(NM)、"负小"(NS)、"零"(0)、正小(PS)、"正中"(PM)、"正大"(PB)这 7 个语言变量来描述变量 U,那么 U 的赋值如表 8.3 所示。

表 8.1 语言变量 E 赋值

隶属度		e 的论域												
		-6	-5	-4	-3	-2	-1	-0	$+0$	1	2	3	4	5	6
模糊集合	PB	0	0	0	0	0	0	0	0	0	0	0	0.2	0.7	1.0
	PM	0	0	0	0	0	0	0	0	0	0.2	0.7	1.0	0.7	0.2
	PS	0	0	0	0	0	0	0.1	0.7	1.0	0.7	0.1	0	0	0
	PZ	0	0	0	0	0	0	0	1.0	0.7	0.1	0	0	0	0
	NZ	0	0	0	0	0	0.1	0.7	1.0	0	0	0	0	0	0
	NS	0	0	0.1	0.7	1.0	0.7	0.1	0	0	0	0	0	0	0
	NM	0.2	0.7	1.0	0.7	0.2	0	0	0	0	0	0	0	0	0
	NB	1.0	0.7	0.2	0	0	0	0	0	0	0	0	0	0	0

表 8.2　语言变量 *EC* 赋值

隶属度		*ec* 的论域												
		−6	−5	−4	−3	−2	−1	0	1	2	3	4	5	6
模糊集合	PB	0	0	0	0	0	0	0	0	0	0	0.2	0.7	1.0
	PM	0	0	0	0	0	0	0	0	0.2	0.8	1.0	0.8	0.2
	PS	0	0	0	0	0	0	0	0.8	1.0	0.8	0.2	0	0
	ZE	0	0	0	0	0	0.5	1.0	0.5	0	0	0	0	0
	NS	0	0	0.2	0.8	1.0	0.8	0	0	0	0	0	0	0
	NM	0.2	0.8	1.0	0.8	0.2	0	0	0	0	0	0	0	0
	NB	1.0	0.7	0.2	0	0	0	0	0	0	0	0	0	0

表 8.3　语言变量 *U* 赋值

隶属度		*u* 的论域												
		−6	−5	−4	−3	−2	−1	0	1	2	3	4	5	6
模糊集合	PB	0	0	0	0	0	0	0	0	0	0	0.2	0.7	1.0
	PM	0	0	0	0	0	0	0	0	0.2	0.8	1.0	0.8	0.2
	PS	0	0	0	0	0	0.1	0.8	1.0	0.8	0.2	0	0	
	ZE	0	0	0	0	0	0.5	1.0	0.5	0	0	0	0	0
	NS	0	0	0.1	0.8	1.0	0.8	0.1	0	0	0	0	0	0
	NM	0.2	0.8	1.0	0.8	0.2	0	0	0	0	0	0	0	0
	NB	1.0	0.7	0.2	0	0	0	0	0	0	0	0	0	0

3. 模糊控制规则、模糊关系与模糊推理

对于双输入单输出系统,采用"if A and B then C"来描述,因此,模糊关系为

$$R = A \times B \times C$$

模糊控制器在某一时刻的输出值为

$$U(k) = [E(k) \times EC(k)] \times R$$

为了节省 CPU 的运算时间,增强系统的实时性,通常离线进行模糊矩阵 *R* 的计算、输出 *U* 的计算。控制规则表如表 8.4 所示,表中"×"表示在控制过程中不可能出现的情况,称之为"死区"。

表 8.4　控制规则

u		ec						
		NB	NM	NS	ZE	PS	PM	PB
	PB	NB	NB	NB	NB	NB	×	×
	PM	NM	NM	NM	NM	NM	NS	NB
	PS	PM	PM	PS	NS	NS	NS	NM
	PZ	PM	PM	PS	ZE	NS	NM	NM
e	NZ	PM	PS	PS	ZE	NS	NM	NM
	NS	PB	PS	PS	PS	NS	NM	NM
	NM	PB	PB	PM	PM	PM	PM	PM
	NB	×	×	PB	PB	PB	PB	PB

4. 解模糊化

采用隶属度最大的原则进行模糊决策,将 $U(k)$ 经过解模糊化转换成相应的确定量。把运算结果存储在系统中,如表 8.5 所示。系统运行时通过查表得到确定的输出控制量。然后输出控制量乘上适当的比例因子,其结果用来进行 D/A 转换输出控制,完成控制生产任务。

表 8.5　控制

u		e												
		−6	−5	−4	−3	−2	−1	−0	+0	1	2	3	4	5	6
	−6	6	5	6	5	3	3	3	3	2	1	0	0	0	0
	−5	5	5	5	5	3	3	3	3	2	1	0	0	0	0
	−4	6	5	6	5	3	3	3	3	2	1	0	0	0	0
	−3	5	5	5	5	4	4	4	4	2	−1	−1	−1	−1	−1
	−2	6	5	6	5	3	3	1	1	0	0	−2	−3	−3	−3
	−1	6	5	6	5	3	3	1	0	0	−2	−2	−3	−3	−3
ec	0	6	5	6	5	3	1	0		−1	−3	−5	−6	−5	−6
	1	3	3	3	2	0	0	0	−1	−3	−3	−5	−6	−5	−6
	2	3	3	3	1	0	0	−1	−1	−3	−3	−5	−6	−5	−6
	3	1	1	1	0	0	0	−1	−1	−2	−2	−5	−5	−5	−5
	4	0	0	0	−1	−1	−2	−3	−3	−3	−3	−5	−6	−5	−6
	5	0	0	0	−1	−1	−2	−3	−3	−3	−3	−5	−5	−5	−5
	6	0	0	0	−1	−1	−1	−3	−3	−3	−3	−5	−5	−5	−6

8.2　神经网络控制技术

人工神经网络简称神经网络,是利用工程技术手段模拟人脑神经网络的结构和功能的一种技术。它由若干人工神经元互联组成复杂的网络,是在现代生物学研究人脑组织所取得的成果基础上提出的,用以模拟人类大脑神经网络结构和行为。因此人工神经网络具有人脑功能的基本特征——学习、记忆和归纳,从而解决了智能控制中的某些局限性,为控制领域的研究开辟了新的途径。它与其他学科的理论与技术(如专家系统、模糊系统等)的结合,将产生较好的模拟思维、记忆和学习这样一些人脑的基本功能。

8.2.1　神经网络的基本原理和结构

1. 神经细胞的结构与功能

人类的智能是物质长期进化的结果,作为人类智能寓所的大脑是一块极有组织的高度复杂的物质。在重约 1 500 g 的大脑里,神经细胞总数达一百几十亿个,它们是神经系统的结构和功能单元,因此又称神经元。神经元负责接收或产生信息,传递和处理信息。神经细胞种类繁多,其大小形状也各不相同,但它们在结构上有许多共性,且在接收或产生信息、传递和处理信息方面,却有着相同的功能。

神经元是由细胞体、树突和轴突组成,其结构如图 8.3 所示。

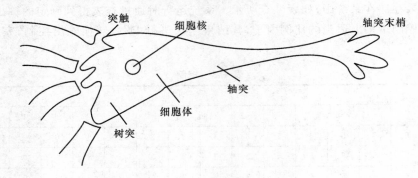

图 8.3　生物神经元模型

细胞体是神经元的中心,它一般又由细胞核、细胞膜等组成。树突是由细胞体向外伸出的许多树枝状较短的突起,长约 1 mm 左右,它用于接受周围其他神经细胞传入的神经冲动。由细胞体向外伸出的最长的一条神经纤维,称为轴突,其长度一般从数厘米到 1 m。远离细胞体一侧的轴突端部有许多分支,称轴突末梢,或称神经末梢,其上有许多扣结称突触扣结。轴突通过轴突末梢向其他神经元传出神经冲动。轴突的作用主要是传导信息,它将信息从轴突起点传到轴突末梢,轴突末梢与另一个神经元树突或细胞体构成一种突触的机构。通过突触实现神经元之间的信息传递。一个神经元约有 $10^3 \sim 10^4$ 个突触,人脑中大约有 10^{14} 个突触,神经细胞之间通过突触复杂地结合着,从而形成了大脑的神经(网络)系统。

细胞体具有"阈值作用",即当膜电位高出某个阈值时,就会产生输出脉冲,当在阈值以下时,不会产生输出脉冲。一经输出一次脉冲,膜电位下降到比静止电位更低,然后再慢慢返回原值。而且,脉冲发出后,即使强大的输入信号也不能使神经细胞兴奋。

2. 人工神经元模型

根据上面介绍的人脑神经网络系统,可以设计人工神经网络去模拟人脑神经网络的特性。人工神经网络的研究首先是从人工神经元开始的,再由人工神经元构成人工神经网络。应该指出,这里所指的人工神经元及由它所构造的人工神经网络并不是人脑神经系统的真实描写,而是对其结构和功能进行了简化并保留其主要特性的某种抽象与模拟。

　　一种简化的人工神经元模型如图 8.4 所示。图中 x_i 为输入信号,s_i 为内部状态的反馈信息,θ_i 为神经元的阈值,f 为表示神经元活动的特性函数。它具有这样的特性:该人工神经元(简称神经元)是一个多输入单输出的信息处理单元;神经元输入分兴奋性输入和抑制性输入两种类型;神经元输出有阈值特性,即只有当输入总和超过其阈值时神经元才被激活,向外输出冲动,而当输入总和未超过阈值时神经元不会输出冲动。基于这些特性,神经元模型的输入输出关系可描述为

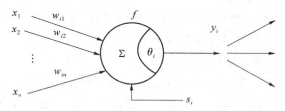

图 8.4　人工神经元模型

$$I_i = \sum_{j=1}^{n} w_{ij}x_j + s_i - \theta_i = \sum_{j=1}^{n+1} w_{ij}x_j$$
$$y_i = f(I_i)$$

上式中为方便起见,将$(s_i - \theta_i)$并入 w 中,即令 $w_{i(n+1)} = s_i - \theta_i$,输入向量 X 中也相应地增加一个分量 $x_{n+1} = 1$,其变为 $X = [x_1, x_2, \cdots x_n, 1]^T$,式中,$x_j(j=1,2,\cdots,n)$ 表示来自神经元 j 的信息输入;w_{ij} 表示神经元 j 到神经元 i 的连接权值($0 \leqslant w_{ij} \leqslant 1$),其值表示神经元之间的连接强度或记忆强度;$f(\cdot)$ 为神经元的输出特性函数;y_i 表示神经元 i 的信息输出。不同的神经元输出特性函数有不同的输出特性,因此根据神经元输入输出特性的不同,可选用不同的特性函数。在实际应用中,神经元输出特性函数常选用的类型如下。

　　① 阶跃函数。其函数曲线如图 8.5(a)所示。

$$f(x) = \begin{cases} 1 & x \geqslant 0 \\ 0 & x < 0 \end{cases}$$

　　② 线性函数。其函数曲线如图 8.5 (b)所示。

$$y = f(x) = x$$

　　③ S 型函数。它属于非线性函数,其输入输出特性常用对数或正切等一类 S 型曲线(即 Sigmoid 函数)来表示,如图 8.5(c)、图 8.5(d)所示。

$$f(x) = \frac{1}{1 + e^{-x}} = \frac{1}{1 + \exp(-x)}$$
$$f(x) = \tanh(\beta x)$$

这类曲线反映了神经元的饱和特性。

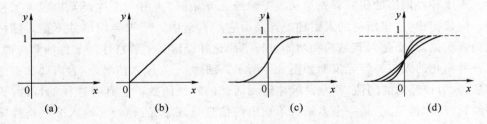

图 8.5　人工神经元的输出特性函数

上述人工神经元模型能反映生物神经元的基本特性,但也有不同之处。首先,生物神经元传递的信息是神经冲动(即脉冲),而人工神经元模型传送的是模拟电压;模型中用一个等效的模拟电压来模拟生物神经元的神经冲动密度,所以模型中只有空间累加而没有时间累加;再有模型未考虑时延和疲劳等因素。

3. 人工神经网络的基本结构类型

与生物神经网络相同,人工神经网络也是由单个神经元按照一定的规则连接起来构成的。当神经元的模型确定之后,一个神经网络的特性及功能就主要取决于网络的连接结构及学习方法了。因此下面介绍人工神经网络的几种基本的结构形式。

① 前向网络。网络的结构如图 8.6(a)所示。网络中的神经元分层排列,最上一层为输出层,最下一层为输入层,输出层与输入层之间为隐含层。隐含层的层数可以是一层,也可以是多层,网络中每个神经元只与前一层的神经元相连接。前向网络在神经元网络中应用非常广泛,感知器、BP 网络、径向基函数网络等都属于这种结构。

② 有反馈的前向网络。网络的结构如图 8.6(b)所示。网络本身是前向型的,但从输出层到输入层有反馈回路。如神经认知机采用此类网络结构,用来存储某种模式序列。

③ 层内有互联的前向网络。网络结构如图 8.6(c)所示。通过层内神经元之间的相互连接,可以实现同一层神经元之间横向抑制或兴奋的机制,从而限制层内能同时动作的神经元个数,或者把层内神经元分为若干组,让每组作为一个整体来动作。一些自组织竞争型神经网络就属于这种类型结构。

④ 互联网络。网络的结构如图 8.6(d)所示。互联网络有局部互联和全互联两种。全互联网络中的每个神经元都与其他神经元相连。局部互联是指互联只是局部的,有些神经元之间没有连接关系。Hopfield 网络和 Boltzmann 机属于互联网络类型结构。在无反馈的前向网络中,信号一旦通过某个神经元,过程就结束了,而在互联网络中,信号要在神经元之间反复往返传递,网络处在一种不断改变状态的动态之中。从初态开始,经过多次变化,才会到达某种平衡状态,这可能是某种稳定的平衡态,也可能是周期振荡或其他类型的平衡态。

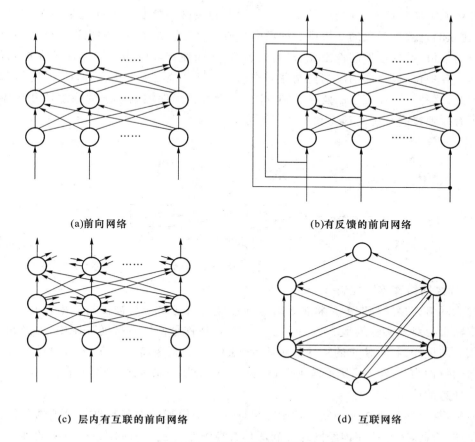

(a)前向网络   (b)有反馈的前向网络

(c) 层内有互联的前向网络   (d) 互联网络

图 8.6 神经网络的典型结构

8.2.2 神经网络控制

神经网络控制或神经控制是指在控制系统中,应用神经网络技术,对难以精确建模的复杂非线性对象进行神经网络模型辨识,或作为控制器,或进行优化计算,或进行推理,或进行故障诊断,或同时兼有上述多种功能。这样的系统称为基于神经网络的控制系统,称这种控制方式为神经网络控制。

尽管神经网络控制技术有许多潜在的优势,但单纯使用神经网络的控制方法的研究仍有待进一步发展。通常需将人工神经网络技术与传统的控制理论或智能技术综合使用。神经网络在控制中的作用有以下几种。

① 在传统的控制系统中用以动态系统建模,充当对象模型。

② 在反馈控制系统中直接充当控制器的作用。

③ 在传统控制系统中起优化计算作用。

④ 与其他智能控制方法如模糊逻辑、遗传算法、专家控制等相融合。

1. 神经网络监督控制

通过对传统控制器进行学习,然后利用神经网络控制器逐渐取代传统控制器的方法,称为神经网络监督控制,其结构如图 8.7 所示。神经网络控制器实际上是一个前馈控制器,它建立的是被控对象的逆模型。神经网络通过对传统控制器的输出进行学习,在线调整网络的权值,使反馈控制输出 $u_p(t)$ 趋近于零,从而使神经网络控制器逐渐在控制作用中占据主导地位,最终取消反馈控制器的作用。一旦系统出现干扰,反馈控制器重新起作用。因此,这种前馈加反馈的监督控制方法,不仅可以确保控制系统的稳定性和鲁棒性,而且可有效地提高系统的精度和自适应能力。

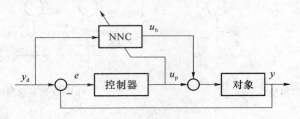

图 8.7　神经网络监督控制

2. 神经网络直接逆控制

神经网络直接逆控制就是将被控对象的神经网络逆模型与被控对象串联起来,以便使期望输出与对象实际输出之间的传递函数为 1,在神经网络直接逆控制中,神经网络控制器作为前馈控制器,使它的特性为对象特性的逆。设对象特性为 $f(\cdot)$,设计神经网络控制器的特性为 $f^{-1}(\cdot)$,则系统前向通道传递函数为 1,系统的实际输出等于期望输出,实现了理想的控制效果。

显然,神经网络直接逆控制的控制效果取决于逆模型的准确程度。单纯的前馈控制缺乏反馈,为此,一般应使神经网络控制器具有在线学习能力,即作为逆模型的神经网络连接权能够在线调整。其实现结构如图 8.8 所示。

在图 8.8(a)中,NN1 和 NN2 具有完全相同的网络结构和连接权,NN2 的作用是通过间接学习,改变网络的连接权,以便获得 $f^{-1}(\cdot)$ 的映射特性;在图 8.8(b)中,神经网络通过评价函数进行学习,调整权值,实现对象的逆控制。

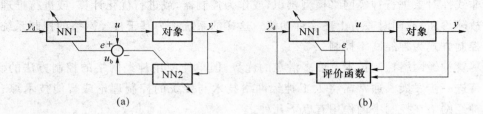

图 8.8　神经网络直接逆控制的两种方案

3. 神经网络模型参考自适应控制

直接模型参考自适应控制系统如图 8.9 所示,神经网络控制器的作用是使被控对象与参考模型输出之差为最小,但该方法需要知道对象的 Jacobian 信息 $\dfrac{\partial y}{\partial u}$。

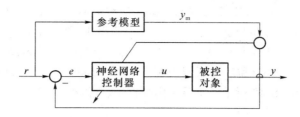

图 8.9　直接模型参考自适应控制系统

4. 神经网络内模控制

经典的内模控制将被控系统的正向模型和逆模型直接加入反馈回路,系统的正向模型作为被控对象的近似模型与实际对象并联,两者输出之差被用作反馈信号,该信号经滤波器后送控制器,控制器具有被控对象的逆动态特性。研究表明内模控制具有许多好的特性,如较强的鲁棒性等。如图 8.10 所示给出了内模控制的神经网络实现。NN2 用于充分逼近被控对象的动态模型,相当于实现被控系统的正向模型,NN1 用于间接地学习被控对象的逆动态特性;滤波器仍然是常规的滤波器。

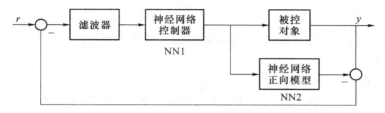

图 8.10　神经网络内模控制

5. 神经网络预测控制

神经网络预测控制如图 8.11 所示,神经网络预测控制是利用神经网络建立非线性被控对象的预测模型,并可在线学习修正。利用此预测模型,可以由当前的系统控制信息预测出在未来一段时间范围内的系统输出,通过设计优化性能指标,利用非线性优化器求出优化的控制作用 $u(t)$。

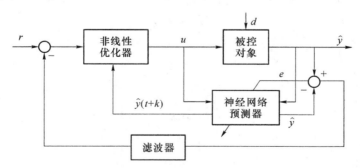

图 8.11　神经网络预测控制

8.3　预测控制技术

预测控制是一类控制算法的统称。它以各种不同的预测模型为基础,采用在线滚动优化指标和反馈自校正策略,能够有效地克服被控对象的不确定性、迟滞和时变等因素的动态影响,达到预期的控制目标。预测控制算法典型的算法有动态矩阵控制(Dynamic Matrix Control,DMC)、模型算法控制(Model Algorithmic Control,MAC)、内模控制(Internal Model Control,IMC)和广义预测控制(Generalized Predictive Control,GPC)等。

预测控制系统如图8.12所示。主要由内部模型、预测模型、参考轨迹和预测算法构成。

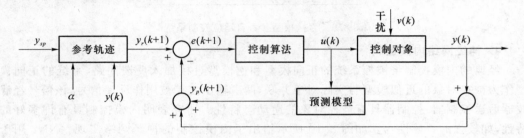

图 8.12　预测控制系统

8.3.1　基本理论

预测控制不论其算法形式如何不同,都应建立在下述3项基本原理基础上。

1. 预测模型

预测控制是一种基于模型的控制算法,这一模型称为预测模型。预测模型的功能是根据对象的历史信息和未来输入预测其未来输出。达里只强调模型的功能而不强调其结构形式。因此,状态方程、传递函数这类传统的模型都可以作为预测模型。对于线性稳定对象,甚至阶跃响应、脉冲响应这类非参数模型也可直接作为预测模型使用。此外,非线性系统、分布参数系统的模型,只要具备上述功能,也可在对这类系统进行预测控制时作为预测模型使用。

(1) 阶跃响应特性

设被控对象的单位阶跃曲线如图8.13所示,则测定该单位阶跃响应的采样值为

$$a_i = y(iT) \quad i = 1, 2, \cdots, N$$

式中,T 为采样周期;N 为正整数。

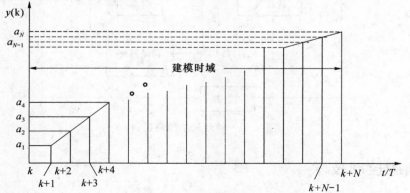

图 8.13　被控对象阶跃响应曲线

　　若系统为线性系统且渐近稳定,在 N 个采样周期后,系统输出趋于稳定,即 $y(nT)=a_N \approx y(\infty)$。因此,可用被控对象单位阶跃响应的前 N 个有限项采样值 $(a_1, a_2, \cdots, a_N)$ 来描述系统的动态特性,建立非参数数学模型。

　　由于线性系统具有比例和叠加性质,因而可利用模型参数 $(a_1, a_2, \cdots, a_N)$,来预测对象未来的输出值。设在 k 时刻,原控制作用不变时,对未来 N 个时刻的对象输出有初始预测值为

$$y_0(k+i|k) \quad i=1,2,\cdots,N$$

　　式中,$k+i|k$ 是 k 时刻对 $k+i$ 时刻的预测。当 k 时刻有一增量 $\Delta u(k)$ 时,模型时域长度为 N,在其作用下未来 N 个时刻的输出预测值为

$$y_p(k+i|k) = y_0(k+i|k) + a_i \Delta u(k), \quad i=1,2,\cdots,N \tag{8.8}$$

　　类似地,如果有 M 个连续的控制量 $\Delta u(k), \Delta u(k+1), \cdots, \Delta u(k+i)$ 作用于对象,则未来 N 个时刻的输出预测值为

$$y_p(k+i|k) = y_0(k+i|k) + \sum_{j=1}^{i} a_{i-j+1} \Delta u(k+j-1), \quad i=1,2,\cdots,N \tag{8.9}$$

如图 8.14 所示 $y_p(k+1)$ 预测值就是被控对象阶跃响应的离散型数学描述。

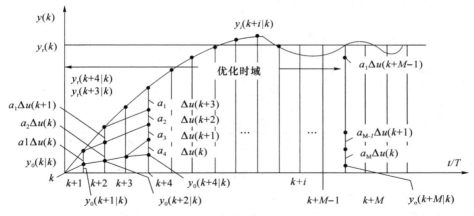

(a)输出预测值

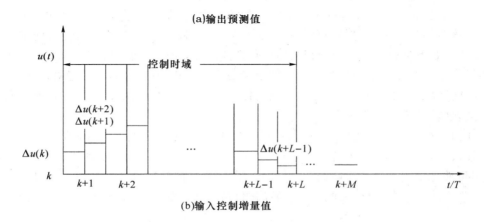

(b)输入控制增量值

图 8.14　输入控制增量与预测输出 $(L < M < N)$

（2）脉冲响应特性

设线性受控对象在没有外扰情况下，由目前采样点 k 到其后的第 j 次采样点 $k+j$ 的输出为

$$y_m(k+i) = \sum_{j=1}^{N} h_j u(k+i-j) \tag{8.10}$$

式中，$h_j(j=1,2,\cdots,N)$ 是规定采样间隔的单位脉冲响应系数。对于渐近稳定对象 $\lim\limits_{j \to \infty} h_j = 0$，没有必要取 $N \to \infty$，N 只要取到响应充分稳定为止，也就是选 h_N 充分接近零即可，通常 N 被取为 20~60 左右。式(8.10)就是被控对象的脉冲响应模型，当 $i=1$ 时，$k+1$ 时刻系统的脉冲响应输出为

$$y(k+1) = h_1 u(k) + h_2 u(k-1) + \cdots + h_N u(k-N+1) \tag{8.11}$$

$u(k),u(k-1),\cdots,u(k-N+1)$ 为相应的系统输入，$h = [\begin{matrix} h_1 & h_2 & \cdots & h_N \end{matrix}]^T$ 为受控系统单位脉冲响应序列，也是预测模型的系数矢量。

当 $u(k-j+1),(j=1,2,\cdots,N)$ 皆为单位脉冲时，系统的脉冲响应特性如图 8.15 所示。

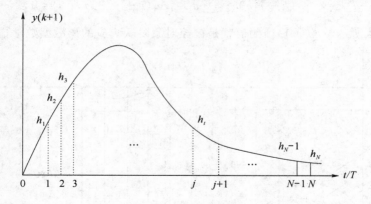

图 8.15　单位脉冲响应

2. 滚动优化

预测控制是一种优化控制算法，它是通过某一性能指标的最优来确定未来的控制作用的。预测控制中的优化是一种有限时段的滚动优化，在每一采样时刻，优化性能指标只涉及从该时刻起未来有限的时间，而到下一采样时刻，这一优化时段同时向前推移。因此，预测控制不是用一个对全局相同的优化性能指标，而是在每一时刻有一个相对于该时刻的优化性能指标。不同时刻优化性能指标的相对形式是相同的，但其绝对形式，即所包含的时间区域，则是不同的。因此，在预测控制中，优化不是一次离线进行，而是反复在线进行的，这就是滚动优化的含义。

任何一种传统的优化控制算法，均以二次型目标函数最小为指标，预测控制也不例外。设被控对象在 k 时刻以后的建模时域长度 N 内进行优化，使系统输出值 $y(k+i|k)$ 尽可能地接近参考给定轨迹 $y_r(k+i|k)$。为了使控制增量 $\Delta u(k+i-1)$ 符合生产实际，不希望其有很大变化，因此，二次型优化目标函数一般给出为

$$\min J(k) = \sum_{i=1}^{N} q_i [y_r(k+i) - y(k+i)]^2 + \sum_{i=1}^{N} r_i u^2(k+i-1) \tag{8.12}$$

写成矢量表示式为

$$\min J(k) = \| \boldsymbol{Y}_r(k) - \boldsymbol{Y}(k) \|_Q^2 + \| \Delta \boldsymbol{U}(k) \|_R^2 \tag{8.13}$$

式中：

$\boldsymbol{Y}_r(k) = [y_r(k+1) \quad y_r(k+2) \quad \cdots \quad y_r(k+N)]^T$

$\boldsymbol{Y}(k) = \boldsymbol{Y}_0(k) + \boldsymbol{A}\Delta\boldsymbol{U}(k)$：系统输出，系数阵 $\boldsymbol{A} \in \boldsymbol{R}^{N \times N}$

$\boldsymbol{Y}(k) = [y(k+1) \quad y(k+2) \quad \cdots \quad y(k+N)]^T$：系统输出

$\boldsymbol{Y}_0(k) = [y_0(k+1) \quad y_0(k+2) \quad \cdots \quad y_0(k+N)]^T$：系统输出初始值

$\Delta\boldsymbol{U}(k) = [\Delta u(k) \quad \Delta u(k+1) \quad \cdots \quad \Delta u(k+N-1)]^T$：控制增量

$\boldsymbol{Q} = \mathrm{diag}(q_1, q_2, \cdots, q_M)$：误差权系数矩阵，$\boldsymbol{R} = \mathrm{diag}(r_1, r_2, \cdots, r_L)$：控制权系数矩阵。

根据控制变量无约束极值条件式(8.12)，由 $\partial J(k)/\partial \Delta \boldsymbol{U}(k) = 0$ 可求得控制增量序列最优值 $\Delta \boldsymbol{U}^*(k)$。式(8.12)可写成

$J(k) = [\boldsymbol{Y}_r(k) - \boldsymbol{Y}(k)]^T \boldsymbol{Q} [\boldsymbol{Y}_r(k) - \boldsymbol{Y}(k)] + \Delta\boldsymbol{U}(k)^T \boldsymbol{R} \Delta\boldsymbol{U}(k)$

$\quad = [\boldsymbol{Y}_r(k) - \boldsymbol{Y}_0(k) - \boldsymbol{A}\Delta\boldsymbol{U}(k)]^T \boldsymbol{Q} [\boldsymbol{Y}_r(k) - \boldsymbol{Y}_0(k) - \boldsymbol{A}\Delta\boldsymbol{U}(k)] + \Delta\boldsymbol{U}(k)^T R \Delta\boldsymbol{U}(k)$

$\quad = [\boldsymbol{Y}_r(k) - \boldsymbol{Y}_0(k)]^T \boldsymbol{Q} [\boldsymbol{Y}_r(k) - \boldsymbol{Y}_0(k)] + [\boldsymbol{Y}_r(k) - \boldsymbol{Y}_0(k)]^T \boldsymbol{Q}\boldsymbol{A} \Delta\boldsymbol{U}(k)$

$\qquad - \Delta\boldsymbol{U}^T(k) \boldsymbol{A}^T \boldsymbol{Q} [\boldsymbol{Y}_r(k) - \boldsymbol{Y}_0(k)] + \Delta\boldsymbol{U}^T(k) \boldsymbol{A}^T \boldsymbol{Q}\boldsymbol{A} \Delta\boldsymbol{U}(k) + \Delta\boldsymbol{U}^T(k) R \Delta\boldsymbol{U}(k)$

由 $\partial J(k)/\partial \Delta\boldsymbol{U}(k) = 0$，得到

$$-[\boldsymbol{Y}_r(k) - \boldsymbol{Y}_0(k)]^T \boldsymbol{Q}\boldsymbol{A} - \boldsymbol{A}^T \boldsymbol{Q} [\boldsymbol{Y}_r(k) - \boldsymbol{Y}_0(k)] + 2[\boldsymbol{A}^T \boldsymbol{Q}\boldsymbol{A} + \boldsymbol{R}] \Delta\boldsymbol{U}^T(k) = 0$$

即

$$\boldsymbol{A}^T \boldsymbol{Q} [\boldsymbol{Y}_r(k) - \boldsymbol{Y}_0(k)] = [\boldsymbol{A}^T \boldsymbol{Q}\boldsymbol{A} + \boldsymbol{R}] \Delta\boldsymbol{U}^*(k)$$

$$\Delta\boldsymbol{U}^*(k) = [\boldsymbol{A}^T \boldsymbol{Q}\boldsymbol{A} + \boldsymbol{R}]^{-1} \boldsymbol{A}^T \boldsymbol{Q} [\boldsymbol{Y}_r(k) - \boldsymbol{Y}_0(k)] \tag{8.14}$$

则 k 时刻的即时控制增量 $\Delta u(k)$ 给出实际控制输入 $u(k) = u(k-1) + \Delta u(k)$ 作用于被控对象，到下一时刻，又需重新计算 $\Delta u(k+1)$，因此，被称作"滚动优化"。

3. 反馈校正

预测控制是一种闭环控制算法。在通过优化确定了一系列未来的控制作用后，为了防止模型失配或环境干扰引起控制对理想状态的偏离，预测控制通常不是把这些控制作用逐一全部实施，而只是实现本时刻的控制作用。到下一采样时刻，则首先检测对象的实际输出，并利用这一实时信息对基于模型的预测进行修正，然后再进行新的优化。

反馈校正的形式是多样的，可以在保持预测模型不变的基础上，对未来的误差作出预测并加以补偿，也可以根据在线辨识的原理直接修改预测模型。不论取何种校正形式，预测控制都把优化建立在系统实际的基础上，并力图在优化时对系统未来的动态行为作出较准确的预测。因此，预测控制中的优化不仅基于模型，而且利用了反馈信息，因而构成了闭环优化。

8.3.2　动态矩阵控制

动态矩阵是一种用被控对象的阶跃响应特性来描述系统动态模型的预测控制算法。它有算法简单、计算量小、鲁棒性较强等特点。

1. 预测模型

根据被控对象的阶跃响应特性式(8.9)，建模长度为 N 的 DMC 预测模型矢量式为

$$\boldsymbol{Y}_p(k) = \boldsymbol{Y}_0(k) + \boldsymbol{A}\Delta\boldsymbol{U}(k) \tag{8.15}$$

式中,$Y_p(k)=[y_p(k+1|k)\quad y_p(k+2|k)\quad \cdots\quad y_p(k+N|k)]^T$

$Y_0(k)=[y_0(k+1|k)\quad y_0(k+2|k)\quad \cdots\quad y_0(k+N|k)]^T$

$\Delta U(k)=[\Delta u(k)\quad \Delta u(k+1)\quad \cdots\quad \Delta u(k+N-1)]^T$

分别为模型预测值,初始值和控制增量系列矢量,其中动态系数矩阵 $A\in R^{N\times N}$,即

$$A=\begin{pmatrix} a_1 & 0 & 0 & \cdots & 0 \\ a_2 & a_1 & 0 & \cdots & 0 \\ a_3 & a_2 & a_1 & \cdots & 0 \\ \vdots & \vdots & \vdots & & 0 \\ a_N & a_{N-1} & a_{N-2} & \cdots & a_1 \end{pmatrix}$$

如果控制增量序列有效长度为 L,建模时域仍为 N,且 $L<N$,则

$$Y_p(k)=Y_0(k)+A\Delta U_L(k) \tag{8.16}$$

和

$$\Delta U_L(k)=[\Delta u(k)\quad \Delta u(k+1)\quad \cdots\quad \Delta u(k+L-1)\quad 0\quad \cdots\quad 0]^T$$

式中

$$A=\begin{pmatrix} a_1 & 0 & 0 & \cdots & 0 & 0 \\ a_2 & a_1 & 0 & \cdots & 0 & 0 \\ a_3 & a_2 & a_1 & \cdots & 0 & 0 \\ \vdots & \vdots & \vdots & & 0 & 0 \\ a_L & a_{L-1} & a_{L-2} & \cdots & a_1 & 0 \\ a_{L+1} & a_L & a_{L-1} & \cdots & a_2 & 0 \\ \vdots & \vdots & \vdots & & \vdots & \vdots \\ a_N & a_{N-1} & a_{N-2} & \cdots & a_{N-L+1} & 0 \end{pmatrix}=\begin{pmatrix} A_L & 0 \\ A_{N-L} & 0 \end{pmatrix}$$

2. 滚动优化

设系统预测长度为 M,控制有效长度为 L,且 $L\leqslant M\leqslant N$。对于参考轨迹为 $Y_d(k)=[y_d(k+1)\quad y_d(k+2)\quad \cdots\quad y_d(k+M)]^T$ 和模型预测输出 $Y_p(k)=[y_p(k+1)\quad y_p(k+2)\quad \cdots\quad y_p(k+M)]^T$ 的系统二次型滚动优化目标为

$$\min J(k)=\|Y_d(k)-Y_p(k)\|_Q^2+\|\Delta U_L(k)\|_R^2 \tag{8.17}$$

式中误差权矩阵 $Q=\mathrm{diag}(q_1,q_2,\cdots,q_M)$,控制权矩阵 $R=\mathrm{diag}(r_1,r_2,\cdots,r_L)$,

$$\Delta U_L(k)=[\Delta u(k)\quad \Delta u(k+1)\quad \cdots\quad \Delta u(k+L-1)]^T$$

控制增量序列 $\Delta U_L(k)$ 的最优值为

$$\Delta U_L^*(k)=G[Y_d(k)-Y_0(k)]$$

式中,动态矩阵 $G\in R^{L\times M}$,$G=(A_{ML}^T Q A_{ML}+R)^{-1}A_{ML}^T Q$,且

$$A_{ML}=\begin{pmatrix} a_1 & 0 & 0 & \cdots & 0 \\ a_2 & a_1 & 0 & \cdots & 0 \\ a_3 & a_2 & a_1 & \cdots & 0 \\ \vdots & \vdots & \vdots & & \vdots \\ a_L & a_{L-1} & a_{L-2} & \cdots & a_1 \\ a_{L+1} & a_L & a_{L-1} & \cdots & a_2 \\ \vdots & \vdots & \vdots & & \vdots \\ a_M & a_{M-1} & a_{M-2} & \cdots & a_{M-L+1} \end{pmatrix}=\begin{pmatrix} A_L \\ A_{M-L}s \end{pmatrix}$$

这时预测模型值

$$\boldsymbol{Y}_p(k)=\boldsymbol{Y}_0(k)+\boldsymbol{A}_{ML}\Delta U_L(k)$$

初始值

$$\boldsymbol{Y}_0(k)=(\,y_0(k+1)\quad y_0(k+2)\quad\cdots\quad y_0(k+M)\,)^T$$

实际控制矢量最优值为

$$U_L^*(k)=U_L^*(k-1)+\Delta U_L^*(k)$$

从上式分析可知,每次预测计算可以得到未来 L 个依次离散时刻的最优控制量

$$U_L^*(k)=[\,u^*(k\,|\,k)\quad u^*(k+1\,|\,k)\quad\cdots\quad u^*(k+L-1\,|\,k)\,]^T$$

3. 反馈校正

设预测模型式(8.15)中取 $\Delta U(k)=B_{L1}^T\Delta U_L^*(k)=[\,\Delta u(k),0,\cdots,0\,]^T\triangleq\Delta U_1(k)$,则

$$\boldsymbol{Y}_{p1}(k)=Y(k)+A\Delta U_1(k)$$

表示在 k 时刻,把一个幅值为 $\Delta u(k)$ 的控制阶跃加于被控对象,而此后 $\Delta u(k+1)=\Delta u(k+2)=\cdots=\Delta u(k+L-1)=0$ 的预测矢量为

$$\boldsymbol{Y}_{p1}(k)=[\,y_{p1}(k+1\,|\,k)\quad y_{p1}(k+2\,|\,k)\quad\cdots\quad y_{p1}(k+N\,|\,k)\,]^T$$

即其第一个元素有了一个 $AU_1(k)$ 增量,其余不变。由于存在模型误差和随机干扰等因素,预测值和系统实际间必然有误差,设 $k+1$ 时刻的输出误差为

$$e(k+1)=y(k+1)-y_{p1}(k+1\,|\,k)$$

为了消除诸多因素引起对预测值的误差,利用 $e(k+1)$ 取 N 维的校正矢量
$\boldsymbol{C}=[\,c_1\quad c_2\quad\cdots\quad c_N\,]^T$ 对 $\boldsymbol{Y}_{p1}(k)$ 进行修正得

$$\boldsymbol{Y}_{PC}(k+1)=\boldsymbol{Y}_{P1}(k)+C_e(k+1)$$

这里修正后的预测矢量为

$$\boldsymbol{Y}_{PC}(k+1)=[\,y_{pc}(k+1\,|\,k+1)\quad y_{pc}(k+2\,|\,k+2)\quad\cdots\quad y_{pc}(k+N\,|\,k+N)\,]^T$$

修正后的 $y_{pc}(k+2\,|\,k+1)$ 值将作为初始预测值 $y_{01}(k+1\,|\,k+1)$,$y_{pc}(k+3\,|\,k+1)$ 值将作为 $y_{01}(k+2\,|\,k+1)$,$\cdots$,$y_{pc}(k+N-1\,|\,k+1)$ 值将作为 $y_{01}(k+N-2\,|\,k+1)$,$y_{pc}(k+N\,|\,k+1)$ 值将作为 $y_{01}(k+N-1\,|\,k+1)$,据此,设位移矩阵 $\boldsymbol{S}$,有

$$\boldsymbol{Y}_{01}(k)=\boldsymbol{S}\boldsymbol{Y}_{PC}(k+1)\qquad(8.18)$$

式中

$$\boldsymbol{S}=\begin{pmatrix}0&1&0&\cdots&0\\0&0&1&\cdots&0\\\vdots&\vdots&\vdots&0&\vdots\\0&0&0&\cdots&1\end{pmatrix},\boldsymbol{S}\in\boldsymbol{R}^{N\times N}$$

动态矩阵控制算法的闭环控制形式由预测器、调节器、校正器三部分组成。该算法是一种增量算法。不管有无模型误差,总能将系统输出调节到期望值而不存在静差。

动态矩阵控制算法的结构如图 8.16 所示,图中的粗箭头表示矢量的流向,细箭头表示标量的流向。

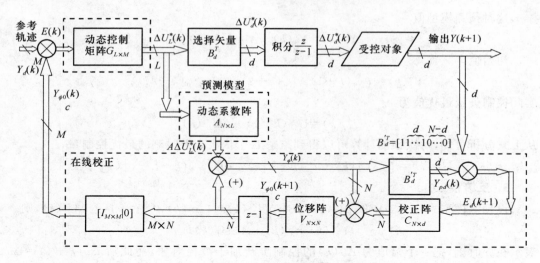

图 8.16　动态矩阵控制

习题 8

1. 什么是模糊集合?
2. 模糊控制器有哪些主要部分组成?
3. 模糊控制中模糊规则如何选择?
4. 神经网络控制中常用的神经元变换函数有哪些?
5. 神经网络控制主要包括哪些控制方法?
6. 预测控制系统主要有哪几部分组成? DMC 和 MAC 算法的基本原理是什么?

第 9 章　工业控制网络技术

近年来,随着计算机、通信、网络等信息技术的发展,信息交换的领域已经覆盖了工厂、企业乃至世界各地的市场,因此,需要建立包含从工业现场设备层到控制层、管理层等各个层次的综合自动化网络平台,建立以工业控制网络技术为基础的企业信息化系统。

9.1　工业控制网络概述

9.1.1　企业信息化与自动化

工业控制网络作为工业企业综合自动化系统的基础,从结构上看可分为 3 个层次,即管理层、控制层和现场设备层,如图 9.1 所示。

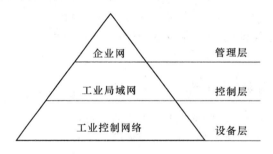

图 9.1　企业综合自动化系统结构层次

最上层的是企业信息管理网络,它主要用于企业的生产调度、计划、销售、库存、财务、人事以及企业的经营管理等方面信息的传输。管理层上各终端设备之间一般以发送电子邮件、下载网页、数据库查询、打印文档、读取文件服务器上的计算机程序等方式进行信息的交换,数据报文通常都比较长,数据吞吐量比较大,而且数据通信的发起是随机的、无规则的,因此要求网络必须具有较大的带宽。目前企业管理网络主要由快速以太网(100 MB、1 000 MB、10 GB 等)组成。

中间的过程监控网络主要用于将采集到的现场信息置入实时数据库,进行先进控制与优化计算、集中显示、过程数据的动态趋势与历史数据查询、报表打印。这部分网络主要由传输速率较高的网段(如 10 MB、100 MB 以太网等)组成。

最底层的现场设备层网络则主要用于控制系统中大量现场设备之间测量与控制信息以及其他信息(如变送器的零点漂移、执行机构的阀门开度状态、故障诊断信息等)的传输。这些信息报文的长度一般都比较小,通常仅为几位(bit)或几个字节(byte),因此对网络传输的吞吐量要求不高,但对通信响应的实时性和确定性要求较高。目前现场设备网络主要有现场总线(如 FF、Profibus、WorldFIP、DeviceNet 等)低速网段组成。

9.1.2　控制网络的特点

工业控制网络作为一种特殊的网络,直接面向生产过程,肩负着工业生产运行一线测量与控制信息传输的特殊任务,并产生或引发物质或能量的运动和转换,因此它通常应满足强实时性、高可靠性、恶劣的工业现场环境适应性、总线供电等特殊要求和特点。

与此同时,开放性、分散化和低成本也是工业控制网络重要的三大特征。即工业控制网络应该具有以下几点。

① 具有较好的响应实时性。工业控制网络不仅要求传输速度快,而且在工业自动化控制中还要求响应快,即响应实时性要好,一般为 1 ms～0.1 s 级。

② 高可靠性,即能安装在工业控制现场,具有耐冲击、耐振动、耐腐蚀、防尘、防水以及较好的电磁兼容性,在现场设备或网络局部链路出现故障的情况下,能在很短的时间内重新建立新的网络链路。

③ 力求简洁,以减小软硬件开销,从而减低设备成本,同时也可以提高系统的健壮性。

④ 开放性要好,即工业控制网络尽量不要采用专用网络。

在 DCS 中,工业控制网络是一种数字—模拟混合系统,控制站与工程师站、操作站之间采用全数字化的专用通信网络,而控制系统与现场仪表之间仍然使用传统的方法,传输可靠性差,成本高。

9.1.3　控制网络的类型

控制网络一般指以控制"事物对象"为特征的计算机网络系统,简称为 Infrant。

从工业自动化与信息化层次模型来说,控制网络可分为面向设备的现场总线控制网络与面向自动化的主干控制网络。在主干控制网络中,现场总线作为主干网络的一个接入节点。

从网络的组网技术来分,控制网络通常有两类,即共享式控制网络与交换式控制网络。控制网络的类型及其相互关系如图 9.2 所示。

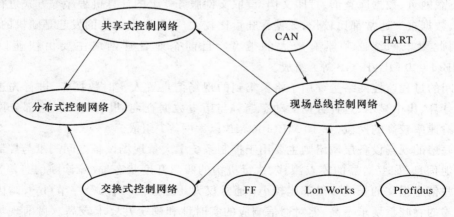

图 9.2　控制网络的类型及其相互关系

目前,现场总线控制网络受到普遍重视,发展很快。从技术上来说,较好地解决了物理层与数据链路层中媒体访问控制子层以及设备的接入问题。有影响的现场总线有基金会现场总线 FF、LonWorks、WorldFIP、Profibus、CAN 和 HART。

共享总线网络结构既可应用于一般控制网络,也可应用于现场总线。以太控制网络在共享总线网络结构中应用最广泛。

与共享总线控制网络相比,交换式控制网络具有组网灵活方便,性能好,便于组建虚拟控制网络等优点,已得到了实际应用,并具有良好的应用前景。交换式控制网络比较适用于组建高层控制网络。

以太控制网络与分布式控制网络是控制网络发展的新技术,代表控制网络的发展方向。

9.2　控制网络技术基础

控制网络是一类特殊的局域网,它既有局域网共同的基本特征,也有控制网络固有的技术特征。控制网络的基本技术要素包括网络拓扑结构、介质访问控制技术和差错控制技术。

9.2.1　网络拓扑结构

网络中互连的点称为结点或站,结点间的物理连接结构称为拓扑。通常有星形、环形、总线形和树形拓扑结构,如图 9.3 所示。

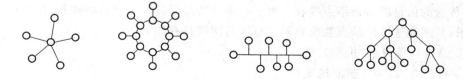

图 9.3　网络拓扑结构

（1）星形结构

星形的中心结点是主结点,它接受各分散结点的信息再转发给相应结点,具有中继交换和数据处理功能。当某一结点想传输数据时,它首先向中心结点发送一个请求,以便同另一个目的结点建立连接。一旦两结点建立了连接,则在这两点间就像是有一条专用线路连接起来一样,进行数据通信。可见,中心结点负担重,工作复杂。可靠性差是星形结构的最大弱点。归纳星形结构网络的特点如下。

① 网络结构简单,便于控制和管理,建网容易。

② 网络延迟时间短,传输错误率较低。

③ 网络可靠性较低,一旦中央结点出现故障将导致全网瘫痪。

④ 网络资源大部分在外围点上,相互之间必须经过中央结点中转才能传送信息。

⑤ 通信电路都是专用线路,利用率不高,故网络成本较高。

（2）环形结构

其各结点通过环接连于一条首尾相连的闭合环形通信线路中,环网中,数据按事先规定好的方向从一个结点单项传送到另一个结点。任何一个结点发送的信息都必须经过环路中的全部环接口。只有当传送信息的目的地址与环上某结点的地址相等时,信息才被该结点的环接口接收;否则,信息传至下一结点的环接口,直到发送到该信息发送的结点环接口为止。由于信息从源结点到目的结点都要经过环路中的每个节点,故任何结点的故障均导致环路不能正常工作,可靠性差。环形结构网络具有以下特点。

① 信息流在网络中是沿固定的方向流动,故两结点之间仅有唯一的通路,简化了路径选择控制。

② 环路中每个结点的收发信息均由环接口控制,因此控制软件较简单。

③ 环路中,当某结点故障时,可采用旁路环的方法,提高了可靠性。

④ 环结构其结点数的增加将影响信息的传输效率,故扩展受到一定的限制。

环形网络结构较适合信息处理和自动化系统中使用,是微机局部网络中常有的结构之一。特别是 IBM 公司推出令牌环网之后,环形网络结构就被越来越多的人所采用。

（3）总线形

在总线形结构中,各节点接口通过一条或几条通信线路与公共总线连接。其任何结点的信息都可以沿着总线传输,并且能被总线中的任何一结点所接收。由于它的传输方向是从发送节点向两端扩散,类同于广播电台发射的电磁波向四周扩散一样,因此,总线形结构网络又被称为广播式网络。总线形结构网络的接口内具有发送器和接收器。接收器接收总线上的串行信息,并将其转换为并行信息送到节点;发送器则将并行信息转换成串行信息广播发送到总线上。当在总线上发送的信息目的地址与某一结点的接口地址相符时,传送的信息就被该结点接收。由于一条公共总线具有一定的负载能力,因此总线长度有限,其所能连接的结点数也有限。总线形网络具有如下特点。

① 结构简单灵活,扩展方便。

② 可靠性高,为了响应速度快。

③ 共享资源能力强,便于广播式工作。

④ 设备少,价格低,安装和使用方便。

⑤ 由于所有结点共用一条总线,因此总线上传送的信息容易发生冲突和碰撞,故不宜用在实时性要求高的场合。

解决总线信息冲突(通常称之为瓶颈)是总线结构的重要问题。

（4）树形结构

树形结构是分层结构,适用于分级管理和控制系统。与星形结构相比,由于通信线路总长度较短,故它联网成本低,易于维护和扩展,但结构较星形结构复杂。网络中除叶结点外,任一结点或连线的故障均影响其所在之路网络的正常工组。

上述 4 种网络结构中,总线形结构是目前使用最广泛的结构,也是一种最传统的主流网络结构,该种结构最适合于信息管理系统、办公室自动化系统、教学系统等领域应用。

实际组建网时,其网络结构不一定仅限于其中的某一种,通常是几种结构的综合。

9.2.2　介质访问控制技术

在局部网络中,由于各结点通过公共传输通路传输信息,因此任何一个物理信道在某一时间段内只能为一个结点服务,即被某结点占用来传输信息,这就产生了如何合理使用信道、合理分配信道的问题,各结点能充分利用信道的空间、时间传送信息,而不至于发生各信息间的互相冲突。传输访问控制方式的功能就是合理解决信道的分配。目前常用的传输访问控制方式有 3 种,即冲突检测的载波侦听多路访问(CSMA/CD)、令牌环(Token Ring)和令牌总线(Token Bus)。

(1) 冲突监测的载波侦听多路访问(CSMA/CD)

CSMA/CD 是由 Xerox 公司提出,又称随机访问技术或争用技术,主要用于总线形和树形网络结构。该控制方法的工作原理是:当某一结点要发送信息时,首先要侦听网络中有无其他结点正发送信息,若没有则立即发送;否则,即网络中以有某结点发送信息(信道被占用),该结点就需等待一段时间,再侦听,直至信道空闲,开始发送。载波侦听多路访问是指多个结点共同使用同一条线路,任何结点发送信息前都必须先检查网络的线路是否有信息传输。

CSMA 技术中,需解决信道被占用时等待时间的确定和信息冲突两个问题。确定等待时间的方法是:当某结点检测到信道被占用后,继续检测下去,待发现信道空闲时,立即发送;当某点检测到信道被占用后就延迟一个随机的时间,然后再检测。重复这一过程,直到信道空闲,开始发送。

解决冲突的问题可有多种办法,这里只说明冲突检测的解决办法。当某结点开始占用网络信道发送信息时,该点再继续对网络检测一段时间,也就是说该点一边发送一边接收,且把收到的信息和自己发送的信息进行比较,若比较结果相同,说明发送正常进行,可以继续发送;若比较结果不同,说明网络上还有其他结点发送信息,引起数据混乱,发生冲突,此时应立即停止发送,等待一个随机时间后,再重复以上过程。

CSMA/CD 方式原理较简单,且技术上较易实现。网络中各结点处于不同地位,无须集中控制,但不能提供优先级控制,所有结点都有平等竞争的能力,在网络负载不重的情况下,有较高的效率,但当网络负载增大时,分送信息的等待时间加长,效率显著降低。

(2) 令牌环

令牌环全称是令牌通行环(Token Passing Ring),仅适用于环形网络结构。在这种方式中,令牌是控制标志,网中只设一张令牌,只有获得令牌的结点才能发送信息,发送完后,令牌又传给相邻的另一结点。令牌传递的方法是:令牌依次延每个结点传送,使每个结点都有平等发送信息的机会。令牌有"空"和"忙"两个状态。"空"表示令牌设有被占用,即令牌正在携带信息发送。当"空"的令牌传送至正待发送信息的结点时,该结点立即发送信息并置令牌为"忙"状态。在一个结点占令牌期间,其他结点只能处于接收状态。当所发信息绕环一周,并有发送结点清除,"忙"令牌又被置为"空"状态,绕环传送令牌。当下一结点要发送信息时,则下一结点便得到这一令牌,并可发送信息。

令牌环的优点是能提供可调整的访问控制方式,能提供优先权服务,有较强的实时性。缺点是需要对令牌进行维护,且空闲令牌的丢失将会降低环路的利用率,以及控制电路复杂。

（3）令牌总线

令牌总线方式主要用于总线形或树形网络结构中。受令牌环的影响，它把总线或树形传输介质上的各个结点形成一个逻辑环，即人为地给各结点规定一个顺序（例如，可按各结点号的大小排列）。逻辑环中的控制方式类同于令牌环。不同的是令牌总线中，信息可以双向传送，任何结点都能"听到"其他结点发出的信息。为此，结点发送的信息中要有指出下一个要控制的结点的地址。由于只有获得令牌的结点才可发送信息（此时其他结点只收不发），因此该方式不要检测冲突就可以避免冲突。令牌总线具有如下优点。

① 吞吐能力大，吞吐量随数据传输速率的提高而增加。

② 控制功能不随电缆线长度的增加而减弱。

③ 不需冲突检测，故信号电压可以有较大的动态范围。

④ 具有一定的实时性。

可见，采用总线方式的网络的连网距离较 CSMA/CD 及 TOKEN RING 方式的网络远。

令牌总线的重要缺点是结点获得令牌的时间开销较大，一般一个结点都需要等待多次无效的令牌传送后才能获得令牌。如表 9.1 所示为对 3 种访问控制方式进行的比较。

表 9.1　3 种访问控制方式的比较

	CSMA/CD	Token Bus	Token Ring
低负载	好	差	中
高负载	差	好	好
短包	差	中	中
长包	中	差	好

9.2.3　差错控制技术

由于通信线路上的各种干扰，传输信息时会使接收端收到错误信息。提高传输质量的方法有两种：第一种方法是改善信道的电性能，使误码率降低；第二种方法是接收端检验出错误后，自动纠正错误，或让发送端重新发送，直至接收到正确的信息为止。差错控制技术包括检验错误和纠正错误，两种检错方法为奇偶校验和循环冗余校验；3 种纠错方法分别为重发纠错、自动纠错和混合纠错。

奇偶校验（Parity Check）是一个字符校验一次，在每个字符的最高位置后附加一个奇偶校验位。通常用一个字符（$b_0 \sim b_7$）来表示，其中，$b_0 \sim b_6$ 位字符码位，而最高位 b_7 为校验位。这个校验位可为 1 或 0，以便保证整个字节为 1 的位数是奇数（称奇校验）或偶数（偶校验）。发送端按照奇或偶校验的原则编码后，以字节为单位发送，接收端按照同样的原则检查收到的每个字节中 1 的位数。如果为奇校验，发送端发出的每个字节中 1 的位数也为奇数。若接收端收到的字节中 1 的位数也为奇数，则传输正确，否则传输错误。偶效验方法类似。奇偶校验通常用于每帧只传送一个字节数据的异步通信方式，而同步通信方式每帧传送由多个字节组成的数据块，一般采用循环冗余校验。

循环冗余校验（Cyclic Redundancy Check，CRC）的原理是：发送端发出的信息由基本的信息位和 CRC 校验位两部分组成。发送端首先发送基本的信息位,同时,CRC 校验位生成器用基本的信息位除以多项式 $G(x)$。一旦基本的信息位发送完,CRC 校验位也就生成,并紧接其后面再发送 CRC 校验位。接收端在接收基本信息位的同时,CRC 校验器用接收的基本信息位除以同一个生成多项式 $G(x)$。当基本信息位接收完之后,接着接收 CRC 校验位也继续进行这一计算。当两个字节的 CRC 校验位接收完,如果这种除法的余数为 0 即能被生成多项式 $G(x)$ 除尽,则认为传输正确;否则,传输错误。

重发纠错方式即发送端发送能够检错的信息码,接收端根据该码的编码规则,判断传输中有无错误,并把判断结果反馈给发送端。如果传输错,则再次发送,直到接收端认为正确为止。

自动纠错方式即发送端发送能够纠错的信息码,而不仅仅是检错的信息码。接收端收到该码后,通过译码不仅能自动地发现错误,而且能自动地纠正错误,但是,纠错位数有限,如果为了纠正比较多的错误,则要求附加的冗余码将比基本信息码多,因而传输效率低。译码设备也比较复杂。

混合纠错方式即上述两种方法的综合,发送端发送的信息码不仅能发现错误,而且还具有一定的纠错能力。接收端收到该码后,如果错误位数在纠错能力以内,则自动地进行纠错;如果错误多,超过了纠错能力,则接收端要求发送端重发,直到正确为止。

9.2.4　网络协议及其层次结构

在计算机网络中,网络的层次式结构、网络协议、网络体系结构是重要的基本概念。现代计算机网络都采用层次式结构,即一个计算机网络可分为若干层,其高层仅仅使用其较低层的接口所提供的功能,而不需了解其较低层实现该功能时所采用的算法和协议;其较低层也仅仅是使用从高层传送来的参数。这就使得一个层次中的模块用一个新的模块取代时,只需新模块与旧模块具有相同的功能和接口,即使它们执行着完全不同的算法和协议也无妨。在计算机网络中,为使各计算机之间或计算机与终端之间能正确地传送信息,必须在关于信息传输顺序、信息格式和信息内容等方面有一组约定或规则,这组约定或规则即所谓的网络协议。网络协议含有语义、语法、规则 3 个要素,协议的语义是指对协议含义的解释。实质上,网络协议是实体间通信时使用的一种语言,计算机网络的层次及其协议的集合,就是所谓的网络体系结构。具体地说,网络体系结构是关于计算机网络应设置哪几层,每个层次又应提供哪些功能的精确定义。

1. OSI 模型

OSI 模型(Open Systems Interconnection Reference Model)是国际标准化组织创建的一种标准。它为开放式系统环境定义了一种分层模型。"开放"是指只要遵循 OSI 标准,一个系统就可以和位于世界上任何地方的、也遵循这同一标准的其他任何系统进行通信。OSI 参考模型如图 9.4 所示。

基于分层原则可将整个网络的功能从垂直方向分为 7 层,由底层到高层分别是物理层、数据链路层、网络层、传输层、会话层、表示层和应用层。图中带箭头的水平虚线(物理层协议除外)表示不同结点的同等功能层之间按该层的协议交换数据。物理层之间由物理通道(传输介质)直接相连,物理层协议的数据交换通过物理通道直接进行。其他高层的协议数据交换是通过下一层提供的服务来实现的。

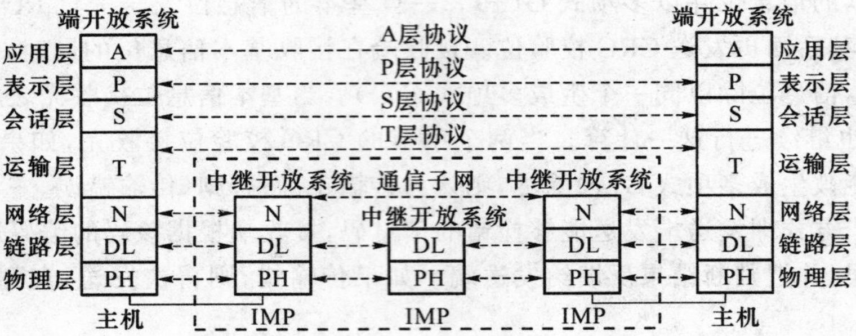

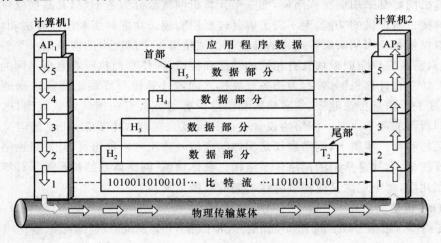

图 9.4 ISO 模型

层次结构模型中数据的实际传送过程如图 9.5 所示。图中发送进程给接收进程传送数据的过程，实际上是经过发送方各层从上到下传递到物理媒体；通过物理媒体传输到接收方后，再经过从下到上各层的传递，最后到达接收进程。在发送方从上到下逐层传递的过程中，每层都要加上适当的控制信息，即图中 H_7、H_6、…、H_1，统称为报头。到最底层成为由"0"或"1"组成的数据比特流，然后再转换为电信号在物理媒体上传输至接收方。接收方在向上传递时过程正好相反，要逐层剥去发送方相应层加上的控制信息。

可以用一个简单的例子来比喻上述过程。有一封信从最高层向下传，每经过一层就包上一个新的信封，包有多个信封的信传送到目的站后，从第 1 层起，每层拆开一个信封后就交给它的上一层。传到最高层后，取出发信人所发的信交给收信用户。

图 9.5 数据的传输传递过程

虽然应用进程数据要经过如图 9.5 所示的复杂过程才能送到对方的应用进程，但这些复杂过程对用户来说，却都被屏蔽掉了，以致应用进程 A_{P_1} 觉得好像是直接把数据交给了应用进程 A_{P_2}。同理，任何两个同样的层次（例如在两个系统的第 4 层）之间，也好像如同图中的水平虚线所示的那样，将数据（即数据单元加上控制信息）通过水平虚线直接传递给对方，这就是所谓的"对等层"（Peer Layers）之间的通信。以前经常提到的各层协议，实际上就是在各个对等层之间传递数据时的各项规定。

OSI/RM 参考模型中的下 3 层即 1～3 层主要负责通信功能,一般称为通信子网层。上 3 层即 5～7 层属于资源子网的功能范畴,称为资源子网层。传输层起着衔接上下 3 层的作用。

(1) 物理层

物理层为建立、维护和拆除物理链路提供所需的机械的、电气的、功能的和规程的特性;提供在传输介质上传输非结构的位流功能;提供物理链路故障检测指示。在这一层,数据的单位称为比特(bit)。

属于物理层定义的典型规范代表包括 EIA/TIA RS-232、EIA/TIA RS-449、V.35、RJ-45 等。

(2) 数据链路层

在发送数据时,数据链路层的任务是将在网络层交下来的 IP 数据报组装成帧(Framing),在两个相邻结点间的链路上传送以帧(Frame)为单位的数据。每一帧包括数据和必要的控制信息(如同步信息、地址信息、差错控制,以及流量控制信息等)。控制信息使接收端能够知道一个帧从哪个比特开始和到哪个比特结束。控制信息还使接收端能够检测到所收到的帧中有无差错。如发现有差错,数据链路层就丢弃这个出了差错的帧,然后采取或者不作任何其他的处理,或者由数据链路层通知对方重传这一帧两种方法之一,直到正确无误地收到此帧为止。数据链路层有时也常简称为链路层。

数据链路层协议的代表包括 SDLC、HDLC、PPP、STP、帧中继等。

(3) 网络层

网络层负责为分组交换网上的不同主机提供通信。在发送数据时,网络层将运输层产生的报文段或用户数据报封装成分组或包进行传送。在 TCP/IP 体系中,分组也叫作 IP 数据报,或简称为数据报。网络层的另一个任务就是要选择合适的路由,使源主机运输层所传下来的分组能够交付到目的主机。这里要强调指出,网络层中的"网络"二字,已不是通常谈到的具体的网络,而是在计算机网络体系结构模型中的专用名词。

网络层协议的代表包括 IP、IPX、RIP、OSPF 等。

(4) 传输层

运输层的任务就是负责主机中两个进程之间的通信。因特网的运输层可使用两种不同的协议。即面向连接的传输控制协议(Transmission Control Protocol,TCP),和无连接的用户数据报协议(User Datagram Protocol,UDP)。运输层的数据传输的单位是报文段(Segment)(当使用 TCP 时)或用户数据报(当使用 UDP 时)。面向连接的服务能够提供可靠的交付,但无连接服务则不保证提供可靠的交付,它只是"尽最大努力交付(Best-Effort Delivery)"。这两种服务方式都很有用,各有其优缺点。

传输层协议的代表包括 TCP、UDP、SPX 等。

(5) 会话层

会话层是组织和同步两个通信的会话服务用户之间的对话,为表示层实体提供会话连接的建立、维护和拆除功能;完成通信进程的逻辑名字与物理名字间的对应,提供会话管理服务。

会话层协议的代表包括 NetBIOS、ZIP(AppleTalk 区域信息协议)等。

（6）表示层

表示层主要用于处理在两个通信系统中交换信息的表示方式,如代码转换、格式转换、文本压缩、文本加密与解密等。

表示层协议的代表包括 ASCII、ASN.1、JPEG、MPEG 等。

（7）应用层

应用层是体系结构中的最高层。应用层确定进程之间通信的性质以满足用户的需要（这反映在用户所产生的服务请求）。这里的进程就是指正在运行的程序。应用层不仅要提供应用进程所需要的信息交换和远地操作,而且还要作为互相作用的应用进程的用户代理（user agent）,来完成一些为进行语义上有意义的信息交换所必需的功能。应用层直接为用户的应用进程提供服务。

应用层协议的代表包括 Telnet、FTP、HTTP、SNMP 等。

OSI/RM 定义的是一种抽象结构,它给出的仅是功能上和概念上的框架标准,而不是具体的实现。该 7 层中,每层完成各自所定义的功能,对某层功能的修改不影响其他层。同一系统内部相邻层的接口定义了服务原语以及向上层提供的服务。不同系统的同层实体间使用该层协议进行通信,只有最底层才发生直接数据传送。

2. IEEE802 标准

美国电气与电子工程师协会（IEEE）于 1980 年 2 月成立的 IEEE802 课题组（IEEE Atandards Project 802）于 1981 年底提出了 IEEE802 局域网标准,如图 9.6 所示,参照 OSI 模型的物理层和数据链路层,保持 OSI 高 5 层和第 1 层协议不变,将数据链路层分成两个子层,分别是逻辑链路控制（LLC）子层和介质访问控制（MAC）子层。

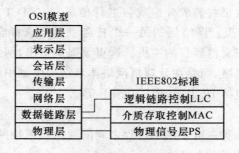

图 9.6　IEEE802 标准

介质访问控制（MAC）子层主要提供传输介质和访问控制方式。支持介质存取,并为逻辑链路控制层提供服务。它支持的介质存取法包括载波检测多路存取/冲突监测（CSMA/CD）、令牌总线（Token Bus）和令牌环（Token Ring）。

逻辑链路控制（LLC）子层屏蔽各种 MAC 子层的具体实现细节,具有统一的 LLC 界面,主要提供寻址、排序、差错控制等功能。支持数据链路功能、数据流控制、命令解释及产生响应等,并规定局部网络逻辑链路控制协议（LNLLC）。

物理信号层（PS）完成数据的封装/拆装、数据的发送/接收管理等功能,并通过介质存取部件收发数据信号。

IEEE802 委员会在 1983 年 3 月通过了 3 种建议标准,定义了 3 种主要的局域网络技术,分别称为 802.3、802.4 和 802.5 建议规范。在这些建议标准中的规定如下。

① 收发控制方式有两种,即 CSMA/CD 方式(Carrier Sense Multiple Access With Collision Detection、载波侦听、多重访问和冲突检测)和通信证(Token)-令牌传递方式。

② 网络结构有两种:总线形和环形。

③ 物理信道有两种:单信道和多信道。单信道采用基带传输,信息经编码调制后直接传输,多信道采用宽带传输。这些建议的技术规范如表 9.2 所示。

表 9.2　局部网络的标准化技术范围

标准内容	802.3		802.4		802.5	
媒质访问控制	CSMA/CD		通信证传递		通信证传递	
网络构形	总线		总线		环形	
信道	单信道	多信道	单信道	多信道	单信道	多信道
媒质	50 Ω 同轴电缆	调频/残留边带	75 Ω 同轴电缆	75 Ω 同轴电缆	150 Ω 屏蔽双绞线	75 Ω 同轴电缆
速率/Mbit·s	1.5,10	10	1.5,10	1.5,5,10,20	1,4	4,20,40

IEEE802 是为局部网络制定的标准,它包括的内容如下。

① IEEE802.1A:体系结构。

② IEEE802.1B:寻址、网络互连和网络管理。

③ IEEE802.2:逻辑链路控制(LLC)。

④ IEEE802.3:带冲突检测的载波侦听多路访问控制方法(CSMA/CD)和物理层协议。

⑤ IEEE802.3U:100 Mbit/s 快速以太网。

⑥ IEEE802.3ab:1 000 Mbit/s 以太网。

⑦ IEEE802.4:令牌总线(TOKEN BUS)访问控制方法和物理层协议。

⑧ IEEE802.5:令牌环(TOKEN RING)访问控制方法和物理层协议。

⑨ IEEE802.6:城域网(MAN)标准(覆盖范围 25~35 km)。

⑩ IEEE802.7:宽带 LAN 标准。

⑪ IEEE802.8:光纤网标准。

⑫ IEEE802.9:综合业务 LAN 接口。

⑬ IEEE802.10:LAN/MAN 安全数据交换。

⑭ IEEE802.11:无线 LAN 标准。

⑮ IEEE802.12:高速 LAN 标准(100VG-ANYLAN)。

美国电子电气工程师协会的 IEEE802 标准于 1984 年已被国际标准化组织正式采纳。它主要是针对办公自动化和一般工业环境,对工业过程控制环境仍有一定的局限性。

9.2.5　TCP/IP 参考模型概述

TCP/IP (Transmission Control Protocol/Internet Protocol)是传输控制协议/网际协议。它起源于美国 ARPAnet 网,由它的两个主要协议即 TCP 协议和 IP 协议而得名。

TCP/IP 是 Internet 上所有网络和主机之间进行交流所使用的共同"语言",是 Internet 上使用的一组完整的标准网络连接协议。通常所说的 TCP/IP 协议实际上包含了大量的协议和应用,且由多个独立定义的协议组合在一起。因此,更确切地说,应该称其为 TCP/IP 协议集。

OSI 参考模型研究的初衷是希望为网络体系结构与协议的发展提供一种国际标准,但由于 Internet 在全世界的飞速发展,使得 TCP/IP 协议得到了广泛的应用,虽然 TCP/IP 不是 ISO 标准,但广泛的使用也使 TCP/IP 成为一种"实际上的标准",并形成了 TCP/IP 参考模型。不过,ISO 的 OSI 参考模型的制定也参考了 TCP/IP 协议集及其分层体系结构的思想。而 TCP/IP 在不断发展的过程中也吸收了 OSI 标准中的概念及特征。

TCP/IP 共有 4 个层次,它们分别是主机至网络层、互联网层、传输层和应用层。TCP/IP 的层次结构与 OSI 层次结构的对照关系如图 9.7 所示。

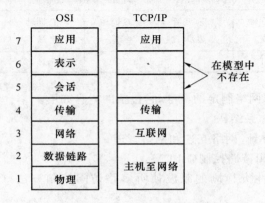

图 9.7   TCP/IP 参考模型

(1) 互联网层

互联网层 (Internet layer)是 TCP/IP 整个体系结构的关键部分。它的功能是使主机可以把分组发往任何网络的任何主机,并使分组独立地传向目标(可能经由不同的路径)。这些分组到达的顺序和发送的顺序可能不同,因此如果需要按顺序发送及接收时,高层必须对分组排序。

这里不妨把它和邮政系统作个对比。某个国家的一个人把一些国际邮件投入邮箱,一般情况下,这些邮件大都会被投递到正确的地址。这些邮件可能会经过几个国际邮件通道,但这对用户是透明的。而且,每个国家(每个网络)都有自己的邮戳,要求的信封大小也不同,而用户是不知道投递规则的。

互联网层定义了正式的分组格式和协议,即 IP 协议(Internet Protocol)。互联网层的功能就是把 IP 分组发送到应该去的地方。分组路由和避免阻塞是这里主要的设计问题。由于这些原因,所以说 TCP/IP 互联网层和 OSI 网络层在功能上非常相似。

(2) 传输层

传输层(Transport Layer)是在 TCP/IP 模型中,位于互联网层之上的那一层。它的功能是使源端和目标端主机上的对等实体可以进行会话,和 OSI 的传输层一样。这里定义了两个端到端的协议。

第一个是传输控制协议 TCP(Transmission Control Protocol)。它是一个面向连接的协议,允许从一台机器发出的字节流无差错地发往互联网上的其他机器。它把输入的字节流分成报文段并传给互联网层。在接收端,TCP 接收进程把收到的报文再组装成输出流。TCP 还要处理流量控制,以避免快速发送方向低速接收方发送过多报文而使接收方无法处理。

第二个协议是用户数据报协议 UDP(User Datagram Protocol)。它是一个不可靠的、无连接协议,用于不需要 TCP 的排序和流量控制,而是自己完成这些功能的应用程序。它也被广泛地应用于只有一次的、客户-服务器模式的请求-应答查询,以及快速递交比准确递交更重要的应用程序,如传输语音或影像。

（3）应用层

应用层(Application Layer)是位于传输层的上面,向用户提供一组常用的应用层协议。它包含所有的高层协议。最早引入的是虚拟终端协议(TELNET)、文件传输协议(FTP)和电子邮件协议(SMTP)。虚拟终端协议允许一台机器上的用户登录到远程机器上并且进行工作。文件传输协议提供了有效地把数据从一台机器移动到另一台机器的方法。电子邮件协议最初仅是一种文件传输,但是后来为它提出了专门的协议。这些年来又增加了不少的协议,例如域名系统服务(Domain Name service,DNS)用于把主机名映射到网络地址;NNTP 协议,用于传递新闻文章;还有 HTTP 协议,用于在万维网(WWW)上获取主页等。

（4）主机至网络层

TCP/IP 参考模型没有真正描述互联网层的下层,只是指出主机必须使用某种协议与网络连接,以便能在其上传递 IP 分组。这个协议未被定义,并且随主机和网络的不同而不同。

9.3　工业以太网

9.3.1　工业以太网与以太网

工业以太网技术是普通以太网技术在控制网络延伸的产物。前者源于后者又不同于后者。以太网技术经过多年发展,特别是它在 Internet 中的广泛应用,使得它的技术更为成熟,并得到了广大开发商与用户的认同。因此无论从技术上还是产品价格上,以太网较之其他类型网络技术都具有明显的优势。另外,随着技术的发展,控制网络与普通计算机网络、Internet 的联系更为密切。控制网络技术需要考虑与计算机网络连接的一致性,需要提高对现场设备通信性能的要求,这些都是控制网络设备的开发者与制造商把目光转向以太网技术的重要原因。

为了促进以太网在工业领域的应用,国际上成立了工业以太网协会(IEA)、工业自动化开放网络联盟(IAONA)等组织,目标是在世界范围内推进工业以太网技术的发展、教育和标准化管理,在工业应用领域的各个层次运用以太网。美国电气电子工程师协会(IEEE)也正着手制定现场装置与以太网通信的标准。这些组织还致力于促进以太网进入工业自动化的现场级,推动以太网技术在工业自动化领域和嵌入式系统的应用。

以太网技术最早由 Xerox 开发,后经数字设备公司(Digital Equipment Corp.)、Intel 公司联合扩展,于 1982 年公布了以太网规范。IEEE802.3 就是以这个技术规范为基础制定的。按 ISO 开放系统互联参考模型的分层结构,以太网规范只包括通信模型中的物理层与数据链路层。而现在人们俗称中的以太网技术以及工业以太网技术,不仅包含了物理层与数据链路层的以太网规范,而且包含 TCP/IP 协议组,即包含网络层的网际互联协议 IP、传输层的传输控制协议 TCP、用户数据报协议 UDP 等。有时甚至把应用层的简单邮件传送协议 SMTP、域名服务 DNS、文件传输协议 FTP、再加上超文本链接 HTTP、动态网页发布等互联网上的应用协议都与以太网这个名词捆绑在一起。因此工业以太网技术实际上是上述一系列技术的统称。工业以太网与 OSI 互联参考模型的对照关系如图 9.8 所示。

应用层	应用协议
表示层	
会话层	
传输层	TCP/UDP
网络层	IP
数据链路层	以太网MAC
物理层	以太网物理层

图 9.8　工业以太网与 OSI 互联参考模型的对照关系

从图 9.8 可以看出,工业以太网的物理层与数据链路层采用 IEEE802.3 规范,网络层与传输层采用 TCP/IP 协议组,应用层的一部分可以沿用上面提到的那些互联网应用协议。这些沿用部分正是以太网的优势所在。工业以太网如果改变了这些已有的优势部分,就会削弱甚至丧失工业以太网在控制领域的生命力。因此工业以太网标准化的工作主要集中在 ISO/OSI 模型的应用层,需要在应用层添加与自动控制相关的应用协议。由于历史原因,应用层必须考虑与现有的其他控制网络的连接和映射关系、网络管理、应用参数等问题,要解决自控产品之间的互操作性问题。因此应用层标准的制定比较棘手,目前还没有取得共识的解决方案。

9.3.2　以太网的优势

以太网(Ethernet)由于其应用的广泛性和技术的先进性,已逐渐垄断了商用计算机的通讯领域和过程控制领域中上层的信息管理与通信,并且有进一步直接应用到工业现场的趋势。与目前的现场总线相比,以太网具有以下优点。

① 应用广泛。以太网是目前应用最为广泛的计算机网络技术,受到广泛的技术支持。几乎所有的编程语言都支持 Ethernet 的应用开发,如 Java、Visual C＋＋及 Visual Basic 等。这些编程语言由于广泛使用,并受到软件开发商的高度重视,具有很好的发展

前景。因此,如果采用以太网作为现场总线,可以保证多种开发工具、开发环境供选择。

② 成本低廉。由于以太网的应用最为广泛,因此受到硬件开发与生产厂商的高度重视与广泛支持,有多种硬件产品供用户选择。而且由于应用广泛,硬件价格也相对低廉。目前以太网网卡的价格只有 Profibus、FF 等现场总线的十分之一,并且随着集成电路技术的发展,其价格还会进一步下降。

③ 通信速率高。目前以太网的通信速率为 10 Mbit/s、100 Mbit/s 的快速以太网也开始广泛应用,1 000 Mbit/s 以太网技术也逐渐成熟,10 Gbit/s 以太网也正在研究,其速率比目前的现场总线快得多。另外以太网可以满足对带宽的更高要求。

④ 软硬件资源丰富。由于以太网已应用多年,人们对以太网的设计、应用等方面有很多的经验,对其技术也十分熟悉。大量的软件资源和设计经验可以显著降低系统的开发和培训费用,从而可以显著降低系统的整体成本,并大大加快系统的开发和推广速度。

⑤ 可持续发展潜力大。由于以太网的广泛应用,使它的发展一直受到广泛的重视和吸引大量的技术投入。并且,在这信息瞬息万变的时代,企业的生存与发展将很大程度上依赖于一个快速而有效的通信管理网络,信息技术与通信技术的发展将更加迅速,也更加成熟,由此保证了以太网技术不断地持续向前发展。

⑥ 易于与 Internet 连接,能实现办公自动化网络与工业控制网络的信息无缝集成。

因此,工业控制网络采用以太网,就可以避免其发展游离于计算机网络技术的发展主流之外,从而使工业控制网络与信息网络技术互相促进,共同发展,并保证技术上的可持续发展,在技术升级方面无需单独的研究投入。

9.3.3　工业以太网的关键技术

正是由于以太网具有上述优势,使得它受到越来越多的关注。但如何利用 COTS (Commercial Off The Shelf) 技术来满足工业控制需要,是目前迫切需要解决的问题,这些问题包括通信实时性、现场设备的总线供电、本质安全、远距离通信、可互操作性等,这些技术直接影响以太网在现场设备中的应用。

1. 通信实时性

长期以来,以太网通信响应的"不确定性"是它在工业现场设备中应用的致命弱点和主要障碍之一。以太网由于采用冲突检测载波监听多点访问(CSMA/CD)机制来解决通信介质层的竞争,因而导致了非确定性的产生。因为在一系列碰撞后,报文可能会丢失,结点与结点之间的通信将无法得到保障,从而使控制系统需要的通信确定性和实时性难以保证。

采用星形网络结构、以太网交换技术,可以大大减少(半双工方式)或完全避免碰撞(全双工方式),从而使以太网的通信确定性得到了大大增强,并为以太网技术应用于工业现场控制清除了主要障碍。

① 在网络拓扑上,采用星型连接代替总线型结构,使用网桥或路由器等设备将网络分割成多个网段(Segment)。在每个网段上,以一个多口集线器为中心,将若干个设备或节点连接起来。这样,挂接在同一网段上的所有设备形成一个冲突域(Collision Domain),每个冲突域均采用 CSMA/CD 机制来管理网络冲突,这种分段方法可以使每个

冲突域的网络负荷和碰撞几率都大大减小。

② 使用以太网交换技术,将网络冲突域进一步细化。用交换式集线器代替共享式集线器,使交换机各端口之间可以同时形成多个数据通道,正在工作的端口上的信息流不会在其他端口上广播,端口之间信息报文的输入和输出已不再受到 CSMA/CD 介质访问控制协议的约束。因此,在以太网交换机组成的系统中,每个端口就是一个冲突域,各个冲突域通过交换机实现了隔离。

③ 采用全双工通信技术,可以使设备端口间两对双绞线(或两根光纤)上可以同时接收和发送报文帧,从而也不再受到 CSMA/CD 的约束,这样,任一结点发送报文帧时不会再发生碰撞,冲突域也就不复存在。

此外,通过降低网络负载和提高网络传输速率,可以使传统共享式以太网上的碰撞大大降低。实际应用经验表明,对于共享式以太网来说,当通信负荷在 25% 以下时,可保证通信畅通,当通信负荷在 5% 左右时,网络上碰撞的概率几乎为零。

2. 总线供电

所谓"总线供电"或"总线馈电",是指连接到现场设备的线缆不仅传送数据信号,还能给现场设备提供工作电源。

采用总线供电可以减少网络线缆,降低安装复杂性与费用,提高网络和系统的易维护性。特别是在环境恶劣与危险场合,"总线供电"具有十分重要的意义。由于 Ethernet 以前主要用于商业计算机通信,一般的设备或工作站(如计算机)本身已具备电源供电,没有总线供电的要求,因此传输媒体只用于传输信息。

3. 互操作性

互可操作性是指连接到同一网络上不同厂家的设备之间通过统一的应用层协议进行通信与互用,性能类似的设备可以实现互换。作为开放系统的特点之一,互操作性向用户保证了来自不同厂商的设备可以相互通信,并且可以在多厂商产品的集成环境中共同工作。这一方面提高了系统的质量,另一方面为用户提供了更大的市场选择机会。互操作性是决定某一通信技术能否被广大自动化设备制造商和用户接受,并进行大面积推广应用的关键。

要解决基于以太网的工业现场设备之间的互可操作性问题,唯一而有效的方法就是在以太网+TCP(UDP)/IP 协议的基础上,制订统一并适用于工业现场控制的应用层技术规范,同时可参考 IEC 有关标准,在应用层上增加用户层,将工业控制中的功能块 FB (Function Block) 进行标准化,通过规定它们各自的输入、输出、算法、事件、参数,并把它们组成为可在某个现场设备中执行的应用进程,便于实现不同制造商设备的混合组态与调用。这样,不同自动化制造商的工控产品共同遵守标准化的应用层和用户层,这些产品再经过一致性和互操作性测试,就能实现它们之间的互可操作。

4. 网络生存性

所谓网络生存性,是指以太网应用于工业现场控制时,必须具备较强的网络可用性。任何一个系统组件发生故障,不管它是否是硬件,都会导致操作系统、网络、控制器和应用程序以致于整个系统的瘫痪,则说明该系统的网络生存能力非常弱。因此,为了使网络正常运行时间最大化,需要以可靠的技术来保证在网络维护和改进时,系统不发生中断。

工业以太网的生存性或高可用性包括以下几个方面的内容。

（1）可靠性

工业现场的机械、气候（包括温度、湿度）、尘埃等条件非常恶劣，因此对设备的可靠性提出了更高的要求。

在基于以太网的控制系统中，网络成了相关装置的核心，从 I/O 功能模块到控制器中的任何一部分都是网络的一部分。网络硬件把内部系统总线和外部世界连成一体，同时网络软件驱动程序为程序的应用提供必要的逻辑通道。系统和网络的结合使得可靠性成了自动化设备制造商的设计重点。

（2）可恢复性

所谓可恢复性，是指当以太网系统中任一设备或网段发生故障而不能正常工作时，系统能依靠事先设计的自动恢复程序将断开的网络连接重点链接起来，并将故障进行隔离，以使任一局部故障不会影响整个系统的正常运行，也不会影响生产装置的正常生产。同时，系统能自动定位故障，以使故障能够得到及时修复。

可恢复性不仅仅是网络节点和通讯信道具有的功能，通过网络界面和软件驱动程序，网络可恢复性以各种方式扩展到其子系统。一般来讲，网络系统的可恢复性取决于网络装置和基础组件的组合情况。

（3）可维护性

可维护性是高可用性系统的最受关注的焦点之一。通过对系统和网络的在线管理，可以及时地发现紧急情况，并使得故障能够得到及时的处理。

5．网络安全性

目前工业以太网已经把传统的三层网络系统（即信息管理层、过程监控层、现场设备层）合成一体，使数据的传输速率更快、实时性更高，同时它可以接入 Internet，实现了数据的共享，使工厂高效率的运作，但与此同时也引入了一系列的网络安全问题。

对此，一般可采用网络隔离（如网关隔离）的办法，如采用具有包过滤功能的交换机将内部控制网络与外部网络系统分开。该交换机除了实现正常的以太网交换功能外，还作为控制网络与外界的唯一接口，在网络层中对数据包实施有选择的通过（即所谓的包过滤技术），也就是说，该交换机可以依据系统内事先设定的过滤逻辑，检查数据流中每个数据包的部分内容后，根据数据包的源地址、目的地址、所用的 TCP 端口与 TCP 链路状态等因素来确定是否允许数据包通过。只有完全满足包过滤逻辑要求的报文才能访问内部控制网络。

此外，还可以通过引进防火墙机制，进一步实现对内部控制网络访问进行限制、防止非授权用户得到网络的访问权、强制流量只能从特定的安全点去向外界、防止服务拒绝攻击，以及限制外部用户在其中的行为等效果。

6．本质安全与安全防爆技术

在生产过程中，很多工业现场不可避免地存在易燃、易爆与有毒等场合。对应用于这些工业现场的智能装备及通信设备，都必须采取一定的防爆技术措施来保证工业现场的安全生产。

7. 远距离传输

由于通用 Ethernet 的传输速率比较高（如 10 Mbit/s、100 Mbit/s、1 000 Mbit/s），考虑到信号沿总线传播时的衰减与失真等因素，Ethernet 协议（IEEE802.3 协议）对传输系统的要求作了详细的规定。如每一段双绞线（10BASE2T）的长度不得超过 100 m；使用细同轴电缆（10BASE22）时每段的最大长度为 185 m；对于距离较长的终端设备，可使用中继器（但不超过 4 个）或者光纤通信介质进行连接。

然而，在工业生产现场，由于生产装置一般都比较复杂，各种测量和控制仪表的空间分布比较分散，彼此间的距离较远，有时设备与设备之间的距离长达数千米。对于这种情况，如遵照传输的方法设计以太网络，使用 10BASE2T 双绞线就显得远远不够，而使用 10BASE2 或 10BASE5 同轴电缆则不能进行全双工通信，而且布线成本也比较高。同样，如果在现场都采用光纤传输介质，布线成本可能会比较高，但随着互联网和以太网技术的大范围应用，光纤成本肯定会大大降低。

此外，在设计应用于工业现场的以太网络时，将控制室与各个控制域之间用光纤连接成骨干网，这样不仅可以解决骨干网的远距离通信问题，而且由于光纤具有较好的电磁兼容性，因此可以大大提高骨干网的抗干扰能力和可靠性。通过光纤连接，骨干网具有较大的带宽，为将来网络的扩充、速度的提升留下了很大的空间。各控制域的主交换机到现场设备之间可采用屏蔽双绞线，而各控制域交换机的安装位置可选择在靠近现场设备的地方。

9.3.4　常用的工业以太网协议

目前主要的应用协议有以下几种。

1. Modbus/TCP

Modbus/TCP 是 MODICON 公司在 20 世纪 70 年代提出的一种用于 PLC 之间通信的协议。由于 Modbus 是一种面向寄存器的主从式通信协议，协议简单实用，而且文本公开，因此在工业控制领域作为通用的通信协议使用。最早的 Modbus 协议是基于 RS232/485/422 等低速异步串行通信接口，随着以太网的发展，将 Modbus 数据报文封装在 TCP 数据帧中，通过以太网实现数据通信，这就是 Modbus/TCP。

2. Ethernet/IP

Ethernet/IP 是由美国 Rockwell 公司提出的以太网应用协议，其原理与 Modbus/TCP 相似，只是将 ControlNET 和 DeviceNET 使用的 CIP（Control Information Protocol）报文封装在 TCP 数据帧中，通过以太网实现数据通信。满足 CIP 的 3 种协议即 Ethernet/IP、ControlNET 和 DeviceNET 共享相同的对象库、行规和对象，相同的报文可以在 3 种网络中任意传递，实现即插即用和数据对象的共享。

3. FF HSE

HSE 是 IEC61158 现场总线标准中的一种，HSE 的 1～4 层分别是以太网和 TCP/IP，用户层与 FF 相同，现场总线信息规范 FMS 在 H1 中定义了服务接口，在 HSE 中采用相同的接口。

4. PROFInet

PROFInet 是在 PROFIBUS 的基础上纵向发展，形成的一种综合系统解决方案。

PROFInet 主要基于 Microsoft 的 DCOM 中间件,实现对象的实时通信,自动化对象以 DCOM 对象的型式在以太网上交换数据。

9.4　集散控制系统

集散控制系统(Distributed Control System,DCS),亦称分散型控制系统或分散型综合控制系统(TDCS)。它是综合了 4C 技术(计算机技术<Computer>、通信技术<Communication>、CRT 显示技术和控制技术<Control>)的新型控制系统。其设计原则是分散控制、集中操作、综合管理和分而自治。集散控制系统具有技术先进、功能完备、应用灵活、操作方便、运行可靠等多方面显著特点,集中了连续控制、批量控制、逻辑顺序控制、数据采集等功能。现今的分散型控制系统将以计算机集成系统为目标,以新的控制方法、现场总线智能化仪表、专家系统、局域网络等新技术,为用户实现过程控制自动化与信息管理自动化相结合的管理控制一体化的综合集成系统。

本节首先概述 DCS 体系结构,DCS 的特点,然后分别介绍 DCS 的分散过程控制级、集中操作监控级和综合信息管理级。

9.4.1　DCS 概述

自从美国的 Honeywell 公司于 1975 年成功地推出了世界上第一套分散型控制系统以来,经历了 30 多年的时间,DCS 已经走向成熟并获得了广泛应用。DCS 的发展历程也是不断地由小到大的过程,从最初的小规模控制系统发展到综合控制管理系统,从而使工业控制系统进入了信息管理与综合控制的时代。本节主要介绍体系结构、特点和典型型式。

1. DCS 的体系结构

DCS 的体系结构通常为 3 级,即分散过程控制级、集中操作监控级和综合信息管理级。各级之间有通信网络连接,级内各站或单元之间由本级的通信网络进行通信联系。其典型的 DCS 体系结构如图 9.9 所示。

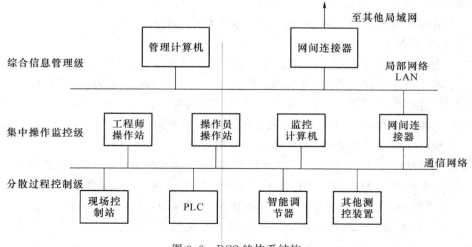

图 9.9　DCS 的体系结构

（1）分散过程控制级

分散过程控制级直接面向生产过程，是 DCS 的基础，它直接完成生产过程的数据采集、调节控制、顺序控制等功能，其过程输入信息是面向传感器的信号，其输出用于驱动执行机构。构成这一级的主要装置有现场控制站（工业控制机 IPC）、可编程序控制器（PLC）、智能调节器以及其他测控装置。

（2）集中操作监控级

以操作监视为主要任务，兼有部分管理功能。这一级是面向操作员和控制系统工程师的，因而配备有技术手段齐备、功能强大的计算机系统及各类外部装置，例如 CRT 显示器和键盘、较大储存容量的硬盘或软盘、功能强大的软件等，确保工程师和操作员对系统进行组态、监视和操作，对生产过程实行高级控制策略、故障诊断、质量评估。其具体组成包括：监控计算机、工程师显示操作站、操作员显示操作站。

（3）综合信息管理级

由管理计算机、办公自动化系统、工厂自动化服务系统构成，实现整个企业的综合信息管理。综合信息管理主要包括生产管理和经营管理。

（4）通信网络系统

DCS 各级之间的信息传输依靠通信网络系统来支持。根据各级的不同要求，通信网也分成低速、中速、高速通信网络。低速网络面向分散过程控制级；中速网络面向集中操作监控级；高速网络面向管理级。

2. DCS 的特点

对一个规模庞大、结构复杂、功能全面的现代化生产工程控制系统，首先按系统结构进行垂直方向分解成分散过程控制级、集中操作监控级、综合信息管理级，各级相互独立又相互联系；然后对每一级按功能进行水平方向分成若干个子块。其特点如下。

（1）硬件积木化

DCS 采用积木化硬件组装式结构。硬件采用积木化组装结构，系统配置灵活，可以方便地构成多级控制系统。如果要改变系统的规模，只需按要求在系统中改变相应部分单元，而系统不会受到其他影响。这样的组合方式，有利于企业分批投资，逐步形成一个在功能和结构上从简单到复杂、从低级到高级的现代化管理系统。

（2）软件模块化

DCS 为用户提供了丰富的功能软件，用户只需按要求选用即可，大大减少了用户的开发工作量。功能软件主要包括控制软件包、操作显示软件包、报表打印软件包等，并提供至少一种过程控制语言，供用户开发高级的应用软件。控制软件包为用户提供各种过程控制的功能。这些功能固化在现场控制站、PLC、智能调节器等装置中。用户可以通过组态方式自由选用这些功能模块，以便构成控制系统。

操作显示软件包为用户提供了丰富的人-机接口联系功能，在 CRT 和键盘组成的操作站上进行集中操作和监视。可以选择多种 CRT 显示画面，如总貌显示、分组显示、回路显示、趋势显示、流程显示、报警显示和操作指导等画面，并可以在 CRT 画面上进行各种操作，所以它可以完全取代常规模拟仪表盘。报表打印软件包向用户提供各种时间类型的工作表，对于瞬时值、累计值、平均值、打印事件报警等。过程控制语言可供用户开发高级应用程序,如最优控制、自适应控制、生产和经营管理等。

（3）控制系统组态

DCS 设计了面向问题的语言 POL(Problem Oriented Language),为用户提供了数十种常用的运算和控制模块,控制工程师只需按照系统的控制方案,从中任意选择模块,并以填表的方式来定义这些软功能模块,进行控制系统的组态。系统的控制组态一般是在操作站上进行的。填表组态方式极大地提高了系统设计的效率,解除了用户使用计算机必须编程序的困扰,这也是 DCS 能够得到广泛应用的原因之一。

（4）通信网络的应用

通信网络是分散型控制系统的神经中枢,它将物理上分散配置的多台计算机有机地连接起来,实现了相互协调、资源共享的集中管理。通过高速数据通信线,将现场控制站、局部操作站、监控计算机、这样操作站、管理计算机连接起来,构成多级控制系统。

DCS 一般采用同轴电缆或光纤作为通信线,也使用双绞线,通信距离可按用户要求从十几米到十几千米,通信速率为 1～10 Mbit/s,而光纤高达 100 Mbit/s。由于通信距离长和速度快,可满足大型企业的数据通信,实现实时控制和管理的需要。

（5）可靠性高

DCS 的可靠性高体现在系统结构、冗余技术、自诊断功能、抗干扰措施、高性能的元件等方面。

9.4.2　DCS 的分散过程控制级

DCS 的分散过程控制级,直接与生产过程现场的传感器(热电偶、热电阻等)、变送器(温度、压力、液位、流量变送器等)、电气开关(触点输入输出)、执行机构(调节阀、电磁阀等)连接,完成生产过程控制,并能与集中操作监控级进行数据通信;接收显示操作站下传加载的参数和作业命令,向显示器操作站报告现场工作情况。

分散过程控制级常用的测控装置有三种:现场控制站、可编程序控制器(PLC)、智能调节器。

1. 现场控制站

现场控制站多采用 STD 总线 IPC 或 PC 总线 IPC。下面主要围绕 PC 总线 IPC 现场控制站加以介绍。

（1）现场控制站的构成

现场控制站由以下 5 个部分构成。

① 机箱(柜)。机箱(柜)内部装有多层机架,供安装电源及各部件使用。外壳均采用金属材料,活动部分之间有良好的电气连接,为内部的电子设备提供电磁屏蔽。机柜可靠接地,装有风扇,采用正压送风,充分散热降温的同时防止灰尘侵入。

② 电源。高效、无干扰、稳定的供电系统是现场控制站工作的重要保证。现场控制站内各功能模板所需直流电源一般有＋5 V、±15 V(或±12 V)、＋24 V 等。而对主机供电的电源一般均要求与对现场监测仪表或执行机构供电的电源在电气上互相隔离,以减少相互干扰。

③ PC 总线工业控制机,主要由主机、外部设备和过程输入输出通道组成,主要进行

信号的采集、控制计算和控制输出。

④ 通信控制单元。实现分散过程控制级与集中操作监控级的数据通信。

⑤ 手动、自动显示操作单元。作为后备安全措施,它可以显示测量值、给定值、自动阀位输出值、手动阀位输出值,并具有硬手动操作功能,可直接调整输出阀值。

(2) 现场控制站的功能

现场控制站主要有数据采集、DDC控制、顺序控制、信号报警、打印报表、数据通信6种功能。

① 数据采集功能。对各类热电偶信号、热电阻信号,压力、液位、流量等过程参数进行数据采集、变换、处理、显示、储存、趋势曲线显示、事故报警等。

② DDC控制功能。DDC控制包括接受现场的测量信号,求出设定值与测量值的偏差,并对偏差进行PID控制运算,求出新的控制量,最后将此控制量转换成相应的电流送至执行机构。

③ 顺序控制功能。按预先设定的顺序和条件,利用过程状态输入输出信号和反馈控制功能等状态信号,对控制的各阶段进行逐次控制。

④ 信号报警功能。对过程参量设置上限值和下限值,若超过上下限进行上下限报警;对非法的开关量状态、事故等进行报警。信号报警是以声音、光或CRT屏幕显示颜色变化表示。

⑤ 打印报表功能。定时打印报表;随机打印过程参数;事故报表自动记录打印。

⑥ 数据通信功能。完成分散过程控制级与集中操作监控级之间的信息交换。

2. 智能调节器

智能调节器是一种数字化的过程控制仪表,以微处理器技术为基础,具有数据通信功能,在DCS的分散过程控制级中得到了广泛的应用。

智能调节器不仅可接受4～20 MADC电流信号输入的设定值,还具有异步通信接口RS-422/495、RS-232等,可与上位机连成主从式通信网络,接受上位机下传的控制参数,并上报各种过程参数。

3. 可编程序控制器(PLC)

PLC与智能调节器的不同点是:主要用于开关量输入、输出通道,执行顺序控制功能。在生产过程中按时间顺序控制或逻辑控制的场合,取代复杂的继电器控制装置。在较新型的PLC中,也提供了模拟量控制模块,其输入输出的模拟量标准与智能调节器相同。同时也提供了PID等控制算法,PLC的高可靠性和它的不断增强的功能,使它在DCS中得到了广泛的应用。PLC一般均带有RS-422标准的异步通信接口,可与上位机连成主从式总线型网络,构成DCS。

9.4.3 DCS的集中操作监控级

DCS的集中操作监控级主要是显示操作站。它有两个功能,功能一是显示、操作、记录、报警;功能二是进行控制系统的生成、组态。

1. 显示操作站的构成

显示操作站主要由监控计算机、键盘、CRT显示器、打印机等几部分组成。

①　监控计算机。一般都采用 16 位或 32 位的微型计算机,或者采用工业 PC。

②　键盘。它有两种类型,即操作员键盘和工程师键盘。操作员键盘多采用有防水、防尘能力、有明确图案标志的薄膜键盘,在键盘内装有电子蜂鸣器,以提示报警信息和操作响应;工程师键盘一般采用大家比较熟悉的标准键盘。

③　CRT 显示器。采用分辨率较高的彩色显示器,尺寸有 14 英寸、19 英寸或 21 英寸。

④　打印机。DCS 显示操作站不可缺少的外设。通常配备两台打印机,一台采用行式打印机,打印记录报表和报警列表;另一台常采用彩色打印机,用来绘制流程画面。

2. 显示操作站的功能

显示操作站为用户提供仪表化的操作环境,通过 CRT 操作实现整个分散型控制系统的高效运转。它是信息集中分配中心,也是显示操作的中心。操作员的功能主要是指正常运行时的工艺监视和运行操作,主要由画面指示构成。它包括 DDC 标准三画面、图形显示功能、趋势曲线画面、操作指导画面、报警画面。工程师的功能主要包括系统的组态功能、系统的控制功能、系统的维护功能、系统的管理功能等。

9.4.4　DCS 的综合信息管理级

综合信息管理级实现整个企业(或工厂)的综合信息管理,主要执行生产管理和经营管理功能。DCS 的综合信息管理级实际上是一个管理信息系统(Management Information System,MIS)。MIS 是一个以计算机为主体、信息处理为中心的综合性系统,即管理信息系统。用户根据 MIS 提供的信息来改进决策能力和提高效率,信息是 MIS 的最主要资源。

MIS 是借助于自动化数据处理手段进行管理的系统。MIS 由计算机硬件、软件、数据库、各种规程和人组成。

1. MIS 的硬件组成

DCS 中综合信息管理级主要由管理计算机、办公自动化服务系统、工厂自动化服务系统构成,同时也是 MIS 的硬件组成,主要用来支持 MIS 的软件实现和运行。

2. MIS 的软件组成

企业 MIS 是一个以数据为中心的计算机信息系统。企业 MIS 可粗略地分为市场经营管理、生产管理、财务管理和人事管理 4 个子系统。子系统从功能上说应尽可能地独立,子系统之间通过信息而相互联系。市场经营管理为决策人提供有关市场各种信息。该子系统的主要数据来源是顾客和企业的生产调查员。生产管理就是按照预先确定的产品数量、质量和完成期限,运用科学的方法,经过周密的计划与安排,按照特定制造过程,生产出合乎标准的产品。生产管理的职能包括预测、计划、控制三部分。

3. DCS 中 MIS 功能

DCS 的综合信息管理级主要由 MIS 的市场经营管理和生产管理两个子系统来实现生产管理和经营管理。这一级进行市场预测、经济信息分析、原材料库存情况、生产进度、工艺流程及工艺参数、生产统计及报表,进行长期性的趋势分析,做出生产和经营侦察,确保最佳化的经济效益。

9.5　现场总线控制系统

现场总线(Fieldbus)是近年来迅速发展起来的一种工业数据总线,它主要解决现场的智能化仪器仪表、控制器、执行机构等现场设备间的数字通信,以及这些现场控制设备与高级控制系统之间的信息传递问题。

人们把 20 世纪 50 年代前的气动信号控制系统 PCS 称作第一代,把 4～20 mA 等电动模拟信号控制系统称为第二代,把数字计算机集中式控制系统称为第三代,而把 70 年代中期以来的集散式控制系统 DCS 称作第四代。把现场总线系统称为第五代控制系统,也称作 FCS——现场总线控制系统。现场总线控制系统 FCS 作为新一代控制系统,一方面突破了 DCS 系统采用通信专用网络的局限,采用了基于公开化、标准化的解决方案,克服了封闭系统所造成的缺陷;另一方面把 DCS 的集中与分散相结合的集散系统结构,变成了新型全分布式结构,把控制功能彻底下放到现场。可以说,开放性、分散性与数字通信是现场总线系统最显著的特征。

9.5.1　现场总线技术概述

根据国际电工委员会(International Electrotechnical Commission,IEC)和美国仪表协会(ISA)的定义,现场总线是连接智能现场设备和自动化系统的数字式、双向传输、多分支结构的通信网络。它的关键标志是能支持双向、多节点、总线式的全数字通讯。

1. 现场总线及其体系统结构

现场总线的本质含义表现在以下 6 个方面。

(1) 现场通信网络

传统 DCS 的通信网络截止于控制站或输入输出单元,现场仪表仍然是一对一模拟信号传统。现场总线把通信线一直延伸到生产现场或生产设备,用于过程自动化和制造自动化的现场设备或现场仪表互连的现场通信网络,如图 9.10 所示。该图代表了现场总线控制系统的网络结构。

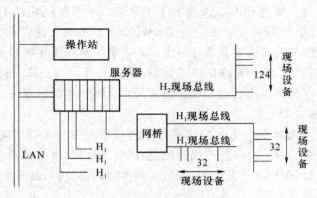

图 9.10　新一代 FCS 控制

(2) 现场设备互连

现场设备或现场仪表是指传感器、变送器、执行器、服务器和网桥、辅助设备及监控设备等,这些设备通过一对传输线互连,传输线可以使用双绞线、同轴电缆、光纤和电源线等,并可根据需要选择不同类型的传输介质。

（3）互操作性

现场设备或现场仪表种类繁多,来自不同制造厂的现场设备,不仅可以互相通信,而且可以统一组态,构成所需的控制回路,共同实现控制策略。也就是说,用户选用各种品牌的现场设备集成在一起,实现"即接即用"。现场设备互连是基本要求,只有实现互操作性,用户才能自由地集成 FCS。

（4）分散功能块

FCS 废弃了 DCS 的输入/输出单元和控制站,把 DCS 控制站的功能块分散地分配给现场仪表,从而构成虚拟控制站。例如,流量变送器不仅具有流量信号变换、补偿和累加输入功能块,而且有 PID 控制和运算功能块;调节阀的基本功能是信号驱动和执行,还内含输出特性补偿功能块,也可以有 PID 控制和运算功能块,甚至有阀门特性自校验和自诊断功能。由于功能块分散在多台现场仪表中,并可统一组态,供用户灵活选用各种功能块,构成所需控制系统,实现彻底的分散控制,如图 9.11 所示。其中差压变送器含有模拟量输入功能块（AI110）,调节阀含有 PID 控制功能块（PID110）及模拟量输出功能块（AO110）,这 3 个功能块构成流量控制回路。

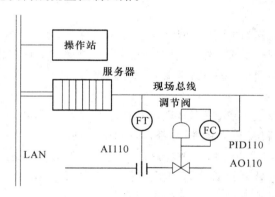

图 9.11　现场总线的分散功能

（5）通信线供电

通信线供电方式允许现场仪表直接从通信线上摄取能量,这种方式提供用于本质安全环境的低功耗现场仪表,与其配套的还有安全栅。众所周知,化工、炼油等企业的生产现场有可燃性物质,所有现场设备必须严格遵循安全防爆标准,现场总线设备也不例外。

（6）开放式互连网络

现场总线为开放式互连网络,既可与同层网络互连,也可与不同层网络互连。如图 10.10 所示开放式互连网络还体现在网络数据库共享,通过网络对现场设备和功能块统一组态,把不同厂商的网络及设备融为一体,构成统一的 FCS,如图 9.9 所示。

2. 现场总线的技术特点

（1）系统的开放性

开放系统是指通信协议公开,各不同厂家的设备之间可进行互连并实现信息交换,现场总线开发者就是要致力于建立统一的工厂底层网络的开放系统。这里的开放是指对相关标准的一致性、公开性,强调对标准的共识与遵从。一个开放系统,它可以与任何遵守相同标准的其他设备或系统相连。一个具有总线功能的现场总线网络系统必须是开放的,开放系统把系统集成的权利交给了用户。用户可按自己的需要和对象把来自不同供应商的产品组成大小随意的系统。

（2）可操作性与互用性

互可操作性,是指实现互连设备间、系统间的信息传送与沟通,可实行点对点,一点对多点的数字通信。而互用性则意味着不同生产厂家的性能类似的设备可进行互换而实现互用。

（3）现场设备的智能化与功能自治性

它将传感测量、补偿计算、工程量处理与控制等功能分散到现场设备中完成,仅靠现场设备即可完成自动控制的基本功能,并可随时诊断设备的运行状态。

（4）系统结构的高度分散性

由于现场设备本身已可完成自动控制的基本功能,使得现场总线已构成一种新的全分布式控制系统的体系结构。从根本上改变了现有 DCS 集中与分散相结合的集散控制系统体系,简化了系统结构,提高了可靠性。

（5）对现场环境的适应性

工作在现场设备前端,作为工厂网络底层的现场总线,是专为在现场环境工作而设计的,它可支持双绞线、同轴电缆、光缆、射频、红外线、电力线等,具有较强的抗干扰能力,能采用两线制实现送电与通信,并可满足本质安全防爆要求等。

3. 现场总线的优点

由于现场总线的以上特点,特别是现场总线系统结构的简化,使控制系统的设计、安装、投运到正常生产运行及其检修维护,都体现出优越性。

① 节省硬件数量与投资。由于现场总线系统中分散在设备前端的智能设备能直接执行多种传感、控制、报警和计算功能,因而可减少变送器的数量,不再需要单独的控制器、计算单元等,也不再需要 DCS 系统的信号调理、转换、隔离技术等功能单元及其复杂接线,还可以用工控 PC 作为操作站,从而节省了一大笔硬件投资,由于控制设备的减少,还可减少控制室的占地面积。

② 节省安装费用。现场总线系统的接线十分简单,由于一对双绞线或一条电缆上通常可挂接多个设备,因而电缆、端子、槽盒、桥架的用量大大减少,连线设计与接头校对的工作量也大大减少。当需要增加现场控制设备时,无需增设新的电缆,可就近连接在原有的电缆上,既节省了投资,也减少了设计、安装的工作量。据有关典型试验工程的测算资料,可节约安装费用 60% 以上。

③ 节省维护开销。由于现场控制设备具有自诊断与简单故障处理的能力,并通过数字通信将相关的诊断维护信息送往控制室,用户可以查询所有设备的运行,诊断维护信息,以便早期分析故障原因并快速排除。缩短了维护停工时间,同时由于系统结构简化,连线简单而减少了维护工作量。

④ 用户具有高度的系统集成主动权。用户可以自由选择不同厂商所提供的设备来

集成系统。避免因选择了某一品牌的产品被"框死"了设备的选择范围,不会为系统集成中不兼容的协议、接口而一筹莫展,使系统集成过程中的主动权完全掌握在用户手中。

⑤ 提高了系统的准确性与可靠性。由于现场总线设备的智能化、数字化,与模拟信号相比,它从根本上提高了测量与控制的准确度,减少了传送误差。同时,由于系统的结构简化,设备与连线减少,现场仪表内部功能加强:减少了信号的往返传输,提高了系统的工作可靠性。此外,由于它的设备标准化和功能模块化,因而还具有设计简单,易于重构等优点。

9.5.2　典型的现场总线

自 20 世纪 80 年代末以来,有几种现场总线技术已逐渐产生影响,并在一些特定的应用领域显示了自己的优势和较强的生命力。目前较为流行的现场总线主要有 FF、LON-WORKS、PROFIBUS、CAN、HART 5 种。

1. FF(Foundation Fieldbus)基金会现场总线

FF 基金会现场总线是在过程自动化领域得到广泛支持和具有良好发展前景的技术,该总线协议是以美国 Fisher—Rosemount 公司为首,联合 Foxboro、横河、ABB、西门子等 80 家公司制定的 ISP 协议和以 Honeywell 公司为首,联合欧洲等地 150 家公司制定的 World FIP 协议为基础。这两大集团于 1994 年 9 月合并,成立了现场总线基金会,致力于开发出国际上统一的现场总线协议。它以 ISO/OSI 开放系统互连模型为基础,取其物理层、数据链路层、应用层为 FF 通信模型的相应层次,并在应用层上增加了用户层。用户层主要针对自动化测控应用的需要,定义了信息存取的统一规则,采用设备描述语言规定了通用的功能模块集。

FF 基金会现场总线分低速 H_1 和高速 H_2 两种通信速率。H_1 的传输速率为 31.25 kbit/s,通信距离可达 1 900 m(可加中继器延长),可支持总线供电,支持本质安全防爆环境;H_2 的传输速率为 1 Mbit/s 和 2.5 Mbit/s 两种,其通信距离分别为 750 m 和 500 m。物理传输介质可支持双绞线、光缆和无线发射,协议符合 Iec1158-2 标准。其物理介质的传输信号采用曼彻斯特编码。

FF 的主要技术内容包括 FF 通信协议;用于完成开放互连模型中第 2～7 层通信协议的通信栈(Communication Stack);用于描述设备特征、参数、属性及操作接口的 DDL 设备描述语言,设备描述字典;用于实现测量、控制、工程量转换等应用功能的功能块;实现系统组态、调度、管理等功能的系统软件技术以及构成集成自动化系统、网络系统的系统集成技术。

为满足用户需要,Honeywell、Ronan 等公司已开发出可完成物理层和部分数据链路层协议的专用芯片,许多仪表公司已开发出符合 FF 协议的产品。1996 年 10 月,在芝加哥举行的 ISA96 展览会上,由现场总线基金会组织实施,向世界展示了来自 40 多家厂商的 70 多种符合 FF 协议的产品,并将这些分布在不同楼层展览大厅不同展台上的 FF 展品,用醒目的橙红色电缆,互连为七段现场总线演示系统,各展台现场设备之间可实地进行现场互操作,展现了基金会现场总线的成就与技术实力。

2. LONWORKS (Local Operating Networks)局部操作网

LONWORKS局部操作网络是又一具有强劲实力的现场总线技术。它是由美国Ecelon公司推出并由它们与摩托罗拉、东芝公司共同倡导,于1990年正式公布而形成的。它采用了ISO/OSI模型的全部七层通信协议,采用了面向对象的设计方法,通过网络变量把网络通信设计简化为参数设置,其通信速率从300 bit/s至1.5 Mbit/s不等,直接通信距离可达2 700 m(78 kbit/s,双绞线);支持双绞线、同轴电缆、光纤、射频、红外线、电力线等多种通信介质,并开发了相应的本质防爆安全产品,被誉为通用控制网络。

LONWORKS技术的核心是具备通信和控制功能的Neuron芯片。LONWORKS技术所采用的LonTalk协议被封装在Neuron神经元中而得以实现。集成芯片中有3个8位CPU:另1个用于完成开放互连模型中第1层和第2层的功能,称为介质访问控制器,实现介质访问控制与处理;第2个用于完成第3~6层的功能,称为网络处理器,进行网络变量的寻址、处理、背景诊断、函数路径选择、软件计时、网络管理,并负责网络通信控制、收发数据包等;第3个是应用处理器,执行操作系统服务与用户代码。芯片中还具有存储信息缓冲区,以实现CPU之间的信息传递,并作为网络缓冲区和应用缓冲区。如Motorola公司生产的神经元集成芯片MC143120E2就包含了2 KRAM和2 KEEPROM。

Neuron芯片的编程语言为Neuron C,它是从ANSI C派生出来的。LONWORKS提供了一套开发工具,即Lon Builder与Node Builder。LonWorks技术的不断推广促成了神经元芯片的低成本,促进了LONWORKS技术的推广应用。

此外,Lon Talk协议还提供了5种基本类型的报文服务:确认(Acknowledged)、非确认(UnacknowLedged)、请求/响应(Request/Response)、重复(Repeated)、非确认重复(Unacknowleged repeated)。

Lon Talk协议的介质访问控制子层(MAC)对CSMA(载波信号多路监听)作了改进,采用了一种新的称作预测的P坚持CSMA(Predictive P—Presistent CSMA)的协议。带预测的P坚持CSMA在保留CSMA协议优点的同时,注意克服了它在控制网络中的不足。所有的结点根据网络积压参数等待随机时间片来访问介质,这就有效地避免了网络的频繁碰撞。

LONWORKS模型的分层如表9.3所示。

表9.3 LONWORKS模型分层

LONWORKS模型分层		
模型分层	作用	服务
应用层7	网络应用程序	标准网络变量类型:组态性能,文件传递,网络服务
表示层6	数据表示	网络变量:外部帧传送
会话层5	远程传送控制	请求/响应,确认
传输层4	端与端传输可靠性	单路/多路应答服务,重复信息服务,复制检查
网络层3	报文传递	单路/多路寻址,路径
数据链路层2	媒体访问与成帧	成帧,数据编码,CRC校验,冲突回避/仲裁,优先级
物理层1	电气连接	媒体特殊细节(如调制),收发种类,物理连接

　　LONWORKS 技术产品已被广泛应用在楼宇自动化、家庭自动化、保安系统、办公设备、交通运输、工业过程控制等行业。在开发智能通信接口、智能传感器方面，LON-WORKS 神经元芯片也具有独特的优势。

3. PROFIBUS(Process Fieldbus)过程现场总线

　　PROFIBUS 是作为德国国家标准 DIN 19245 和欧洲标准 EN 50170 的现场总线。PROFIBUS—DP、PROFIBUS—FMS(Fieldbus Message Specification)、PROFIBUS—PA (Process Automation)组成了 PROFIBUS 系列,分别用于不同的场合。DP 型用于分散的外围设备之间的高速数据传输,适用于加工自动化领域。FMS 意为现场信息规范,FMS 型适用于纺织、楼宇自动化、可编程控制器、低压开关等。PA 型则是用于过程自动化的总线类型,通过总线供电,提供本质安全型,可用于危险防爆区域。它遵从 IEC1158—2 标准。该项技术是由 Siemens 公司为主的十几家德国公司、研究所共同推出的。它采用 OSI 模型的物理层、数据链路层。由这两部分形成了其标准第一部分的子集,DP 型隐去了 3~7 层,而增加了直接数据连接拟合作为用户接口,FMS 型只隐去第 3~6 层,采用了应用层,作为标准的第二部分。Profibus 的传输速率为 96~12 kbit/s,最大传输距离在 12 kbit/s 时为 1 000 m,15 Mbit/s 时为 400 m,可用中继器延长至 10 km。其传输介质可以是双绞线,也可以是光缆,最多可挂接 127 个站点。PA 型的标准目前还处于制定过程之中,其传输技术遵从 IEC1158—2(1)标准,可实现总线供电与本质安全防爆。

　　PROFIBUS 引入功能模块的概念,不同的应用需要使用不同的模块。在一个确定的应用,按照 PROFIBUS 规范来定义模块,写明其硬件和软件的性能,规范设备功能与通信功能的一致性。PROFIBUS 为开放系统协议,为保证产品质量,在德国建立了 FZI 信息研究中心,对制造厂和用户开放,并对其产品进行一致性检测和实验性检测。

　　PROFIBUS 支持主—从系统、纯主站系统、多主多从混合系统等几种传输方式。主站具有对总线的控制权,可主动发送信息。对多主站系统来说,主站之间采用令牌方式传递信息,得到令牌的站点可在一个事先规定的时间内拥有总线控制权,共事先规定好令牌在各主站中循环一周的最长时间。按 Profibus 的通信规范,令牌在主站之间按地址编号顺序,沿上行方向进行传递。主站在得到控制权时,可以按主—从方式,向从站发送或索取信息,实现点对点通信。主站可采取对所有站点广播（不要求应答）,或有选择地向一组站点广播。

4. HART (Highway Addressable Remote Transducer)可寻址远程传感器数据通路

　　HART 可寻址远程传感器数据通路是由美国 Rosemount 公司研制的,它是用于现场智能仪表和控制室设备间通信的一种协议。其特点是在现有模拟信号传输线上实现数字信号通信,属于模拟系统向数字系统转变过程中的过渡产品,因而在当前的过渡时期具有较强的市场竞争力,且得到了较快发展。

　　HART 通信模型由 3 层组成:物理层、数据链路层和应用层。它的物理层采用基于 Bell 202 通信标准的 FSK(频移键控法)技术,即在 4~20 mA(DC)模拟信号上叠加 FSK 数字信号,逻辑 1 为 1 200 Hz,逻辑 0 为 2 200 Hz,传输速率为 1 200 bit/s,调制信号为 ±0.5 mA 或 0.25 Vp-p(250 Ω 负载)。用屏蔽双绞线连接单台设备时距离为 3 000 m,而多台设备互连距离为 1 500 m。数据链路层用于按 HART 通信协议规则建立的 HART

信息格式。其信息构成包括开头码、终端与现场设备地址、字节数、现场设备状态与通信状态、数据、奇偶检验等。数据帧长度不固定,最长为 25 个字节。可寻址位 0～15,当地址为 0 时,处于 4～20 mA(DC)与数字通信兼容状态;当地址为 1～15 时,则处于全数字通信状态。通信模式为"问答式"或"广播式"。应用层的作用在于使 HART 指令付诸实现,即把通信状态转换成相应的信息。规定了三类命令,第一类称为通用命令,是用于遵守 HART 协议的所有产品;第二类称为一般行为命令,所提供的功能可以在许多现场设备(尽管不是全部)中实现,这类命令包括最常用的现场设备功能库;第三类成为特殊设备命令,以便在某些设备实现特殊功能,这类命令既可以在基金会中开放使用,又可以为开发此命令的公司所独有。在一个现场设备中通常可发现同时存在这三类命令。

HART 采用统一的设备描述语言 DDL。现场设备开发商采用这种标准语言来描述设备特性,由 HART 基金会负责登记管理这些设备描述并把它们变为设备描述字典,主设备运用 DDL 技术来理解这些设备的特性参数而不必为这些设备开发专用接口。但是由于这种模拟数字混合信号制,导致难以开发出一种能满足各公司要求的通信接口芯片。

HART 能利用总线供电,可满足本质安全防爆要求,并可组成由手持编程器与管理系统主机作为主设备的双主设备系统。

5. CAN(Control Area Network)控制器局域网

CAN 控制网络是由德国 Bosch 公司推出的,用于汽车检测与执行部件之间的数据通信。其总线规范现已被 ISO 国际标准组织制定为国际标准,它广泛应用在离散控制领域。CAN 协议也是建立在国际标准组织的开放系统互连模型的基础之上,不过,其模型结构只采用了其中的物理层、数据链路层和顶上层的应用层,提高了实时性。信号传输介质为双绞线,通信速率最高可达 1 Mbit/s/40 m,直接传输距离最远可达 10 km/kbit/s,可挂接设备最多可达 110 个。CAN 可实现全分布式多机系统且无主、从机之分,每个节点均主动发送报文,用此特点可方便构成多机备份系统;CAN 采用非破坏性总线优先级仲裁技术,当两个节点同时向网络上发送信息时,优先级低的节点主动停止发送数据,而优先级高的节点可不受影响地继续发送信息,按节点类型不同分成不同的优先级,可以满足不同的实时要求,CAN 支持 4 类报文帧:数据帧、远程帧、出错帧和超载帧,采用短帧结构,每帧有效字节数为 8 个,这样传输时间短,受干扰的概率低,且具有较好的检错效果;CAN 采用 CRC 循环冗余校验及其他检错措施,保证了极低的信息出错率;CAN 节点具有自动关闭功能,当节点错误严重的情况下,则自动切断与总线的联系,这样不影响总线正常工作;CAN 单片机有 MOTOROLA 公司生产的带 CAN 模块的 MC68HC05x4,PHILIPS 公司生产的 82C200,Intel 公司生产的带 CAN 模块的 P8XC5921。CAN 控制器有 PHILIPS 公司生产的 82C200,Intel 公司生产的 82527;CAN 的 I/O 器件有 PHILIPS 公司生产的 82C150,它具有数字和模拟 I/O 接口。

目前,CAN 已被广泛用于汽车、火车、轮船、机器人、智能楼宇、机械制造、数控机床、纺织机械、传感器、自动化仪表等领域。

如表 9.4 所示给出了各种总线的比较。

表 9.4　5 种现场总线的比较

类型 特性	FF	Profibus	CAN	LonWorks	HART
OSI 网络层次	1,2,3,8	1,2,3	1,2,7	1~7	1,2,7
通信介质	双绞线、光纤、电缆等	双绞线、光纤	双绞线、光纤	双绞线、光纤、电缆、电力线、无线等	电缆
介质访问方式	令牌(集中)	令牌(分散)	为仲裁	P-P CSMA	查询
纠错方式	CRC	CRC	CRC		CRC
通信速率/bit·s	31.25 k	31.25 k/12 M	1 M	780 k	9 600
最大节点数/网段	32	127	110	2EXP(48)	15
优先级	有	有	有	有	有
保密性				身份验证	
本安性	是	是	是	是	是
开发工具	有	有	有	有	

9.5.3　FCS 的体系结构

　　FCS 变革 DCS 直接控制层的控制站和生产现场层的模拟仪表,保留了 DCS 的操作监控层、生产管理层和决策管理层。FCS 的体系结构类似于 DCS。FCS 从下至上依次分为现场控制层、操作监控层、生产管理层和决策管理层,如图 9.12 所示。其中现场控制层是 FCS 所特有的,另外三层和 DCS 相同。

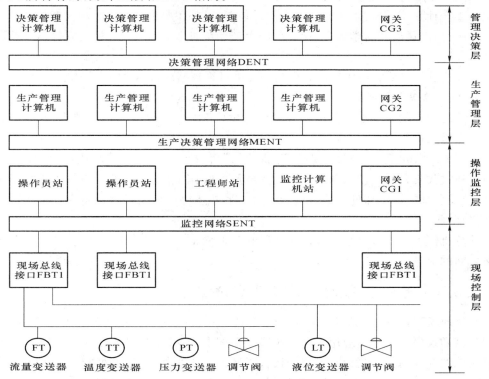

图 9.12　FCS 体系结构

1. FCS 的现场控制层

现场控制层是 FCS 的基础,其主要设备是现场总线仪表(传感器、变送器、执行器)和现场总线接口(FBI),另外还有仪表电源和本质安全栅等。现场总线仪表的功能是信号输入、输出、运算、控制和通信,并提供功能块,以便在现场总线上构成控制回路。

现场总线接口的功能是下接现场总线、上接监控网络(SNET)。

2. FCS 的操作监控层

操作监控层是 FCS 的中心,其主要设备是操作员站(OS)、工程师站(ES)、监控计算机站(SCS)和计算机网关(CG1)。

操作员站供工艺操作员对生产过程进行监视、操作和管理,具备图文并茂、形象逼真、动态效应的人机界面(MMI)。

工程师站供计算机工程师对 FCS 进行系统生成和诊断维护,供控制工程师进行控制回路组态、人机界面绘制、报表制作和特殊应用软件编制。

监控计算机站实施高等过程控制策略,实现装置级的优化控制和协调控制,并可以对生产过程进行故障诊断、预报和分析,保证安全生产。

计算机网关(CG1)用作监控网络和生产管理网络(MNET)之间相互通信。

3. FCS 的生产管理层

生产管理层的主要设备是生产管理计算机(MMC),一般由一台中型机和若干台微型机组成。

该层处于工厂级,根据订货量、库存量、生产能力、生产原料和能源供应情况及时制定全厂的生产计划,并分解落实到生产车间或装置;另外还要根据生产状况及时协调全厂的生产,进行生产调度和科学管理,使全厂的生产始终处于最佳状态,并能应付不可预测的事件。

计算机网关(CG2)用作生产管理网络和决策管理网络(DNET)之间相互通信。

4. FCS 的决策管理层

决策管理层的主要设备是决策管理计算机(DMC),一般由一台大型机、几台中型机和若干台微型机组成。

该层处于公司级,管理公司的生产、供应、销售、技术、计划、市场、财务、人事、后勤等部门。通过收集各部门的信息,进行综合分析,实时作出决策,协助各级管理人员指挥调度,使公司各部门的工作处于最佳运行状态。另外还协助公司经理制定中长期生产计划和远景规划。

计算机网关(CG3)用作决策管理网络和其他网络之间相互通信,即企业网络和公共网络之间的信息通道。

9.5.4　开放现场控制系统集成桥梁

开放现场控制系统集成桥梁(OLE for Process Control,OPC)的出现为基于 Windows 的应用程序和现场过程控制应用建立了桥梁。在过去,为了存取现场设备的数据信息,每一个应用软件开发商都需要编写专用的接口函数。由于现场设备的种类繁多,且产品的不断升级,往往给用户和软件开发商带来了巨大的工作负担。通常这样也不能满足工作的实际需要，系统集成商和开发商急切需要一种具有高效性、可靠性、开放性、可互操作性的即插即用的设备驱动程序。在这种情况下，OPC 标准应运而生。OPC 标准以微软公司的 OLE 技术为基础，它的制定是通过提供一套标准的 OLE/COM 接口完成的，在 OPC 技术中使用的是 OLE 2 技术，OLE 标准允许多台微机之间交换文档、图形等对象。

1. OPC 技术

OPC(OLE for process control)即把 OLE 应用于工业控制领域。OLE 原意是对象链接和嵌入，随着 OLE 的发展，其范围已远远超出了这个概念。现在的 OLE 包含了许多新的特征，如统一数据传输、结构化存储和自动化，已经成为独立于计算机语言、操作系统甚至硬件平台的一种规范，是面向对象程序设计概念的进一步推广。

2. OPC 技术的应用

由于 OPC 技术的采用，使得可以以更简单的系统结构、更长的寿命、更低的价格解决工业控制成为可能。同时现场设备与系统的连接也更加简单、灵活、方便。因此 OPC 技术在国内的工业控制领域得到了广泛的应用，主要应用领域如下。

① 数据采集技术。OPC 技术通常在数据采集软件中广泛应用。现在众多硬件厂商提供的产品均带有标准的 OPC 接口，OPC 实现了应用程序和工业控制设备之间高效、灵活的数据读写，可以编制符合标准 OPC 接口的客户端应用软件完成数据的采集任务。

② 历史数据访问。OPC 提供了读取存储在过程数据存档文件、数据库或远程终端设备中的历史数据以及对其操作、编辑的方法。

③ 报警和事件处理。OPC 提供了 OPC 服务器发生异常时，以及 OPC 服务器设定事件到来时向 OPC 客户发送通知的一种机制，通过使用 OPC 技术，能够更好地捕捉控制过程中的各种报警和事件并给予相应的处理。

④ 数据冗余技术。工控软件开发中，冗余技术是一项最为重要的技术，它是系统长期稳定工作的保障。OPC 技术的使用可以更加方便地实现软件冗余，而且具有较好的开放性和可互操作性。

⑤ 远程数据访问。借助 Microsoft 的 DCOM(分散式组件对象模型)技术，OPC 实现了高性能的远程数据访问能力，从而使得工业控制软件之间的数据交换更加方便。

3. OPC 技术在工业控制领域应用中的作用

OPC 技术对工业控制系统的影响及应用是基础性和革命性的，简单地说，它的作用主要表现在以下几个方面。

① 解决了设备驱动程序开发中的异构问题。由于有了统一的接口标准，硬件厂商只需提供一套符合 OPC 技术的程序，软件开发人员也只需编写一个接口，而用户可以方便地进行设备的选型和功能的扩充，只要它们提供了 OPC 支持，所有的数据交换都通过 OPC 接口进行，而不论连接的控制系统或设备是哪个具体厂商提供。

② 解决了现场总线系统中异构网段之间的数据交换。目前现场总线系统仍然存在多种总线并存的局面，因此系统集成和异构控制网段之间的数据交换面临许多困难。有了 OPC 作为异构网段集成的中间件，只要每个总线段提供各自的 OPC 服务器，任一 OPC 客户端软件都可以通过一致的 OPC 接口访问这些 OPC 服务器，从而获取各个总线段的数据，并可以很好地实现异构总线段之间的数据交互。而且，当其中某个总线的协议

版本做了升级,也只需对相对应总线的程序作升级修改。

③ 可作为访问专有数据库的中间件。实际应用中,许多控制软件都采用专有的实时数据库或历史数据库,这些数据库由控制软件的开发商自主开发。对这类数据库的访问不像访问通用数据库那么容易,只能通过调用开发商提供的 API 函数或其他特殊的方式。然而不同开发商提供的 API 函数是不一样的,这就带来和硬件驱动器开发类似的问题:要访问不同监控软件的专有数据库,必须编写不同的代码,这样显然十分繁琐。采用OPC 则能有效解决这个问题,只要专有数据库的开发商在提供数据库的同时也能提供一个访问该数据库的 OPC 服务器,那么当用户要访问时只需按照 OPC 规范的要求编写OPC 客户端程序而无须了解该专有数据库特定的接口要求。

④ 便于集成不同的数据为控制系统向管理系统升级提供了方便。在企业的信息集成,包括现场设备与监控系统之间、监控系统内部各组件之间、监控系统与企业管理系统之间以及监控系统与 Internet 之间的信息集成,OPC 作为连接件,按一套标准的 COM 对象、方法和属性,提供了方便的信息流通和交换。无论是管理系统还是控制系统,无论是PLC(可编程控制器)还是 DCS,或者是 FCS(现场总线控制系统),都可以通过 OPC 快速可靠地彼此交换信息。

⑤ OPC 使控制软件能够与硬件分别设计、生产和发展,并有利于独立的第三方软件供应商产生与发展,从而形成新的社会分工,有更多的竞争机制,为社会提供更多更好的产品。

4. 主要 OPC 规范

OPC 规范是一个工业标准,是在 Microsoft 公司的合作下,由全世界在自动化领域中处于领先地位的软、硬件提供商协作制定,是一个基于 COM 技术的接口标准。

(1) 数据访问规范

OPC 服务器的数据组织结构如下。

① 服务器对象。维护有关服务器的信息并作为 OPC 组对象的包容器,可动态地创建或释放组对象。

② 组对象包含本组的所有信息,同时包含并管理 OPC 数据项。OPC 组对象是为客户提供组数据的一种方法。组是应用程序组织数据的一个单位。客户可对其进行读写,还可设置客户端的数据更新速率。当服务器缓冲区内数据发生改变时,OPCServer 将向客户发出通知,客户得到通知后再进行必要的处理,而无须浪费大量的时间进行查询。

③ 数据项是读写数据的最小逻辑单位,一个数据项与一个具体的位号相连。数据项不能独立于组存在,必须隶属于某一个组。

对于一个实际的 OPC 服务器而言,只有一些数据项,这些数据项对应着现场设备中相应模块的相应值。而客户访问时,首先必须创建一个服务器对象,这里的“服务器对象”是一个逻辑对象,目的是利用这个服务器对象建立与实际服务器的连接。服务器是一个数据项的大集合,客户端必须按照服务器对象、组和项的层次来组织数据,从服务器中选择感兴趣的数据项,并把它们分成几个组以便组织管理。

大部分服务器提供了 OPC Browser 接口,这一接口可以浏览服务器中的数据项,在访问服务器时带来极大方便。如果没有 OPC Browser 接口,访问时就必须知道数据项的命名规则并手动输入,数据项的命名规则由服务器确定。

编程接口作为框架程序与用户的接口,实现了 OPC DA2.03 规范中规定的与用户数据有关的各项功能具体有:①实现规范所规定的对内存数据的访问,以及对设备的直接访问这两种数据访问形式;②建立用户特定的数据项地址空间,提供用户定义的数据项标识字符串,实现数据项初始化;③与用户有关的服务器 DCOM 对象的注册信息报警与事件规范。

（2）OPC 报警与事件接口规范

OPC 报警与事件接口规范提供了一种由服务器程序将现场的事件或报警通知客户程序的机制。通过这个接口,OPC 客户程序还可以知道 OPC 服务器支持哪些事件和条件,并能得到其当前状态。这里使用了过程控制中常用的报警和事件的概念,在不严格的场合,报警和事件也可以互换,两者意义上的差别不是非常明显。在 OPC 中,一个报警是一种非正常情况（Condition）,因此是一种特殊的情况。一个情况是 OPC 事件服务器（Event Server）或其所包容的对象中命名了的一个状态,而这个状态一般来说是对 OPC 客户程序有意义的,例如,上限报警、上上限报警、正常、下限报警、下下限报警几种相关的情况;另一方面,一个事件是对 OPC 服务器、其所表示的 I/O 设备或 OPC 客户重要的某种可检测到的变化。一个事件可以是和某种情况相关的,也可能与任何情况都无关。例如,数据从正常变化到上限报警或从报警变化到正常状态,这是和某种情况有关的事件。而操作人员的动作（如对系统配置的更改）、系统故障则是与情况无关联的事件。OPC 事件服务器接口类 IOPC Event Server 提供的方法使得 OPC 客户程序能够完成以下功能。

① 决定 OPC 服务器支持的事件的类型。

② 对某些特定的事件进行登记,以便当这些事件发生时,OPC 客户程序能得到通知,也可以采用过滤器定义这些事件的一个子集。

③ 对 OPC 服务器实现的情况进行存取或处理。除了接口类 IOPC Event Server 外,OPC 事件服务器还支持其他的接口,能够对服务器中实现的情况进行浏览,或者对公共的组进行管理。

9.6　综合自动化系统

综合自动化系统又称现代集成制造系统（Contemporary Integrated Manufacturing Systems,CIMS）。其中“现代”的意思是信息化、智能化和计算机化。“集成”包含信息集成、功能集成等。

9.6.1　流程工业综合自动化体系结构

目前,已经有多个已经开发或正在开发的面向全局的 CIM 体系结构,如欧共体 ESPRIT 项目 AMICE 研究组开发的 CIM-OSA,法国波尔大学开发的 GRAI-GIM 集成方法体系,美国普渡大学 CIM 委员会提出的 PURDUE 企业参考体系结构等。

1. 基于 PURDUE 模型的流程工业 CIMS 功能体系结构

基于 PURDUE 模型的流程工业 CIMS 功能体系结构,如图 9.13 所示。它自上而下从功能上被分为经营决策层、企业管理层、生产调度层、过程监控层和过程控制层 5 个层次，实现上述功能的两个支撑系统分别是数据库管理系统和计算机网络系统。

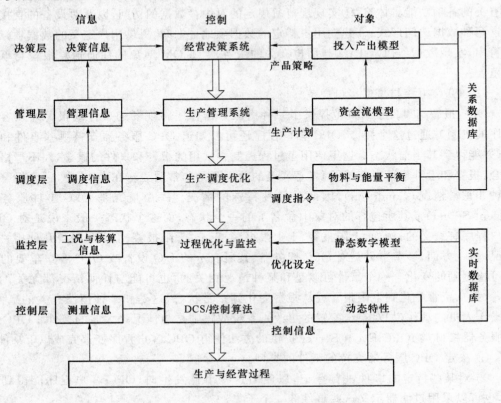

图 9.13　流程工业综合自动化系统的功能层次

各个层次的作用分别如下。

① 经营决策系统。依据企业内部和外部信息对企业产品策略、中长期目标、发展规划和企业经营提出决策支持。

② 生产管理系统。对厂级、车间、各科室的生产和业务信息实现集成管理，并依据经营决策指令制定年、季、月综合计划。

③ 生产调度系统。完成生产计划分解，将年、月生产计划分解成旬、周、五日、三日或日作业调度计划，已形成调度指令，即时指挥生产。

④ 过程监控系统。根据调度指令完成过程优化操作、先进控制、故障诊断、过程仿真等功能。

⑤ DCS 系统。完成对生产过程的监测和常规控制。

以 PURDUE 模型为基础的体系结构在流程工业 CIMS 的发展过程中起过很大的推动作用，但随着研究和开发的深入，在 CIMS 系统的设计和应用实践中遇到了较大的问题。它将生产过程控制和管理明显分开，忽视了生产过程中的物流、成本、产品质量及设备的在线控制与管理，实现综合自动化系统结构复杂、层次多、不便形成平台技术，难以推广，造成了流程工业 CIMS 研究与开发过程中概念的混乱和标准的难于统一。

2. ERP/MES/PCS 三层结构模型

将流程工业综合自动化系统分为以设备综合控制为核心的过程控制系统（PCS）、以财物分析/决策为核心的企业资源计划系统（ERP）和以优化管理、优化运行为核心的制造执行系统（MES），使得流程工业 CIMS 中原本难以处理的具有生产与管理双重性质的信息问题得到了解决。ERP/MES/PCS 三层结构模型如图 9.14 所示。

三层结构的优势如下。

① 更适合于扁平化的现代企业结构。相对于传统的流程工业 CIMS 体系结构，ERP/MES/PCS 三层结构更符合现代企业生产管理"扁平化"思想，促使管理以职能功能为中心向以过程为中心转化，更易于集成和实现，进而解决了当前软件生产经营层与生产层之间脱节的现状。

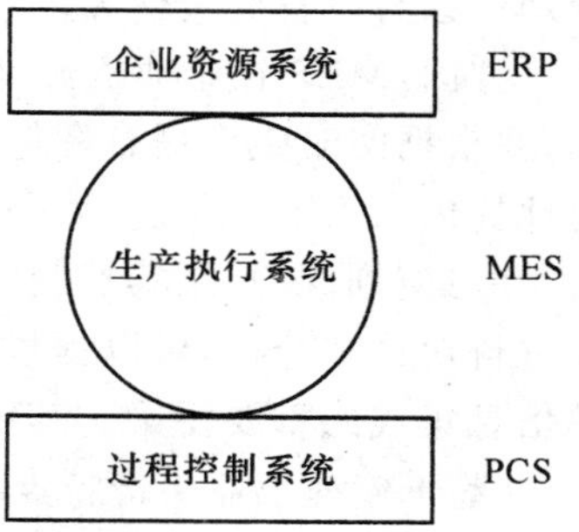

② 生产成本低。许多软件开发商支持开发的MES 软件，广泛采用分布式技术和重构技术容易建立和被操作人员掌握，开发费用较低。同时，由于许多企业已经购买和实现了企业的生产层和管理层的软件，可以在这些系统的基础上实现企业的集成，成本较低。

图 9.14　流程工业企业综合自动化系统

③ 使用范围广。MES 较好的解决了流程工业中存在的过程、设备、原料费用高，不可控因素多，计划与实际生产脱节等问题。

PCS 级聚焦于生产过程的设备，监控生产设备的运行状况，控制整个生产过程。一般包括基础自动化系统和过程自动化系统。利用基础自动化装置与系统，如 PLC、DCS或现场总线控制系统，对生产设备实现自动控制，对生产过程进行实时监控；采用先进的控制技术，如多变量预测控制、鲁棒 PID 控制、智能解耦控制等以稳定生产为目标的生产过程控制；以生产过程优化为目标，基于过程模型实现对过程控制系统的优化设定，实现生产过程的优化控制。

MES 级别作为 CIMS 的中心环节，在整个 CIMS 中起到承上启下的作用。MES 将生产过程控制、生产过程管理和经营管理活动中产生的诸多信息进行转换、加工、传递，是生产过程控制与管理信息集成的重要桥梁和纽带。MES 要完成生产计划的调度与统计、生产过程成本控制、产品质量控制与管理、物流控制与管理、设备安全控制与管理、生产数据采集与处理等功能。

BPS 级以产品的生产和销售为处理对象，聚焦于定货、交货期、成本、和顾客的关系等，是企业资源计划 ERP 的延伸，对内是以财务为核心的 ERP，对外连接供应链管理（SCM）和销售客户服务管理，最终通过电子商务与原料供应商和用户连接起来。

9.6.2　流程工业 MES 系统

MES 是处于计划层和控制层之间的执行层，主要负责生产管理和调度执行。它通过生产过程信息处理和支持系统提供的信息与知识，对生产统计、生产调度、物料平衡、生产成本、设备、质量以及安全等进行实时管理，它必须采用物料管理控制与平衡、生产过程成本核算与管理控制、设备监控与管理、生产调度与数据统计分析、过程模拟与过程优化、质量与安全管理控制等先进管理控制技术,强调实现经济指标的生产过程优化运行、优化控制和优化管理等核心技术,以实现在线成本预测、控制、反馈校正和以形成生产成本控制中心来保证生产过程的优化运行,以实施生产全过程的优化调度、统一指挥和以形成生产指挥中心来保证生产过程的优化控制,以实现生产过程的质量跟踪、安全监控和以形成质量管理体系与设备健康保障体系来保证生产过程的优化管理。

一方面,MES 在企业资源计划和过程控制之间提供信息的转换,执行由 ERP 制定的计划,并根据实时生产信息调整生产作出调度,并将有关资源利用和库存情况的准确信息实时地提供给 ERP 系统。另一方面,MES 还将生产目标及生产规范自动转化为过程设定值,并对应到阀门、泵等控制设备的参数设置,同时将从 DCS 采集来的生产数据与质量指标进行对比和分析,可以提供闭环的质量控制。因此,MES 是 CIMS 生产活动和管理活动信息集成的重要桥梁。其主要特点如下。

① 鉴于流程工业生产特点,操作管理是 MES 的一项重要任务,它负责监督在所执行的每一项操作中遵守操作步骤和规范,在连续、混合及间歇生产环境下为操作员提供流程启动、平稳运行及停机等过程的标准操作指令。

② MES 要对物流、信息流和能源流同时作出反应,其调度决策功能需要对物料和能量提供最佳控制策略,同时决策仅以提高生产效率和降低生产成本为目标,还应将节省能源减少污染等目标考虑在内。

③ MES 的决策具有混杂性,不仅包括连续过程变量,且包含离散过程变量。为了对生产过程及产品质量进行控制必须建立反映连续过程主要物理、化学变化过程的过程模拟型,并将过程模型与优化模型结合起来。

如图 9.15 所示是以 MES 为中心的流程工业现代集成制造系统的体系结构。

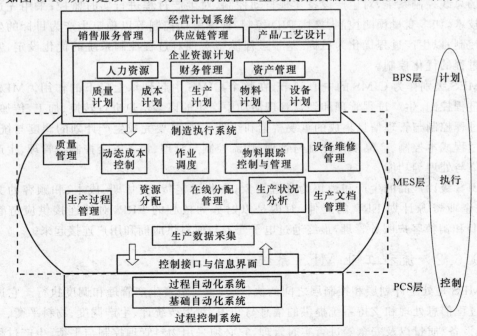

图 9.15　以 MES 为中心的流程工业现代集成制造系统的体系结构

9.7　物联网技术

物联网(The Internet of Things)的概念是美国麻省理工学院(MIT)的专家在 1999 年提出的。从技术上物联网可定义为通过传感器、射频识别(RFID)技术、全球定位系统、红外感应器、激光扫描器等信息传感设备,按约定的协议,把任何物品与互联网连接起来,进行信息交换和通信,以实现智能化识别、定位、跟踪、监控和管理的一种网络。

以信息感知为特征的物联网被称做世界信息产业的第三次浪潮,物联网已经成为我国的战略性新兴产业。通过物联网可在传统工业、生产安全、工程控制、交通管理、农牧业生产、城市管理、商业流通等领域,建立随时能在物体与物体之间沟通的智能系统,有利于推进信息化的进程。

9.7.1　物联网的基本架构

物联网的基本架构包括感知层、网络层和应用层,如图 9.16 所示。相应的,其技术体系包括感知层技术、网络层技术、应用层技术和公共技术,如图 9.17 所示。

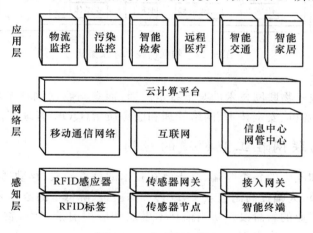

图 9.16　物联网架构

(1) 感知层

数据采集与感知主要用于采集物理世界中发生的物理事件和数据,包括各类物理量、标识、音频、视频数据。物联网的数据采集涉及传感器、RFID、多媒体信息采集、二维码和实时定位等技术。传感器网络组网和协同信息处理技术实现传感器、RFID 等数据采集技术所获取数据的短距离传输、自组织组网,以及多个传感器对数据的协同信息处理过程。

(2) 网络层

实现更加广泛的互联功能,能够将感知到的信息无障碍、高可靠性、高安全性地进行传送,需要传感器网络与移动通信技术、互联网技术相融合。

(3) 应用层

应用层主要包含应用支撑平台子层和应用服务子层。其中应用支撑平台子层用于支撑跨行业、跨应用、跨系统之间的信息协同、共享、互通的功能;应用服务子层包括智能交通、智能医疗、智能家居、智能物流、智能电力等行业应用。

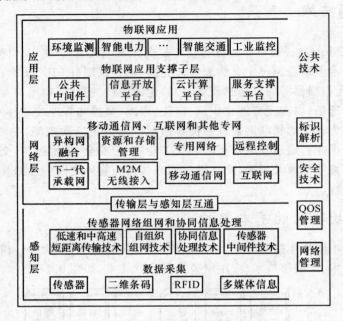

图 9.17　物联网技术体系架构

（4）公共技术

公共技术不属于物联网技术的某个特定层面，而是与物联网技术架构的 3 层都有关系，它包括标识与解析、安全技术、网络管理和服务质量（QOS）管理等。

9.7.2　物联网在工业领域的应用

具有环境感知能力的各类终端、基于泛在技术的计算模式、移动通信等不断融入到工业生产的各个环节，大幅提高制造效率、改善产品质量、降低产品成本和资源消耗，将传统工业提升到智能工业的新阶段。从当前技术发展和应用前景来看，物联网在工业领域的应用主要集中在以下几个方面。

（1）制造业供应链管理

物联网应用于企业原材料采购、库存、销售等领域，通过完善和优化供应链管理体系，提高了供应链效率，降低了成本。空中客车通过在供应链体系中应用传感网络技术，构建了全球制造业中规模最大、效率最高的供应链体系。

（2）生产过程工艺优化

物联网技术的应用提高了生产线过程检测、实时参数采集、生产设备监控、材料消耗监测的能力和水平，生产过程的智能监控、智能控制、智能诊断、智能决策、智能维护水平不断提高。钢铁企业应用各种传感器和通信网络，在生产过程中实现对加工产品的宽度、厚度、温度实时监控，提高产品质量，优化生产流程。

（3）产品设备监控管理

各种传感技术与制造技术融合实现了对产品设备操作使用记录、设备故障诊断的远程监控。GE Oil&Gas 集团在全球建立了 13 个面向不同产品的 i-Center（综合服务中心），通过传感器和网络对设备进行在线监测和实时监控，并提供设备维护和故障诊断的解决方案。

（4）环保监测及能源管理

物联网与环保设备的融合实现了对工业生产过程中产生的各种污染源及污染治理各环节关键指标的实时监控。在重点排污企业排污口安装无线传感设备，不仅可以实时监测企业排污数据，而且可以远程关闭排污口，防止突发性环境污染事故发生。电信运营商已开始推广基于物联网的污染治理实时监测解决方案。

（5）工业安全生产管理

把感应器嵌入和装配到矿山设备、油气管道、矿工设备中，可以感知危险环境中工作人员、设备机器、周边环境等方面的安全状态信息，将现有的网络监管平台提升为系统、开放、多元的综合网络监管平台，实现实时感知、准确辨识、快捷响应及有效控制。

（6）工业领域物联网应用面临的关键技术

从整体上来看，我国物联网还处于起步阶段，物联网在工业领域的大规模应用还面临一些关键技术问题。概括起来主要有以下几个方面。

① 工业用传感器。工业用传感器是一种检测装置，能够测量或感知特定物体的状态和变化，并转化为可传输、可处理、可存储的电子信号或其他形式信息，是实现工业自动检测和自动控制的首要环节。在现代工业生产尤其是自动化生产过程中，要用各种传感器来监视和控制生产过程中的各个参数，使设备工作在正常状态或最佳状态，并使产品达到最好的质量。

② 工业无线网络技术。工业无线网络是一种由大量随机分布的、具有实时感知和自组织能力的传感器节点组成的网状（Mesh）网络，综合了传感器技术、嵌入式计算技术、现代网络及无线通信技术、分布式信息处理技术等，具有低耗自组、泛在协同、异构互连的特点。工业无线网络技术是降低工业测控系统成本、扩大工业测控系统应用范围的热点技术，也是未来几年工业自动化产品新的增长点。

③ 工业过程建模。没有模型就不可能实施先进有效的控制，传统的集中式、封闭式仿真系统结构已不能满足现代工业发展的需要。工业过程建模是系统设计、分析、仿真和先进控制必不可少的基础。

此外，还包括工业集成服务代理总线技术、工业语义中间件平台等关键技术问题。

习题 9

1. 工业局域网通常有哪 4 种拓扑结构？各有什么特点？
2. 工业局域网常用的传输访问控制方式有哪 3 种？各有什么优缺点？
3. 国际标准化组织（ISO）提出的开放系统互连参考模型即 OSI 模型是怎样的？
4. IEEE802 标准包括哪些内容？
5. 什么是现场总线？有哪几种典型的现场总线？它们各自的特点是什么？
6. 什么是 CIMS？ ERP/MES/PCS 三层结构模型的各层结构和特点是怎样的？
7. 概述现场总线控制系统（FCS）的层次结构及其与 DCS 的区别。
8. 概述物联网技术体系结构。

第 10 章　计算机控制系统设计与实现

　　计算机控制系统的设计所涉及的内容相当广泛,它是综合运用各种知识的过程,不仅需要计算机控制理论、电子技术等方面的知识,而且还需要系统设计人员具有一定的生产工艺方面的知识。本章讲述计算机控制系统设计的原则和一般步骤,并介绍几个具有代表性的设计实例。

10.1　系统设计的原则与过程

　　尽管计算机控制的生产过程多种多样,系统的设计方案和具体的技术指标也是千变万化,但在计算机控制系统的设计与实现过程中,设计原则与步骤基本是相同的。

10.1.1　系统设计的原则

　　(1) 安全可靠

　　工业控制计算机不同于一般的用于科学计算或管理的计算机,它的工作环境比较恶劣,周围的各种干扰随时威胁着它的正常运行,而且它所担当的控制重任又不允许它发生异常现象。这是因为一旦控制系统出现故障,轻者影响生产,重者造成事故,产生不良后果。因此,在设计过程中,要把安全可靠放在首位。

　　首先要选用高性能的工业控制计算机,保证在恶劣的工业环境下,仍能正常运行。其次是设计可靠的控制方案,并具有各种安全保护措施,比如报警、事故预测、事故处理、不间断电源等。

　　(2) 具有冗余性

　　为了预防计算机故障,需设计后备装置。对于重要的控制回路,选用常规控制仪表作为后备。对于特殊的控制对象,设计两台控制机,互为备用地执行控制任务,称为双机系统。

　　双机系统的工作方式一般分为备份工作方式和双工工作方式两种。在备份工作方式中,一台作为主机投入系统运行,另一台作为备份机处于通电工作状态,作为系统的热备份机。当主机出现故障时,专用程序切换装置便自动地把备份机切入系统运行,承担起主机的任务,而故障排除后的原主机则转为备份机,处于待命状态。在双工工作方式中,两台主机并行工作,同步执行一个任务,并比较两机执行结果,如果比较相同,则表明正常工作,否则再重复执行,再校验两机结果,以排除随机故障干扰,若经过几次重复执行与校验,两机结果仍然不相同,则启动故障诊断程序,将其中一台故障机切离系统,让另一台主机继续工作。

　　(3) 实时性强

　　工业控制机的实时性,表现在对内部和外部事件能及时地响应,并做出相应的处理,不丢失信息,不延误操作,计算机处理的事件一般分为两类,一类是定时事件,如数据的定时采集、运算控制等；另一类是随机事件，如事故、报警等。对于定时事件，系统设置时钟，保证定时处理。对于随机事件，系统设置中断，并根据故障的轻重缓急，预先分配中断级别，一旦事故发生，保证优先处理紧急故障。

（4）操作维护方便

操作方便表现在操作简单、直观形象、便于掌握，并不强求操作工要掌握计算机知识才能操作。既要体现操作的先进性，又要兼顾原有的操作习惯。例如，操作工已习惯了PID 控制器的简板操作，就设计成回路操作显示面板，或在 CRT 画面上设计成回路操作显示画面。

维修方便体现在易于查找和排除故障，采用标准的功能模板式结构，便于更换故障模板。并在功能模板上安装工作状态指示灯和监测点，便于维修人员检查。另外配置诊断程序，用来查找故障。

（5）通用性好

尽管计算机控制的对象千变万化，但从控制功能来分析归类，仍然有共性。例如，过程控制对象的输入、输出信号统一为 0～10 mA（DC）或 4～20 mA（DC），可以用于单回路、串级、前馈等常规 PID 控制。因此，系统设计时应考虑能适应各种不同设备和各种不同控制对象，并采用积木式结构，按照控制要求灵活构成系统。这就要求系统的通用性要好，并能灵活地进行扩充。

（6）灵活性强

工业控制机的灵活性体现在两方面，一是硬件模板设计采用标准总线结构（如 PC 总线），配置各种通用的功能模板，以便在扩充功能时，只需增加功能模板就能实现；二是软件模块或控制算法采用标准模块结构，用户使用时不需要二次开发，只需按要求选择各种功能模块，灵活地进行控制系统组态。

（7）具有开放性

开放性体现在硬件和软件两个方面。硬件提供各类标准的通信接口，如 RS-232、RS485 和现场总线接口等。软件支持各类数据交换技术，如动态数据交换（Dynamic Data Exchange，DDE）、对象链接嵌入（Object Link Embedding，OLE）、用于过程控制的 OLE（OLE for Process Control，OPC）和开放的数据库连接（Open Data Base Connectivity，OBDC）等。这样构成的开放式系统，既可从外部获取信息，也可向外部提供信息，实现信息共享和集成。

（8）经济效益高

计算机控制应该带来高的经济效益，系统设计时要考虑性价比，要有市场竞争意识。经济效益表现在两个方面，一是系统设计的性价比要尽可能得高；二是投入产出比要尽可能得低。

10.1.2　系统设计的过程

计算机控制系统的设计虽然随被控对象、控制方式、系统规模的变化而有所差异，但系统设计的基本内容和主要过程大致相同。计算机控制系统工程的设计过程主要包括设计任务书、初步设计、详细设计、安装调试、资料归档 5 个阶段。

1. 设计任务书

设计任务书是计算机控制系统设计、评价的主要依据,在设计任务书中要明确以下内容。

① 工艺流程或被控对象特征。计算机控制系统的目的是为了最有效地保证工艺流程的顺利进行,所以熟悉工艺流程是设计计算机控制系统的前提。

② 主要工艺参数及指标要求。任何一个生产过程中,影响产品质量和生产速度的因素很多,所以必须确定被控对象的主要工艺参数及其性能指标,根据工艺参数的性能要求不同构建不同种类的计算机控制系统。

③ 系统运行环境。工业生产环境是复杂的,任何一种控制装置或仪器都不可能百分之百地适用于所有的工作环境,为了保证控制系统的正常运行及所有性能指标符合设计要求,需要对系统的运行环境包括温度变化范围、湿度变化范围、电磁干扰环境、粉尘、噪音、电网变化、静电场等有充分的了解并在系统设计中采取有效措施。

④ 系统设计目标。同样的生产工艺,可以有不同的控制系统,而且系统性能指标一般来说也是越高越好。如何决定系统的设计方案和评价指标,在系统的性能、造价、复杂度、可靠性、可扩展性、可维护性等诸多约束条件中确定最佳平衡点,这就是规定系统设计目标的目的。

2. 初步设计

根据系统设计任务书,以及市场可入手的设备、装置和设计者自身所掌握的技术,对可能满足设计任务书的各类及其特征进行分析后,确定系统设计的总体方案。具体步骤如下。

① 系统方案选择。满足同一种生产工艺要求的系统设计方案可能不止一种,必须根据设计任务书规定的其他指标,如性价比、操作的方便程度、可扩展性等确定一种比较合理的设计方案。

② 系统结构的确定。系统结构除了依存于生产工艺要求外,还取决于系统运行环境、生产管理者的要求、可入手设备及装置的性能等。

③ 主要设备和装置的选择。控制系统是由一系列的装置和元器件组成的。从某种意义上讲,构成系统的元器件和装置的性能决定了系统的性能。

④ 性价比评价。根据技术指标选择了系统的方案后,要对系统技术指标以外的各种指标,主要是性价比进行比较评价,才能设计出有限条件下最好的控制系统。

3. 详细设计

根据初步设计所确定的系统方案和系统结构,对系统的软硬件系统进行如下具体详细的设计。

① 系统功能块划分。一个控制系统根据设计要求不同,可以划分为多个不同的功能块,合理地划分系统功能块并对各功能块分别设计,可有效地提高系统设计效率,提高系统的可维护性。

② 硬件设计。针对各个不同功能块合理选择硬件实现方案及元器件和装置。

③ 软件设计。对系统及各功能块有效运行所必需的程序和指令系统进行设计、编程。

④ 辅助系统设计。为了保证控制系统可靠、稳定运行,需要为系统设计一些诸如保

护系统、热备系统等辅助系统。

4. 安装调试

安装调试的具体内容如下。

① 系统离线调试与评价。系统设计完成后，需要在实验室或现场进行实验评价，以确认系统是否按设计期望正常运转和各项性能是否符合设计要求。

② 系统现场安装。经过实验评价的系统最终要在生产现场进行安装。

③ 现场调试。由于实验室环境和现场生产环境一般是不一样的，所以尽管系统经过实验室调试评价，但在现场安装完成后还要进行各项参数的调整才能保证系统正常运行。

④ 在线测试。经过现场调试的控制系统，在正式投入使用前还要测试各项控制指标，以保证系统安全投入使用。

⑤ 系统最终评价。系统投入使用初期，要按照设计任务书所规定的各项指标，逐一进行评价，必要时对系统进行微调，最终使系统完全按照设计任务书的要求正常可靠运转。

5. 资料归档

资料归档有以下几项。

① 设计图纸整理。经过现场调试投入使用后，要对安装调试的依据即设计图纸整理归档，不可漏掉一张图纸，包括调试过程中图纸变化记录，因为这些资料是系统今后维护、维修必不可少的依据。

② 评价结果整理。对系统评价的方法、环境、所使用的仪器、评价的依据、实验者及评价人和责任人等数据、资料在系统投入使用前必须系统整理归档，以备为日后系统分析、责任区分等提供原始资料和数据。

③ 编写使用说明书。系统设计完成投入使用后，设计者的基本义务是为系统使用者提供完整的使用说明，并保证具体使用操作者能够正确熟练地操作系统。

④ 设计完成确认书。系统设计任务书是系统使用单位根据实际需要给设计者提供的设计依据和约束条件，设计完成确认书是使用者为系统设计者提供设计合格及设计终了证明，只有拿到设计完成确认书，系统设计者才算最终完成系统设计任务。

10.2　系统的设计与实现

10.2.1　初步设计

根据系统设计任务书，设计人员通过对生产过程的深入了解、分析及对工作过程和环境的熟悉，提出切实可行的系统初步设计方案。

1. 系统方案的选择

依据设计任务的技术要求确定系统的性质是数据采集处理系统还是对象控制系统，如果是对象控制系统，还应根据系统性能指标要求，决定采用开环控制还是采用闭环控制。根据控制要求、任务的复杂度、控制对象的地域分布等，确定整个系统是采用直接数字控制（DDC）还是采用计算机监督控制（SCC），或者采用分布式控制系统。由于每个特定的控制对象均有其特定的控制要求和规律，根据系统的性能指标，选择与之相适应的控制策略和控制算法,依据具体的性能指标不同及要求可选择 PID、智能控制算法等。同时,还要综合考虑系统的实时性及整个系统的性价比等。

2. 确定系统的构成方式

控制方案确定后,就可进一步确定系统的构成方式,即进行控制装置机型的选择。目前用于工业控制的计算机装置有多种可供选择,如单片机、可编程控制器、IPC、DCS、FCS 等。

在以模拟量为主的中小规模的过程控制环境下,一般应优先选择总线式 IPC 来构成系统的方式;在以数字量为主的中小规模的运动控制环境下,一般应优先选择 PLC 来构成系统的方式。IPC 或 PLC 具有系列化、模块化、标准化和开放式系统结构,有利于系统设计者在系统设计时根据要求任意选择,像搭积木般地组建系统。这种方式能够提高系统研制和开发速度,提高系统的技术水平和性能,增加可靠性。

当系统规模较小、控制回路较少时,可以采用单片机系列;当系统规模较大,自动化水平要求高,集控制与管理于一体的系统可选用 DCS、FCS 等。

3. 现场设备选择

现场设备选择主要包含传感器、变送器和执行机构的选择。这些装置的选择是保证控制精度的重要因素之一。根据被控对象的特点,确定执行机构采用什么方案,比如是采用电机驱动、液压驱动还是其他方式驱动,应对多种方案进行比较,综合考虑工作环境、性能、价格等因素择优而用。

4. 其他方面的考虑

总体方案中还应考虑人—机联系方式的问题,系统的机柜或机箱的结构设计及抗干扰等方面的问题。

5. 系统总体方案设计

系统总体方案设计的方法采用"黑箱"设计法。所谓"黑箱"设计,就是根据控制要求,将完成控制任务所需的各功能单元、模块及控制对象,采用方块图表示,从而形成系统的总体框图。在这种总体框图上只能体现各单元与模块的输入信号、输出信号、功能要求以及它们之间的逻辑关系,而不知道"黑箱"的具体结构实现;各功能单元既可以是一个软件模块,也可以采用硬件电路实现。

总体设计后将形成系统的总体方案。总体方案确认后,要形成文件,建立总体方案文档。系统总体文件的内容如下。

① 系统的主要功能、技术指标、原理性方框图及文字说明。

② 控制策略和控制算法,例如 PID 控制、达林算法、Smith 补偿控制、最级控制、前馈控制、解耦控制、模糊控制、最优控制等。

③ 系统的硬件结构及配置,主要的软件功能、结构及框图。

④ 方案比较和选择。

⑤ 保证性能指标要求的技术措施。

⑥ 抗干扰和可靠性设计。

⑦ 机柜或机箱的结构设计。

⑧ 经费和进度计划的安排。

对所提出的总体设计方案要进行合理性、经济性、可靠性的可行性论证。论证通过后,便可形成作为系统设计依据的系统总体方案图和设计任务书,以指导具体的系统设计过程。

10.2.2 硬件的详细设计

系统的初步设计方案确定后,开始对系统进行详细设计。详细设计包括硬件设计和软件设计两部分。由于总线式工业控制机的高度模块化和插板结构,采用组合方式能够大大简化计算机控制系统的设计,只需要简单地更换几块模板,就可以很方便地变成另外一种功能的控制系统,因此本节以总线式工业控制机为主线,进行硬件设计。

1. 选择系统的总线和主机机型

(1) 选择系统的总线

系统采用总线结构,具有很多优点。采用总线可以简化硬件设计,用户可根据需要直接选用符合总线标准的功能模板,而不必考虑模板插件之间的匹配问题,使系统硬件设计大大简化;系统可扩性好,仅需将按总线标准研制的新的功能模板插在总线槽中即可;系统更新性好,一旦出现新的微处理器、存储器芯片相接口电路,只要将这些新的芯片按总线标难研制成各类插件,即可取代原来的模板而升级更新系统。

① 内总线选择。常用的工业控制机内总线有 ISA、、PCI 和 STD 总线等,根据需要选择其中一种。

② 外总线选择。根据计算机控制系统的基本类型,如果采用分级控制系统 DCS 等,必然有通信的问题。外总线就是计算机与计算机之间、计算机与智能仪器或智能外设之间进行通信的总线,它包括并行通信总线(IEEE-488)、通用串行总线(USB)、串行通信总线(RS—232C)和用于进行远距离通信、多站点互连的通信总线 RS—485。具体选择哪一种,要根据通信的速率、距离、系统拓扑结构、通信协议等要求来综合分析,才能确定。但 RS—485 总线在工业控制机的主机中没有现成的接口装置,必须另外选择相应的通信接口板。

(2) 选择主机机型

在总线式工业控制机中,有许多机型,都因采用的 CPU 不同而不同。以 ISA 总线工业控制机为例,其 CPU 有 Intel PentiumⅢ、Intel Pentium4、AMD AM2 Athlon64 等多种型号,内存、硬盘、主频、显示卡、CRT 显示器也有多种规格。设计人员可根据要求合理地进行选型。

2. 选择输入输出通道模板

一个计算机控制系统,除了主机以外,还必须配备各种输入输出通道模板才能构成完整的系统,实现控制任务。输入输出通道模板包括数字量 I/O(即 DI/DO)、模拟量 I/O(AI/AO)等模板。

(1) 数字量(开关量)输入输出(DI/DO)模板

PC 总线的并行 I/O 接口模板多种多样,通常可分为 TTL 电平的 DI/DO 和带光电隔离的 DI/DO。通常和工业控制机共地装置的接口可以采用 TTL 电平,而其他装置与工业控制机之间则采用光电隔离。对于大容量的 DI/DO 系统,往往选用大容量的 TTL 电平的 DI/DO 板,而将光电隔离及驱动功能安排在工业控制机总线之外的非总线模板上，如继电器板（包括固体继电器板）等。

（2）模拟量输入输出（AI/AO）模板

AI/AO 模板包括 A/D、D/A 板及信号调理电路等。AI 模板输入可能是 $0 \sim \pm 5$ V、$1 \sim 10$ V、$0 \sim 10$ mA、$4 \sim 20$ mA，以及热电偶、热电阻和各种变送器的信号。AO 模板输出可能是 $0 \sim 5$ V、$1 \sim 10$ V、$0 \sim 10$ mA、$4 \sim 20$ mA 等信号。选择 AI/AO 模板时必须注意分辨率、转换速度、量程范围等技术指标。

系统中的输入输出模板，可按需要进行组合，不管哪种类型的系统，其模板的选择与组合均由生产过程的输入参数和输出控制通道的种类和数量来确定。

3. 选择变送器和执行机构

（1）选择变送器

变送器是这样一种仪表，它能将被测变量（如温度、压力、物位、流量、电压、电流等）转换为可远传的统一标准信号（$0 \sim 10$ mA、$4 \sim 20$ mA 等），且输出信号与被测变量有一定的连续关系。在控制系统中其输出信号被送至工业控制机进行处理、实现数据采集。

DDZ-Ⅱ 型变送器输出的是 $4 \sim 20$ mA 信号，供电电源为 24 V（DC）且采用二线制，DDZ-Ⅲ 型比 DDZ-Ⅱ 型变送器性能好，使用方便。DDZ-S 系列变送器是在总结 DDZ 型变送器的基础上，吸取了国外同类变送器的先进技术，采用模拟技术与数字技术相结合，从而开发出的新一代变送器。现场总线仪表也将被推广应用。

常用的变送器有温度变送器、压力变送器、液位变送器、差压变送器、流量变送器、各种电量变送器等。系统设计人员可根据被测参数的种类、量程、被测对象的介质类型和环境来选择变送器的具体型号。

（2）选择执行机构

执行机构是控制系统中必不可少的组成部分，它的作用是接受计算机发出的控制信号，并把它转换成调整机构的动作，使生产过程按预先规定的要求正常运行。

执行机构分为气动、电动、液压 3 种类型。气动执行机构的特点是结构简单、价格低、防火防爆；电动执行机构的特点是体积小、种类多、使用方便；液压执行机构的特点是推力大、精度高。常用的执行机构为气动和电动两种。

另外，还有各种有触点和无触点开关，也是执行机构，实现开关动作。电磁阀作为一种开关阀在工业中也得到了广泛的应用。

在系统中，选择气动调节阀、电动调节阀、电磁阀、有触点和无触点开关之中的哪种，要跟据系统的要求来确定。但要实现连续的、精确的控制目的，必须选用气动或电动调节阀，对要求不高的控制系统可选用电磁阀。

10.2.3　软件的详细设计

用工业控制机来组建计算机控制系统不仅能减小系统硬件设计工作量，而且还能减少系统软件设计工作量。一般工业控制机配有实时操作系统或实时监控程序，各种控制、运行软件、组态软件等，可使系统设计者在最短的周期内，开发出目标系统软件。

当然并不是所有的工业控制机都能给系统设计带来上述的方便，有些工业控制机只能提供硬件设计的方便，而应用软件需自行开发；若从选择单片机入手来研制控制系统，系统的全部硬件、软件,均需自行开发研制。自行开发控制软件时,应首先画出程序总体流程图和各功能模块流程图,再选择程序设计语言,然后编制程序。程序编制应先模块后整体,具体设计内容为以下几个方面。

1. 编程语言选择

在软件设计前,首先应针对具体的控制要求,选择合适的编程语言。

(1) 汇编语言

汇编语言是面向具体微处理器的,使用它能够具体描述控制运算和处理的过程、紧凑地使用内存,对内存和地址空间的分配比较清楚,能够充分发挥硬件的性能,所编软件运算速度快、实时性好,所以主要用于过程信号的检测、控制计算和控制输出的处理。与高级语言相比,汇编语言编程效率低、移植性差,一般不用于系统界面设计和系统管理功能的设计中。

(2) 高级语言

采用高级语言编程的优点是编程效率高,不必了解计算机的指令系统和内存分配等问题,其计算公式与数学公式相近等。其缺点是,编制的源程序经过编译后,可执行的目标代码比完成同样功能的汇编语言的目标代码长得多,一方面占用内存量增多,另一方面使得执行时间增加很多,往往难于满足实时性的要求。高级语言一般用于系统界面和管理功能的设计。针对汇编语言和高级语言各自的优缺点,可以用混合语言编程,即系统的界面和管理功能等采用高级语言编程,而实时性要求高的控制功能则采用汇编语言编程。一般汇编语言实现的控制功能模块由高级语言调用,从而兼顾了实时性和复杂的界面等实现方便性的要求。许多高级语言,如 C 语言、BASIC 语言等,均提供与汇编语言的接口。

(3) 组态软件

组态软件是一种针对控制系统而设计的面向问题的高级语言,它为用户提供了众多的功能模块,包括控制算法模块(多为 PID)、运算模块(四则运算、开方、最大值/最小值选择、一阶管性、超前滞后、工程量变换、上下限报警等数十种)、计数/计时模块、逻辑运算模块、输入模块、输出模块、打印模块、CRT 显示模块等。系统设计者根据控制要求,选择所需要的模块就能生成系统控制软件,因而软件设计工作量大为减小。常用的组态软件有Intouch、FIX、WinCC、KingView 组态王、MCGS、力控等。

2. 数据类型和数据结构规划

在系统总体方案设计中,系统的各个模块之间有着各种因果关系,互相之间要进行各钟信息传递。如数据处理模块和数据采集模块之间的关系,数据采集模块的输出信息就是数据处理模块的输入信息,同样,数据处理模块和显示模块、打印模块之间也有这种产销关系。各模块之间的关系体现在它们的接口条件上,即输入条件和输出结果上。为了避免产销脱节现象,就必须严格规定好各个接口条件,即各接口参数的数据结构和数据类型。

从数据类型上来分类,可分为逻辑型和数值型,但通常将逻辑型数据归到软件标志中去考虑。数值型可分为定点数和浮点数。定点数有直观、编程简单、运算速度快的优点,其缺点是表示的数值动态范围小,容易溢出。浮点数则相反,数值动态范围大、相对精度稳定、不易溢出,但编程复杂,运算速度低。

如果某参数是一系列有序数据的集合,如采样信号序列,则不只是有数据类型问题,还有一个数据存放格式问题,即数据结构问题。

3. 资源分配

完成数据类型和数据结构的规划后,便可开始分配系统的资源了。系统资源包括ROM、RAM、定时器/计数器、个断源、I/O 地址等。ROM 资源用来存放程序和表格,I/O地址、定时器/计数器、中断源在任务分析时已经分配好了。因此,资源分配的主要工作是RAM 资源的分配,RAM 资源规划好后,应列出一张 RAM 资源的详细分配清单,作为编程依据。

4. 实时控制软件设计

(1) 数据采集及数据处理程序

数据采集程序主要包括模拟量和数字量多路信号的采样、输入变换、存储等。数据处理程序主要包括数字滤波程序、线性化处理和非线件补偿、标度变换程序、超限报警程序等。

(2) 控制算法程序

控制算法程序主要实现控制规律的计算,产生控制量。其中包括数字 PID 控制算法、大林算法、Smith 补偿控制算法、最少拍控制算法、串级控制算法、前馈控制算法、解耦控制算法、模糊控制算法、最优控制算法等。实际实现时,可选择合适的一种或几种控制算法,来实现控制。

(3) 控制量输出程序

控制量输出程序实现对控制量的处理(上下限和变化率处理)、控制量的变换及输出,驱动执行机构或各种电气开关。控制量也包括模拟量和开关量输出两种。模拟控制量由D/A 转换模板输出,一般为标准的 $0\sim10$ mA(DC)或 $4\sim20$ mA(DC)信号,该信号驱动执行机构如各种调节阀。开关量控制信号驱动各种电气开关。

(4) 实时时钟和中断处理程序

实时时钟是计算机控制系统一切与时间有关过程的运行基础。时钟有两种,即绝对时钟与相对时钟。绝对时钟与当地的时间同步,有年、月、日、时、分、秒等功能。相对时钟与当地时间无关,一般只要时、分、秒就可以,在某些场合要精确到 0.1 秒甚至毫秒。

计算机控制系统中有很多任务是按时间来安排的,即有固定的作息时间。这些任务的触发和撤销由系统时钟来控制,不用操作者直接干预,这在很多无人值班的场合尤其必要。实时任务有两类:第一类是周期性的,如每天固定时间启动,固定时间撤销的任务,它的重复周期是一天;第二类是临时性任务,操作者预定好启动和撤销时间后由系统时钟来执行,但仅一次有效。作为一般情况,假设系统有几个实时任务,每个任务都有自己的启动和撤销时刻。在系统中建立两个表格:一个是任务启动时刻表,一个是任务撤销时刻表,表格按作业顺序编号安排。为使任务启动和撤销及时、准确,这一过程应安排在时钟中断子程序来完成。定时中断服务程序在完成时钟调整后,就开始扫描启动时刻表和撤销时刻表,当表中某项和当前时刻完全相同时,通过查表位置指针就可以决定对应作业的编号,通过编号就可以启动或撤销相应的任务。

许多实时任务如采样用期、定时显示打印、定时数据处理等都必须利用实时时钟来实现,并由实时中断服务程序去执行相应的动作或处理动作状态标志等。

另外,事故报警、掉电检测及处理、重要的事件处理等功能的实现也常常使用中断技术,以便计算机能对事件做出及时处理。事件处理用中断服务程序和相应的硬件电路来完成。

(5) 数据管理程序

这部分程序用于生产管理,主要包括画面显示、变化趋势分析、报警记录、统计报表打印输出等。

(6) 数据通信程序

数据通信程序主要完成计算机与计算机之间、计算机与智能设备之间的信息传递和交换。这个功能主要在分散型控制系统、分级计算机控制系统、工业网络等系统中实现。

10.2.4　系统的运行调试

系统的运行调试分为离线调试阶段和现场调试与运行阶段。离线调试一般在实验室或非工业现场进行,现场调试与运行在生产过程工业现场进行。离线调试阶段是基础,检查硬件和软件的整体性能,为现场投运做准备,现场投运是对全系统的实际考验与检查。系统调试的内容很丰富,碰到的问题是千变万化的,解决的方法也是多种多样的,并没有统一的模式。

1. 离线调试

(1) 硬件调试

对于各种标准功能模板,按照说明书检查主要功能。用户可采用制造商提供的测试软件进行测试。

在调试 A/D 和 D/A 模板之前,必须准备好信号源、数字电压表、电流表等。对这两种模板首先检查信号的零点和满量程,然后再分档检查。比如满量程的 25%、50%、75%、100%,并且上行和下行来回调试,以便检查线性度是否合乎要求,如有多路开关板,应测试各通路是否正确切换。

利用开关量输入和输出程序来检查开关量输入(DI)和开关量输出(DO)模板。测试时可往输入端加开关量信号,检查读入状态的正确性;可在输出端检查(用万用表)输出状态的正确性。

硬件调试还包括现场仪表和执行机构。如压力变送器、差压变送器、流量变送器、温度变送器及电动或气动调节阀等。这些仪表必须在安装之前按说明书要求校验完毕。

如果是分级计算机控制系统和分散型控制系统,还要调试通信功能,验证数据传输的正确性。

(2) 软件调试

软件调试的顺序是子程序、功能模块和主程序。有些程序的调试比较简单,利用开发装置(或仿真器)及计算机提供的调试程序就可以进行调试。程序设计一般采用汇编语言和高级语言混合编程。对处理速度和实时性要求高的部分用汇编语音编程(如数据采集、时钟、中断、控制输出等),对速度和实时性要求不高的部分用级语言来编程(如数据处理、变换、图形、显示、打印、统计报表等)。

　　一般与过程输入输出通道无关的程序,都可用开发机(仿真器)的调试程序进行调试,不过有时为了能调试某些程序,可能要编写临时性的辅助程序。

　　系统控制模块的调试分为开环和闭环两种情况进行。开环调试是检查它的阶跃响应特性,闭环调试是检查它的反馈控制功能。

　　一旦所有的子程序和功能模块调试完毕,就可以用主程序将它们连接在一起,进行整体调试。整体调试的方法是自底向上逐步扩大。首先按分支将模块组合起来,以形成模块子集,调试完各模块子集,再将部分模块子集连接起来进行局部调试,最后进行全局调试。这样经过子集、局部和全局三步调试,完成了整体调试工作。整体调试是对模块之间连接关系的检查,有时为了配合整体调试,在调试的各阶段编制了必要的临时性辅助程序,调试完成后应删去。通过整体调试能够把设计中存在的问题和隐含的缺陷暴露出来,从而基本上消除编程上的错误,为以后的仿真调试和在线调试及运行打下良好的基础。

3. 在线调试和运行

　　在上述调试过程中,尽管工作很仔细,检查很严格,但仍然没有经受实践的考验。因此,在现场进行在线调试和运行过程中,设计人员与用户要密切配合,在实际运行前制定一系列调试计划、实施方案、安全措施、分工合作细则等。现场调试与运行过程是从小到大、从易到难、从手动到自动、从简单回路到复杂回路逐步过渡。为了做到有把握,现场安装及在线调试前先要进行下列检查。

　　① 检测元件、变送器、显示仪表、调节阀等必须经过校验,保证精确度要求。作为检查,可进行一些现场校验。

　　② 各种接线和导管必须经过检查,保证连接正确。例如,孔板的上下引压导管要与差压变送器的正负压输入端极性一致;热电偶的正负端与相应的补偿导线相连接,并与温度变送器的正负输入端极性一致等。除了极性不得接反以外,对号位置都不应接措。

　　③ 对在流量中采用隔离液的系统,要在清洗好引压导管以后灌入隔离液(封液)。

　　④ 检查调节阀能否正确工件。旁路阀及上下游截断阀关闭或打开,要搞正确。

　　⑤ 检查系统的干扰情况和接地情况,如果不符合要求,应采取措施。

　　⑥ 对安全防护措施也要检查。

　　经过检查并已安装正确后即可进行系统的投运和参数的整定。投运时应先切入手动,等系统运行接近于给定位时再切入自动,并进行参数的整定。

　　在现场调试的过程中,往往会出现错综复杂、时隐时现的奇怪现象,一时难以找到问题的根源。此时此刻,计算机控制系统设计者们要认真地共同分析,每个人自己不要轻易地怀疑别人所做的工作,以免掩盖问题的根源所在。

10.3　电热油炉温度单片机控制系统设计

10.3.1　控制任务与工艺要求

1. 电热油炉的组成与工作原理

有机载体加热技术是采用有机载体,作为传热介质完成热能转换、传递,从而获得最佳用热工艺的新技术。电热油炉是电升温有机载体供热设备,可为化工、塑料、橡胶等行业用热过程提供稳定的低压高温热源。它的供热原理是以电热升温,采用导热油作传热介质,导热油以强制液相循环方式在闭路系统中以低压、高温状态运行,将热能不断输送给用热设备,即加热——循环——再加热——再循环。其工艺流程如图 10.1 所示。

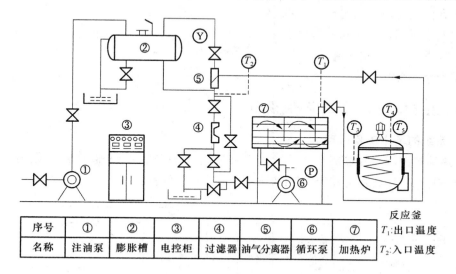

序号	①	②	③	④	⑤	⑥	⑦
名称	注油泵	膨胀槽	电控柜	过滤器	油气分离器	循环泵	加热炉

反应釜
T_1:出口温度
T_2:入口温度

图 10.1　电热油炉应用工艺流程

电热油炉基本上由四大部分组成,即加热炉、循环系统、膨胀槽及电控柜。加热炉结构采用列管式换热形式,把电热元件直接埋入流动的导热油中,完成换热过程损失非常小。电热元件采用三相 Y 型接法,其电路原理如图 10.2 所示。

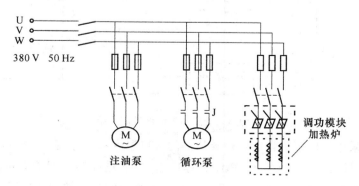

图 10.2　电热油炉主电路原理

2. 工艺要求与技术指标

电热油炉的主要控制参数是导热油的温度,必须保证稳定、均匀、柔和加热和高精度的温度控制,并且能在较低的压力($\leqslant 0.45$ Mpa)下运行,保证生产过程正常安全地进行,提高产品的质量。电热油炉要求在一定条件下保持恒温,不能随电源电压波动或用热对象而变化;或者要求根据工艺条件,按照某个指定的升温或保温规律而变化等,循环泵不运转,电热元件不能通电。具体要求如下。

① 设定出口温度 4 位数码管显示,实际测量的出口温度、入口温度 4 位数码管显示。

② 循环泵运行闭锁控制。

③ 温度控制采用平均功率法,电热管的通、断电控制采用固态继电器。

④ 九段温度曲线给定设置,掉电不丢失。

⑤ 温度范围:0℃~300℃,精度±1℃。

⑥ 供电电压:三相交流 380 V。

⑦ 功率:6 kW。

10.3.2　硬件系统详细设计

1. 系统的基本工作原理

电热油炉温度自动控制系统采用 AT89S52 单片机作为控制器,扩展了数码管显示、键盘、报警及 A/D 转换电路等,其系统框图如图 10.3 所示。

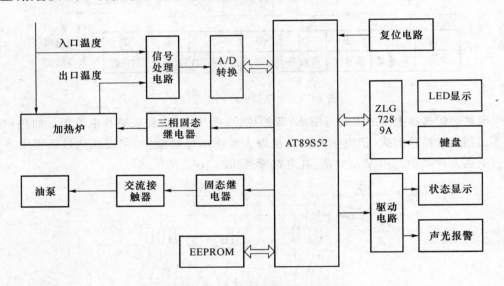

图 10.3　电热油炉温度控制系统

控制系统采用铂电阻测量加热炉导热油的入口温度和出口温度,经 A/D 装换后送入单片机与给定温度比较,其偏差经 PID 运算后输出,通过控制三相固态继电器导通和断开时间的不同来控制电热元件的通电时间,并由此来控制导热油的加热温度,同时循环泵不运转,加热炉不能通电加热。

2. 单片机的选择

选择 AT89S52 单片机作为控制系统的核心,AT89S52 内部有 8 KB 的程序储存器,256Byte 的数据储存器,因而无须再扩展储存器,使系统大大简化。它主要完成温度的采集、控制、显示和报警等功能。

3. 数据储存器扩展

设定的温度曲线需要长期保存,扩展一片串行 EEPROM AT24C256 来保存设定的温度曲线。

AT24C256 是 ATMEL 公司 256 kbit 串行电可擦的可编程只读存储器,8 引脚双排直插式封装,如图 10.4 所示。AT24C256 引脚功能如下。

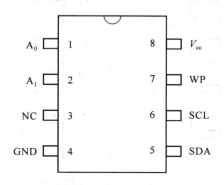

图 10.4　AT24C256 引脚排列

A_0、A_1:地址选择输入端。在串行总线结构中,可以连接 4 个 AT24C256IC。用 A_0、A_1 来区分各 IC。A_0、A_1 悬空时为 0。

SCL:串行时钟输入。上升沿将 SDA 上的数据写入存储器,下降沿从存储器读出数据送 SDA 上。

SDA:双向串行数据输入输出口。用于存储器与单片机之间的数据交换。

WP:写保护输入。此引脚与地相连时,允许写操作;与 V_{CC} 相连时,所有的写存储器操作被禁止。如果不连,芯片内部下拉到地。

V_{CC}:电源。

GND:地。

NC:空。

4. 传感器的选择

导热油的温度测量范围为 0℃～300℃,温度传感器选择带变送器的铂电阻来测量温度,温度测量范围 0℃～300℃,4～20 mA(DC)电流输出,二线制方式。由于 A/D 转换器只能输入电压信号,须将电流信号转换为电压信号。

5. A/D 转换器的选择与接口设计

由于导热油的温度测量范围为 0℃～300℃,精度为 ±1℃,因而选择 TLC1543 串行 A/D 转换器。

TLC1543 是美国 TI 公司生产的多通道、低价格的模/数(A/D)。它采用串行通信接口,具有输入通道多、性价比高、易于和单片机接口的特点。TLC1543 为采用 CMOS 工艺制作的 20 脚 DIP 封装 10 位开关电容逐次 A/D 逼近模数转换器,引脚排列如图 10.5 所示。引脚功能如下。

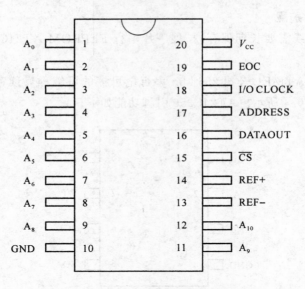

图 10.5　TLC1543 引脚排列

$A_0 \sim A_{10}$:11 个模拟输入端。

REF+、REF-:分别为基准电压的正端和负端。

CS:片选端,在 CS 端的一个下降沿变化将复位内部计数器,并控制使能端 AD-DRESS、I/O CLK 和 DATA OUT。

ADDRESS:串行数据输入端,提供一个 4 位的串行地址,用来选择下一个即将被转换的模拟输入或测试电压。

DATAOUT:A/D 转换结束三态串行输出端,它与微处理器或外围的串行口通信,可对数据长度和格式灵活编程。

I/O CLK 端:数据输入/输出提供同步时钟,系统时钟由片内产生。

芯片内部有一个 14 通道多路选择器,用以选择 11 个模拟输入通道或对 3 个内部自测电压中的任意一个进行测试。片内设有采样-保持电路,在转换结束时,EOC 输出端变高表明转换完成。

内部转换器具有高速($10\,\mu s$ 转换时间)、高精度(10 位分辨率,最大± 1 LSB 不可调整误差)和低噪声的特点。

模拟量采集电路与单片机接口电路如图 10.6 所示。

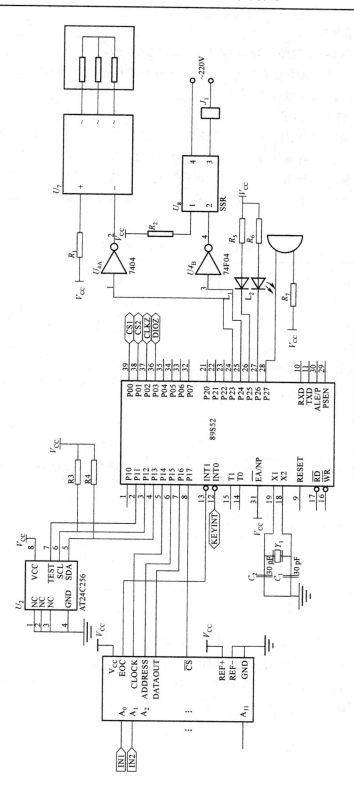

图 10.6　模拟量采样电路原理

6. 执行器的选择

选择交流接触器控制循环泵,增强型三相固态继电器 3H380D35 控制加热元件,它的输入电压为 4～32 V,驱动电流为 6～30 mA。由单片机控制其导通和关断的时间完成对电热元件的加热,达到温度控制的目的。

7. 显示器、键盘接口设计

键盘、显示电路由 ZLG7289A 芯片来完成。ZLG7289A 是广州周立功单片机发展有限公司自行设计的,具有 SPI 串行接口功能的,可同时驱动 8 位共阴式数码管或 64 只独立 LED 的智能显示驱动芯片,该芯片同时还可连接多达 64 键的键盘矩阵,单片即可完成 LED 显示、键盘接口的全部功能。该器件为 28 脚双列直插式,引脚说明如表 10.1 所示。

表 10.1　ZLG7289A 引脚说明

引脚	名称	说明
1,2	V_{DD}	正电源
3,5	NC	悬空
4	VSS	接地
6	/CS	片选输入端,此引脚为低电平时,可向芯片发送指令及读取键盘数据
7	CLK	同步时钟输入端,向芯片发送数据及读取键盘数据时,此引脚电平上升沿表示数据有效
8	DATA	串行数据输入/输出端,当芯片接收指令时,此引脚为输入端,当读取键盘数据时,此引脚在"读"指令最后一个时钟的下降沿变为输出端
9	/KEY	按键有效输出端,平时为高电平,当检测到有效按键时,此引脚变为低电平
10-16	SG-SA	段 g—段 a 驱动输出
17	DP	小数点驱动输出
18-25	DIG0-DIG7	数字 0 数字 7 驱动输出
26	OSC2	振荡器输出端
27	OSC1	振荡器输入端
28	/REST	复位端

系统中扩展了两片 ZLG7289A 驱动 12 位数码管,用来显示导热油出口温度的给定值、出口温度和入口温度的测量值。键盘由 16 个键组成,其中 0～9 数字键用于各种参数的设定;6 个功能键分别是循环泵启动键、循环泵停止键、加热启动键、加热停止键、设置键、修改键。键盘显示电路如图 10.7 所示。

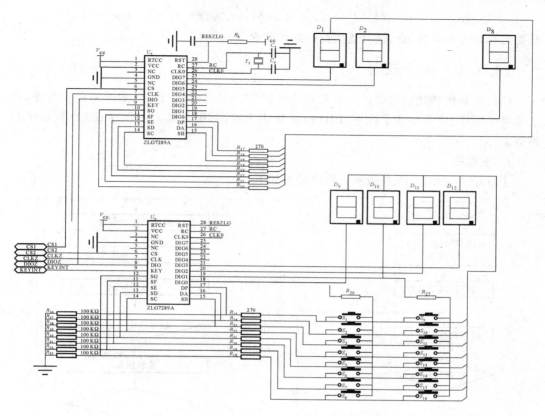

图 10.7　键盘显示电路

8. 报警电路与状态显示电路

报警电路由蜂鸣器和发光二极管组成,当系统中温度超限时,灯光报警。

10.3.3　PID 算法及参数整定

加热炉出口温度闭环控制系统如图 10.8 所示。

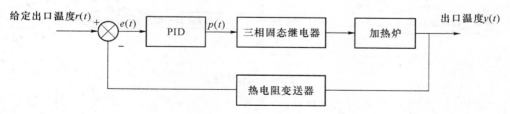

图 10.8　加热炉出口温度闭环控制系统

PID 位置式离散表达式为

$$u(k)=u(k-1)+K_p[e(k)-e(k-1)]+K_iE(k)+K_d[e(k)-2e(k-1)+e(k-2)]$$

式中,$E(k)=Y(k)-R(k)$。

PID 参数整定采用归一参数整定法,则

$$\Delta u(k) = u(k) - u(k-1) = K_p [2.45e(k) - 3.5e(k-1) + 0.125e(k-2)]$$

只要选择合适的参数 K_p,就可达到较好的控制效果。

10.3.4　软件设计

软件设计模块化结构设计包括初始化子程序、A/D 转换子程序、数据采样子程序、标度变换子程序、中值滤波子程序、PID 控制算法子程序、键盘输入子程序、LED 显示子程序等。

1. 主程序

主程序流程如图 10.9 所示。程序清单如下。

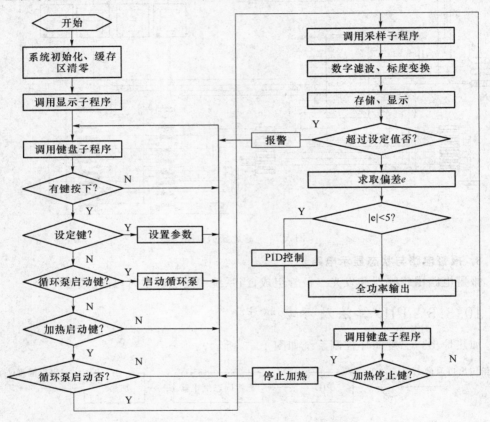

图 10.9　主程序流程

CS1	BIT	P0.0;ZLG7289A1 片选信号
CS2	BIT	P0.1;ZLG7289A2 片选信号
CLKZ	BIT	P0.2;ZLG7289A1、A2 时钟信号
DIOZ	BIT	P0.3;ZLG7289A1、A2 输入、输出信号
CLKA	BIT	P1.4;TLC1543 时钟信号
ADA	BIT	P1.5;TLC1543 地址信号
DOA	BIT	P1.6;TLC1543 数据输出信号

```
CS3        BIT     P1.7;TLC1543 片选信号
SCL        BIT     P1.2;AT24C256 时钟信号
SDA        BIT     P1.3;AT24C256 数据输入输出信号
KEY        BIT     P3.2;键盘中断信号
KEY_ZT     BIT     00H;
BIT_CNT    DATA    30H;
DELAY1     DATA    31H;
DECIMAL    DATA    32H;
REC_BUF    DATA    33H;
SEND_BUF   DATA    34H;
           ORG 0000H
           JMP     MAIN
           ORG 0020H
MAIN：     MOV     SP,#60H;主程序
           LCALL INIT;调用初始化子程序
           LCALL DISPLAY;调用显示子程序
           LCALL KEYCHULI;调用键盘子程序
                ⋮
           END
```

2. 数据采样子程序

首先采集入口温度,然后采集出口温度,这 2 个信号各采集 10 遍并存储起来。数据信号采集需要多次调用 A/D 转换子程序。

3. A/D 转换子程序

串行 A/D 转换器 TLC1543 程序依据其工作时序来编制的,转换结果存放在 R2R3 中。

```
ADCONV：
           CLR   CLK;清时钟
           CLR   ADA;
           SETB CS3;置片选为高
           SETB DOA;
           MOV PSW,#00H;清状态寄存器
           MOV A,R1
           SWAP A
           CLR   CS3;
           LCALL DATA_IN
           MOV R3,A;
           RL A
           RL A
```

```
            ANL  A,#03H
            MOV  R2,A
            RET
DATA_IN:MOV R5, #10;CLOCK 脉冲次数
LOOP1：  LCALL  DELY ;调延时子程序
            MOV  C,DOA   ;读转换数据到 C
            RLC  A       ;转换数据移到 A 的最低位,通道地址移入 C
            MOV  ADA, C  ;写入通道地址
            LCALL  DELY
            SETB  CLKA;置 CLOCK 为高
            LCALL DELY
            CLR    CLKA;置 CLOCK 为低
            CJNZ   R5,#02H,LOOP2;判断 8 个数据是否送完？未完,则跳转
            MOV R2, A;转换结果高 8 位放入 A
LOOP2：  DJNZ R5, LOOP1;10 个脉冲是否结束？ 没有则跳转
            RET
```

4. 数字滤波子程序

将温度信号的 10 次测量值排序,去掉一个最大值和一个最小值,剩余 8 个求平均值即为该信号的测量结果,即采用中值滤波与平均值滤波结合的复合滤波方法。

5. 标度变换子程序

温度变送器输出的 4～20 mA DC 信号,经 I/V 变换为 1～5 V DC 信号,进行 10 位 A/D 转换后,即得 10 位二进制 X,其对应的实际物理量要按下式求得。

$$y = \left[\frac{300}{1\,023-205}(x-205)\right] = (0.366\,7x-75.18)$$

6. 其他程序

显示子程序、键盘子程序等其他程序这里不再讨论。

10.4 换热站监控系统设计

10.4.1 换热站的运行原理与控制要求

1. 换热站的运行原理

换热站和热水管网是连接热源和热用户的重要环节。热水管网分为一次网与二次网,一次网是指连接于城市管网与换热站之间的管网。二次网是指连接于换热站与热用户之间的管网。换热站是指连接于一次网与二次网并装有与用户连接的相关设备、仪表和控制设备的机房。它用于调整和保持热媒参数(压力、温度和流量),使供热和用热达到安全经济运行,是热量交换、热量分配以及系统监控、调节的枢纽。

换热站的工作原理为:热源提供的高温水由一次热网送至各换热站,在换热站中,一次热网高温水通过换热器与循环水相混合,进行热量交换,将热能传递给二次网循环水,再由二次网经供热管道输送到用户,冷却的回水返回二次网回水管,一次网回水降温后回到热源。其工艺流程如图 10.10 所示。

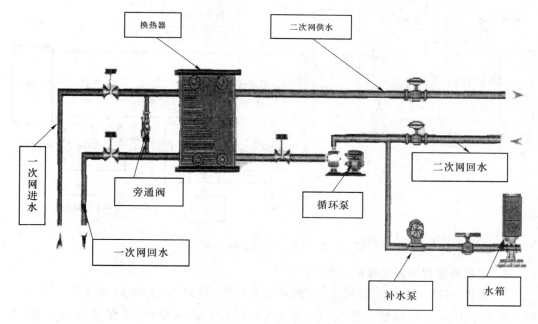

图 10.10　换热站工艺流程

换热站的主要设备有水—水(汽—水)换热器、离心式水泵、控制柜、热水储水箱、过滤器、补水箱、调节阀门、热媒参数调节和检测仪表、防止用户热水供应装置生锈和结垢的设备等。

2. 系统的控制要求

具有数据采集、计量、实时控制等功能,实现换热站的自动化监测与控制。具体如下。

① 数据采集。系统能够实现一次网供水、回水温度、一次网供水、回水压力、一次网回水流量,二次网供水、回水温度、二次网供水、回水压力、二次网流量、室外温度等 11 个参数的采集。

② 计量分析。系统能够进行流量、热量的瞬时计算与累积计算,进行能源的管理与考核。

③ 实时控制。系统能够根据换热站的用热特点进行自动控制,提高换热站的供暖质量,降低能源消耗。

10.4.2　系统总体设计

1. 换热站监控系统的体系结构

换热站监控系统的体系结构如图 10.11 所示。以 IPC 为控制核心,辅以变频调速系统实现二次供水温度的控制。采用 GPRS 通用分组无线业务实现数据传输功能。

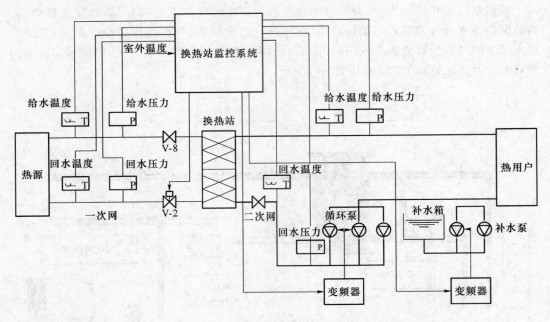

图 10.11　换热站监控系统体系结构

2．主机及过程通道模板的选型

① 主机。IPC-610H 工控机为 19 英寸标准上架 4U 机型；支持 14 槽无源底板(4 个 PCI 和 7 个 ISA 总线插槽)，配置 300 W ATX PFC/PS2 电源(双冷却风扇)。CPU 为 INTEL P4 2.4；内存为 DDR1G；接口为 2 个串口、1 个并口、2 个前置 USB 接口、标准键盘鼠标接口。

② 模拟量输入/输出模板的选择。本系统选择阿尔泰科技 PC-5502 16 路 12 位光电隔离 A/D 板，并配有 A1-IV16A 16 路 I/V 变换板，作为系统的模拟量输入通道。选择 PC-5512 4 路 12 位光电隔离 D/A 转换板，作为模拟量输出通道。

3．检测装置和执行机构

检测装置中，供水、回水温度检测采用 WZPJ-231 一体化铂电阻温度变送器，其输入量程 0℃～200℃，输出为 4～20 mA；室外温度检测采用 WZPJ-231 一体化铂电阻温度变送器，其输入量程 -20℃～50℃，输出为 4～20 mA；供水、回水压力检测采用 CECY-150G 电容式压力变送器，其输入量程 0～0.25 Mpa，输出为 4～20 mA；补水箱液位检测采用 CECU-341 电容式液位变送器，其输入量程(差压)0～0.02 Mpa，输出为 4～20 mA；回水流量检测用电磁流量计，其输入量程 0～500 m³/h，输出为 4～20 mA；

4．控制方案

(1) 换热器二次供水温度调节

为了做到既经济运行又保证供热质量，采用了如图 10.12 所示的二次供水温度调节控制回路对供热工况进行分阶段调节。其主要功能是通过对各二次供热系统的温度检测、分析，结合外界干扰因素(室外天气温度)，算出最佳的供水温度，通过调节一次管网流量,使二次供水温度接近于它的设定值,这样在供热系统满足用户需求量的前提下,保证最佳工况。控制元件是换热器一次水出口的控制阀,该阀门控制换热器的一次供水流量。将预设定温度作为给定值,测量温度值作为反馈值,阀门的开度作为输出值,采用 PID 算法,保证二次供水温度的恒定。

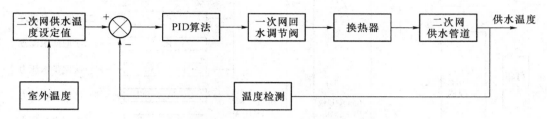

图 10.12 二次供水温度调节控制回路

（2）供回水压差控制

根据二次侧供回水压差控制循环泵,维持恒定压差,变频、变流量供热,降低热网输送成本。通过对二次侧供回水压差进行控制,可以对温度进行调节。根据室外温度,IPC 工控机通过变频器适时适量地控制循环泵电机的转速来调节循环泵的输出流量,满足供暖负荷要求,从而使电机在整个负荷和变化过程中的能量消耗降到最小程度。

（3）补水泵的定压控制

在供热系统中,回水管的压力水头必须高于用户系统的充水高度,以防止系统倒吸入空气,破坏正常运行和腐蚀管道。因此,维持恒压点压力恒定是供热系统正常运行的基本前提。通过控制变频器来(改变速度频率)控制补水泵的转速,从而改变系统的补水量,维持供水系统的恒压点压力恒定。

（4）采用 PID 算法

5. 控制系统软件

控制软件包括数据采集、滤波、标度变换、控制计算、控制输出、中断、计时、显示、报警、调节参数修改、报表、图形、曲线显示等。

10.4.3 系统硬件设计

换热站监控系统的硬件框图如图 10.13 所示。

1. 模拟量输入通道设计

模拟量输入通道由一块 PC-5502 16 路 12 位光电隔离 A/D 板和一块 A1-IV16A 16 路 I/V 变换板组成,可完成 5 个温度信号、4 个压力信号、1 个液位信号、2 个流量信号等 12 个模拟信号的采集。所有的模拟信号都经变送器转换为标准的 4~20 mA 的直流电流信号,再经 I/V 变换板转换为 1~5 V 的直流电压信号送入 A/D 板。

2. 模拟量输出通道设计

模拟量输出通道由 PC-5512 4 路 12 位光电隔离 D/A 转换板组成,输出标准的 4~20 mA 的直流电流信号控制 2 个变频器和 1 个电动调节阀。

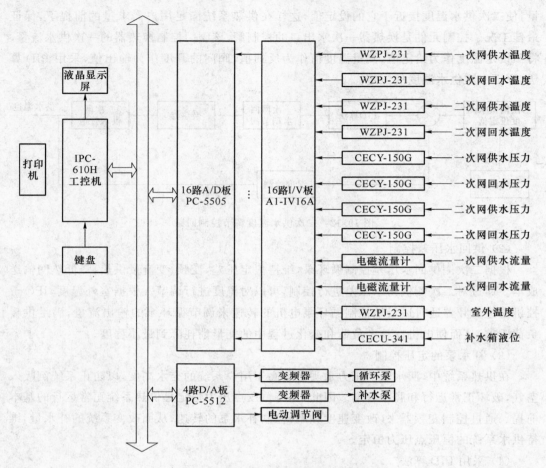

图 10.13　换热站监控系统硬件框图

10.4.4　系统软件设计

换热站监控系统软件系统结构如图 10.14 所示,它由 6 个模块组成。软件设计采用监控组态软件 MCGS。

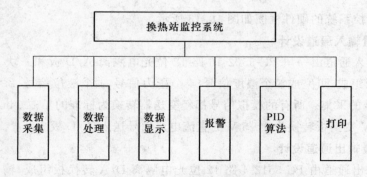

图 10.14　换热站监控系统软件系统结构

1. 数据采集模块

按顺序依次采集 5 个温度信号、4 个压力信号、2 个流量信号和 1 个液位信号,这些信号各采集 10 遍并存储起来,采样周期 $T=1$ s。

2. 数据处理模块

(1) 数字滤波程序

将每个信号的 10 次测量值排序,去掉一个最大值和一个最小值,剩余 8 个求平均值即为该信号的测量结果,即采用中值滤波与平均值滤波结合的复合滤波方法。

(2) 标度变换程序

变送器输出的 4~20 mA DC 信号,经 I/V 变换为 1~5 V DC 信号,进行 10 位 A/D 转换后,即得 10 位二进制 X,其对应的实际物理量要按下面方法求得。

① 温度的标度变换,供水、回水温度的量程范围为 0℃~200℃,其标度变换计算公式为

$$y=\left[\frac{200-0}{4\,095-819}(x-819)\right]℃=(0.061x-50)=(0.061x-50)$$

室外温度量程范围为 -2℃~50℃,其标度变换计算公式为

$$y=\left[\frac{50-(-20)}{4\,095-819}(x-819)+(-20)\right]℃=(0.021\,4x-37.5)℃$$

② 压力的标度变换,供水、回水压力的量程范围为 0~0.25 Mpa,其标度变换计算公式为

$$y=\left[\frac{0.25-0}{4\,095-819}(x-819)\right]\text{MPa}=(7.63\times10^{-5}x-0.062\,5)\text{MPa}$$

③ 流量的标度变换,回水流量的量程范围为 0~500 m³/h,其标度变换计算公式为

$$y=\left[\frac{500-0}{4\,095-819}(x-819)+0\right]\text{m}^3/\text{h}=(0.153x-125)\text{m}^3/\text{h}$$

④ 液位的标度变换,液位的量程范围(压差)为 0~0.02 Mpa,其标度变换计算公式为

$$H=\frac{0.02\times10^6-0}{10^3\times9.78\times(4\,095-819)}(x-819)+0=6.4\times10^{-4}x-0.51\ \text{m}$$

3. 显示模块

既能显示实时数据,又能以表格或者曲线的方式显示历史数据。

4. PID 控制算法

采用 PID 位置式算法。PID 位置式离散表达式为

$$u(k)=u(k-1)+K_\text{p}[e(k)-e(k-1)]+K_\text{i}E(k)+K_\text{d}[e(k)-2e(k-1)+e(k-2)]$$

式中:$E(k)=Y(k)-R(k)$

PID 参数整定采用归一参数整定法,则

$$\Delta u(k)=u(k)-u(k-1)=K_\text{P}[2.45e(k)-3.5e(k-1)+0.125e(k-2)]$$

只要选择合适的参数 K_P,就可达到较好的控制效果。

5. 其他应用程序

除以上测控程序外,还有计时、打印、显示、报警、报表、曲线显示等功能程序,这里不再讨论。

10.5　TM11 型三维步进电机直线运动平台 PLC 控制系统设计

10.5.1　TM11 型三维步进电机直线运动平台的组成

　　TM11 型三维步进电机直线运动平台采用桌面式轻巧型设计,全铝合金移动式龙门架结构,有效加工体积为 300 mm×220 mm×100 mm。工作台可做水平和垂直方向运动,构成三维运动系统,由 3 台二相混合式步进电机拖动。采用 PLC 实现直线和圆弧插补控制。工作台装有图板和绘图笔(或刀具),可在 A4 纸大小的方型工作台上绘制出或加工直线、斜线、圆弧、螺旋线等图形。加工精度≤0.1 mm;整机毛重 20 kg。其结构如图 10.15 所示。

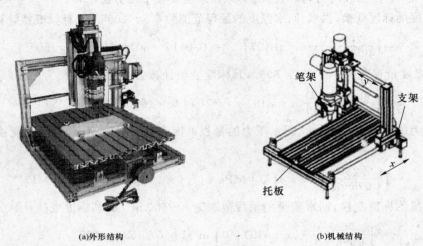

(a)外形结构　　　　　　　　　　　　　　　　　(b)机械结构

图 10.15　TM11 型三维步进电机直线运动平台外观图

10.5.2　系统总体方案设计

1. 系统的体系结构

　　本系统采用西门子 S7-200PLC 控制三维直线运动平台,用 PC 作上位机构成控制系统,通过直线插补、圆弧插补运算实现运动平台按规定的轨迹运动。如图 10.16 所示为 TM11 三维直线运动平台控制系统。

2. 设备选型

（1）上位机

　　采用 PC,与控制机通过 RS232 接口传输数据。设计人机接口界面,数据输入,数控插补运算,仿真动态显示插补运动轨迹,并将插补运动轨迹控制信息传给 PLC。

（2）控制机

　　采用西门子 S7-200PLC（CPU226 模块）作控制器,由于现有的 PLC 主机模块为继电器输出型,24 点输入 16 点输出,继电器输出不适合步进电机控制的大量、快速脉冲输出,故扩展一个晶体管输出型 EM222 模块作输出口。EM222 模块有 8 个输出点,一边 4 个点,模块要外接电源才能工作,一般只要直接接 PLC 主机模块的 24 V 直流输出就行。

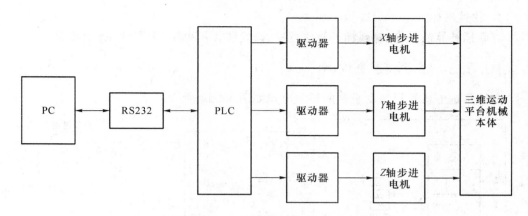

图 10.16　　TM11 三维直线运动平台控制系统

（3）步进电机与驱动器

步进电机选择 42BYGH 系列二相步进电机。型号为 42H4820（步距角为 1.8°，电流为 1.7 A，转动惯量为 68 g/cm²，引线数量为 4 条）。

步进电机驱动器选用 CW230 细分驱动器，它采用新型的双极性恒流斩波技术，适合驱动中小型的任何两相或四相混合式步进电机。

CW230 主要特点：电源电压 10～40 VDC 单电压供电，斩波频率大于 35 kHZ，输入信号与 TTL 兼容，无 CP 脉冲电流自动减半，最大驱动电流 3 A/相，可驱动两相或四相混合式步进电机，双极性恒流斩波方式，光电隔离信号输入，细分数可选 2、4、8、16、32、64（由开关 S_1，S_2，S_3 设定），驱动电流可由开关设定（S_5，S_6，S_7）。如表 10.2 所示为细分数选择表，如表 10.3 所示为电流选择表。

表 10.2　细分数选择

S_1	S_2	S_3	细分数
1	1	1	1
0	1	1	1/2
1	0	1	1/4
0	0	1	1/8
1	1	0	1/16
0	1	0	1/32
1	0	0	1/64

表 10.3　电流选择

S_5	S_6	S_7	电流值
0	0	0	0.9A
0	0	1	1.2A
0	1	0	1.5A
0	1	1	1.8A
1	0	0	2.1A
1	0	1	2.4A
1	1	0	2.7A
1	1	1	3.0A

CW230 细分驱动器引脚说明：V_{cc+}，GND 端为外接直流电源，直流电压范围为 ＋20～＋45 V；A＋，A－端为电机 A 相；B＋，B－端为电机 B 相；CP＋、CP－为步进脉冲输入端（上升沿有效，持续时间＞10 μS）；CW＋、CW－为电机运转方向控制，通过控制该端子电平可改变电机运行方向；REST＋、REST－为急停复位。

3. 软件设计

直线插补算法程序、圆弧插补算法程序、设置和显示程序、步进脉冲输出程序等。

10.5.3　系统硬件设计

三维步进电机直线运动平台的控制电路如图 10.17 所示。

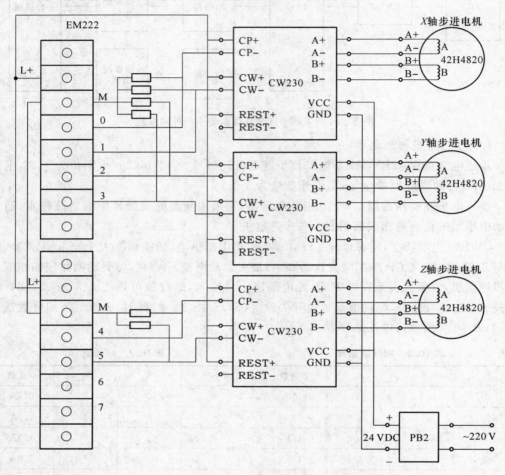

图 10.17　三维步进电机直线运动平台的控制电路

EM222 输出点的 Q_0、Q_1 端接 X 轴驱动器 CW230 的 CP-端、CW-端；EM222 输出点的 Q_2、Q_3 端接 Y 轴驱动器 CW230 的 CP-端、CW-端；EM222 输出点的 Q_4、Q_5 接 Z 轴驱动器 CW230 的 CP-端、CW-端。

CW230 的输出端 A+、A-、B+，B-端连接到步进电机的 A+、A-、B+，B-端驱动步进电机运行。

3 个驱动器 CW230 的 V_{CC+} 采用一个+24 V DC 电源供电。

EM222 的 L+、M 接 CPU226 模块的 L+、M，即+24 V 供电。

10.5.4　系统软件设计

系统软件设计包括两部分,即上位机软件设计和可编程控制器软件设计。

1. 插补算法

一般的零件轮廓大都可以分解为直线和圆弧,用 VB 编程,采用逐点比较法设计直线插补和圆弧插补运算程序。无论图形在哪个象限,插补运算的结果就是产生步进电机的运动控制信息,一是运动轴,二是在该轴的正或负方向运动。PC 插补运算一步,实时地将插步结果的运动控制信息传送给 PLC,PLC 根据 PC 传来的控制信息驱动相应的步进电机运动。

2. PLC 软件设计

按照通信协议,PLC 处于接收数据状态。用接收指令“RCV VB100,0”,将接收到的数据存放在 PLC 接收缓冲区 VB100 开始的存储区,接收缓冲区与插补控制信息的对应关系如表 10.4 所示。

表 10.4　接收缓冲区与插补控制信息的对应关系

地址	内容
VB100	接收到的数据数
VB101	哪个轴运动
VB102	轴的运动方向
VB103	停止信号
VB104	结束符 0AH

S7-200PLC 与 PC 通信采用自由端口通信模式,通信参数为波特率 9 600 bit/s,每个字符 8 位数据位,无奇偶校验。采用报文接收,一次接收多个字节,这时需要设置特殊存储器字节 SMB87~SMB9。

PLC 采用报文接收方式接收 PC 实时传送来的数据,接收到的数据存入缓冲区 VB100。初始化程序中已用中断连接指令 ATCH INT_0,23 将报文接收完成中断(中断号为 23)连接到用户中断处理程序 INT_0。PLC 每接收到一次 PC 传送的数据,响应一次中断并立即执行用户中断处理程序 INT_0。在中断处理程序中首先对接收到的数据进行判断,根据 VB102 中的值判断是 X 或 Y 轴朝正、负哪个方向运动,并将 CW-置逻辑 1,然后根据 VB101 中的值判断是 X 或 Y 轴的哪个轴运动,如果是 X 轴运动,Q_0 输出脉冲(无论是＋X 方向还是－X 方向)。接着判断 X 轴方向是否走了步数。Y 轴的运动程序类似。PLC 的控制程序流程如图 10.18 所示。

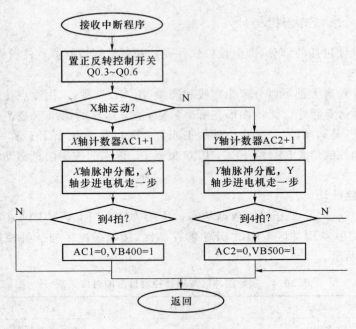

图 10.18　控制程序流程

参 考 文 献

[1] 顾德英,罗云林,马淑华编著.计算机控制技术(第二版).北京:北京邮电大学出版社,2007

[2] 于海生,等编著.计算机控制技术.北京:机械工业出版社,2007

[3] 王锦标编著.计算机控制系统.北京:清华大学出版社,2004

[4] 刘士荣,等编著.计算机控制系统.北京:机械工业出版社,2008

[5] 孙廷才,王杰,孙中健编著.工业控制计算机组成原理.北京:清华大学出版社,2001

[6] 凌澄主编.PC 总线工业控制系统精粹.北京:清华大学出版社,1998

[7] 葛宝明,林飞,李国国编著.先进控制理论与应用.北京:机械工业出版社.2004

[8] 潘新民.微型计算机控制技术实用教程.北京:电子工业出版社 2005

[9] 诸静,等著.智能预测控制及其应用.杭州:浙江大学出版社.2002

[10] 从爽,李泽湘编著.实用运动控制技术.北京:电子工业出版社,2006

[11] 柴天佑,等.基于三层结构的流程工业现代集成制造系统.控制工程,2002,9(3):1—5

[12] 王志良主编.物联网现在与未来.北京:机械工业出版社,2010

[13] 熊为霞,谭文若.串行接口 LED 数码管及键盘管理器件 ZLG7289A 的原理与应用.国外电子元器件,2004,4:62—66

[14] 张玥.换热站节能控制系统的研究[D].大连:大连海事大学,2008

[15] 薛弘晔主编.计算机控制技术.西安:西安科技大学出版社,2003

[16] 熊静琪主编.计算机控制技术.北京:电子工业出版社,2003

[17] 杨宁,赵玉刚编著.集散控制系统及现场总线.北京:北京航空航天大学出版社,2003

[18] 李明学,周广兴,等编著.计算机控制技术.哈尔滨:哈尔滨工业大学出版社,2001

[19] 席爱民.计算机控制系统.北京:高等教育出版社,2004

[20] 孔峰,等.微型计算机控制技术.重庆:重庆大学出版社,2003

[21] 郭其一,等.微型计算机控制技术.北京:科学技术出版社,2004

[22] 戴永,等.微机控制技术.长沙:湖南科学技术出版社,2004

[23] 温钢云,黄道平.计算机控制技术.广州:华南理工大学出版社,2002

[24] 薛弘晔,等.计算机控制技术.西安:西安电子科技大学出版社,2003

[25] 何克忠,李伟,等.计算机控制系统.北京:清华大学出版社,1998

[26] 黄忠霖.控制系统 MATLAB 计算及仿真.北京:国防工业出版社,2001

[27] 李正军.计算机控制系统.北京:机械工业出版社,2005

[28] 王晓明.电动机的单片机控制.北京:北京航空航天大学出版社,2002

[29] 张国范.计算机控制系统.北京:冶金工业出版社,2004

[30] 翁唯勤,周庆海编.过程控制系统及工程.北京:化学工业出版社.2001

[31] 金以慧,等.过程控制.北京:清华大学出版社.1993

[32] 孙增圻,等编著.智能控制理论与技术.北京:清华大学出版社.1997

[33] 蔡自兴.智能控制(第二版).北京:电子工业出版社.2004

[34] 王常力,罗安.分布式控制系统(DCS)设计与应用实例.北京:电子工业出版社,2004